大学受験　新課程対応

センター試験
完全攻略
数ⅠA・ⅡB

「データの分析」
「確率分布と
　統計的な推測」分野編

星　龍雄・石井俊全　▶ 共著

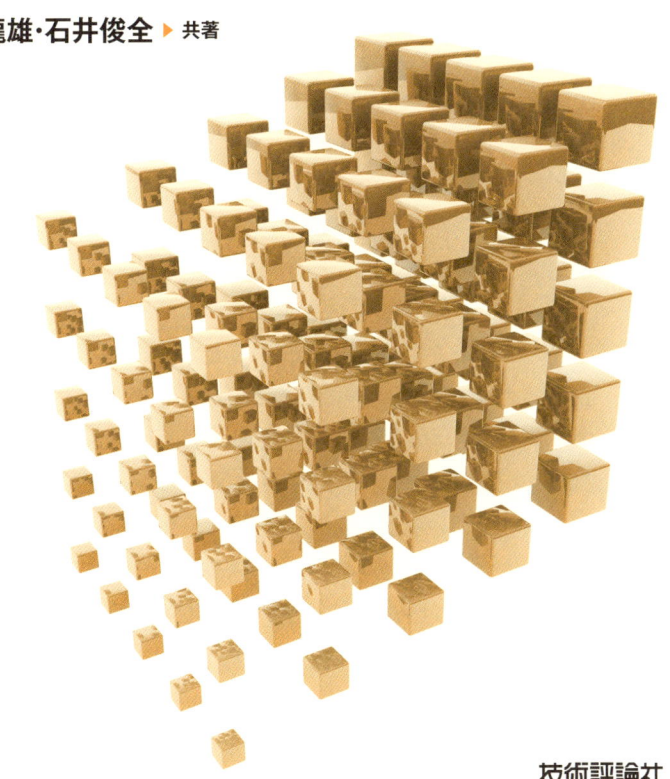

技術評論社

はじめに

本書の特徴

1. センター試験の数学では，問題量に対して解くための時間が少ないことを考慮して対策を立ててある。一発公式もあり，裏技をいとわない。

2. 過去問の徹底研究。「データの分析」のために数ⅡBの「統計」分野の過去問(平成18年から平成26年までの本試追試収録)。「確率分布と統計的な推測」のために，確率変数を扱っている数ⅡBの「確率」分野の過去問(平成10年から平成17年までの本試追試，平成18年の本試収録)。

この本は，センター試験で確率や統計を扱っている分野である
　　　数学Ⅰの**「データの分析」**と数Bの**「確率分布と統計的な推測」**
に絞って，その攻略法を紹介する本です。

これらの分野は，まだ本格的な攻略本が出ていない分野です(2014年9月現在)。この本が，本邦初の攻略本になるでしょう。

1　数学ⅠAの「データの分析」

「データの分析」は，統計学の中でも，資料から調査対象の特徴を読み取ることが目的である"記述統計"の基礎を学ぶ単元です。

2013年以前では，数Bで「統計とコンピュータ」という単元においてこれに相当する内容が教科書に掲載されており，センター試験でもそれに対応する問題が出題されていました。

といっても，多くの高校ではこの分野についての授業は行われてはいなかったのが現状です。なぜなら，この分野を2次試験の試験範囲に入れる大学が希少であるからです。試験に出ないものは勉強しなくてもよいだろうという現実的な判断が働いていたのです。

ですから，2014年以前のセンター試験の数ⅡBでは，「ベクトル」「数列」「統計」「コンピュータ」から2分野を選択して解答することが課せられていましたが，ほとんどの受験生は2次試験のために準備している「ベクトル」「数列」を選択していました。

　しかし，2015年からは，数ⅠAで「データの分析」が必答問題となりました。すべての受験生が「データの分析」を回答しなければならなくなったのです。

　他の分野であれば，2次試験の出題例も豊富にあり，またセンター試験の対策本も多くあります。しかし，「データの分析」については，対策は立てられておらず，得点するためには受験生が何を押さえておかなければならないのか，分からない状態なのです。

　どのように対策を立てればよいのか，指導者の方も手をこまねいている状態ではないでしょうか。

　「データの分析なんて簡単だ。平均，分散，標準偏差の公式を押さえておけばいいんだよ。」という声も聞こえてきます。

　本当によくできる学生はそれでもよいでしょう。

　センター試験の対策をうたった本でも，そのような方針で「データの分析」をなめてかかってくる本もあることでしょう。

　しかし，センター試験の特徴は問題量に対して，解くための時間が少ないことです。定義を思い出しながらもたもた計算していたのでは間に合いません。限られた時間で確実に問題を解き切るためには，教科書に載っていない公式も活用しなければならないし，多くのテクニックが必要であるとぼくは考えます。多くの受験生とって「データの分析」の問題を時間内に解くためには対策が必要なのです。その「データの分析」の対策をいち早くお伝えするのがこの本です。

　この本のあとから，多くの対策本がこの本の内容を真似してくることでしょう。真似，大いに結構だと思います。この本の内容が「データ分析」分野対策のスタンダードになっていけばよいと考えます。

2　数ⅡBの「確率分布と統計的な推測」

　なぜあえて,「確率分布と統計的な推測」なのか。そこからお話ししなければなりませんね。

　ひとことでいうと,「確率分布と統計的な推測」はお得な分野なのです。というのは, この「確率分布と統計的な推測」は, センター試験国語における漢文のように, 東大入試の外国語におけるフランス語orドイツ語のように, 少ない勉強量で高い得点をたたき出すことができる分野であると考えられるからです。

　多くの受験生は, 2次試験には出ないという理由で,「確率分布と統計的な推測」の分野をおろそかにしていることでしょう。学校でも塾でも全く勉強したことがないという人も多いと思います。しかし,「確率分布と統計的な推測」は, 公式さえ覚えてしまえば, それほど計算量を必要とせずに解答までたどり着ける問題が出題されるのではないか, とぼくは予想しています。数Aの確率の問題が解ける人であれば, ほとんど勉強は要りません。新しく勉強する公式は, 期待値・分散の公式と推測のための公式だけです。

　数ⅠAでさえ,「場合の数・確率」,「整数の性質」,「図形の性質」のうち,「場合の数・確率」を外したいぐらいだから,「確率分布と統計的な推測」を選択するなんてムリだと思うかもしれません。

　しかし,「確率分布と統計的な推測」で出題される問題の状況設定は, 数Aの「場合の数・確率」の状況設定よりも単純なものが出題されると考えられます。

　というのも, 数Bの「確率分布と統計的な推測」では, 確率を計算することだけが目的ではなく, 確率変数の取り扱い方, その先の統計的な推測にも設問の主題が置かれるはずだからです。複雑な設定のもとで解答者に確率を求めさせているようでは, 確率変数や推測の設問まで時間が回らないでしょう。確率分布は比較的簡単に計算できるものを与えた上で, 確率変数において成り立つ公式が運用できるか, 統計的推測の原理が分かっているかなどを量る問題が出題される, とぼくは予想するのです。この本では確率変数が範囲に含まれている過去の数ⅡBの問題を掲載していますが, 特に初年度はこれらの過去問よりも易しい問題が出るでしょう。

数ⅡBでは,「数列」,「ベクトル」,「確率分布と統計的な推測」の3つの分野から2つを選んで解答しなければなりません。

　「確率分布と統計的な推測」の問題とバーターになるとすれば,「ベクトル」の問題ではないでしょうか。「ベクトル」の分野では,毎年計算量の多い問題が出題されます。過去問を解いて,ベクトルの問題を解くのにいつも時間がかかってしまう人で,簡単な確率の計算なら得意であるという人は,「確率分布と統計的な推測」の選択を考えてみるのも作戦の1つです。

　なお,これはあくまでぼくの予想ですから,現在自分が持っているセンター試験までの持ち時間,自分の数学的技量を鑑みて,自己責任で選択する問題の分野を選んでいただければと思います。

　この本を読んで勉強した皆さんが,センター試験の数学において高得点を取れることを願っております。

　平成26年8月

星 龍雄

本書の使い方

　本書は,「データの分析」と「確率分布と統計的な推測」の2つの分野について,それぞれ,テクニック編,過去問と解説,解答一覧が用意されています。

　まず初めにテクニック編を通読してください。その分野で何を押さえておかなければならないのか,公式の用い方・考え方のコツがわかります。

　テクニック編では,講義の中に問題がさしはさまれています。問題は解いて答えを合わせるだけでなく,解答も読んでください。あなたの解答とは異なった,この本独特の公式や考え方で解いている場合も多いはずです。初めはありきたりな解法で解答をしたり,早く解けなかったりするかもしれませんが,反復練習でテクニックを駆使して早く解けるようになってください。

　テクニック編の問題がテーマを理解してすらすらと解けるようであれば,センター試験の問題を時間内に解くための基礎力は備わっていると考えられます。

　テクニック編の問題をひと通り解いたら,過去問を解いてみましょう。過去問の解答の初めには「主なテクニック」として,その年度で用いるテクニックの番号が書かれています。過去問を解く前に「主なテクニック」に書かれているテクニック編の問題だけを集中的に解いておくと,過去問演習で効果が上がります。また,過去問を解いたあと,得点できなかった設問について何が足りなかったかを分析して,テクニックを意識するのでもよいでしょう。問題の難易度がそれほどでもないのに,解けない設問が多かったり,時間がかかってしまったりした年度は,もう一度解いておきましょう。

　試験直前には,テクニック編の問題に目を通し,解法を思い浮かべてみましょう。本番で実績が上がるでしょう。

　なお,この本は2014年9月に,まだ新しい分野の試験問題を見ずに書き下ろしたものです。2015年以降のセンター試験の問題についてこの本のテクニックで解答した答案や,攻略のための最新情報については技術評論社の以下のページを参考にしてください。

URL: http://gihyo.jp/book/2014/978-4-7741-6714-5/

センター試験 完全攻略 数ⅠA・ⅡB
「データの分析」「確率分布と統計的な推測」分野編

■目次■

はじめに	…2
本書の使い方	…6

第1部　データの分析

● テクニック

平均	…10	方程式はまともに解くな	…38
仮平均	…11	2乗の計算に慣れよう	…40
平均算	…12	分散	…41
2つのグループを合わせたときの平均	…14	ヒストグラムと分散	…43
		分散でも仮平均？	…44
平均 変数変換	…17	分散から平方和	…45
2変量から変量を作る	…18	一様分布の分散	…46
度数分布表とヒストグラム	…20	変量を定数倍した分散	…47
度数分布表から平均値	…21	2つのグループを合わせた分散	…48
中央値	…25	相関係数	…52
平均値と中央値の大小	…29	共分散の公式	…54
四分位数	…31	散布図と相関係数	…55
ヒストグラムと箱ひげ図	…34	変数変換と相関係数	…56
相関図は一発で選べない	…35	和の分散と分散の和の大小比較	…57

▌問題解説

27年度試作問題	…60	26年度追試験	…122
26年度本試験	…64	25年度追試験	…128
25年度本試験	…72	24年度追試験	…134
24年度本試験	…78	23年度追試験	…141
23年度本試験	…86	22年度追試験	…147
22年度本試験	…92	21年度追試験	…154
21年度本試験	…98	20年度追試験	…160
20年度本試験	…104	19年度追試験	…166
19年度本試験	…110	18年度追試験	…170
18年度本試験	…116		

▶解答一覧　…174

第2部　確率分布と統計的な推測

● テクニック

指数べき，コンビネーション …184	分散 …212
くじ引きの対等性 …185	二項分布 …219
余事象 …186	連続型確率変数 …220
地と図 …189	連続型確率変数の期待値・分散 …221
反復試行 …190	一様分布 …223
条件付き確率 …191	正規分布 …224
事象の独立の判定 …195	正規分布は二項分布の極限 …228
期待値 …196	母集団と標本 …230
ダミー変数 …203	母比率の推定 …233
期待値の公式 …208	

▶ 問題解説

27年度試作問題 …236	17年度追試験 …276
18年度本試験 …241	16年度追試験 …280
17年度本試験 …244	15年度追試験 …284
16年度本試験 …248	14年度追試験 …287
15年度本試験 …253	13年度追試験 …291
14年度本試験 …256	12年度追試験 …294
13年度本試験 …260	11年度追試験 …298
12年度本試験 …264	10年度追試験 …302
11年度本試験 …268	
10年度本試験 …272	

▶ 解答一覧　　…307

あとがき	…315
索引	…317
付録　正規分布表	…318
執筆者略歴	…319

第 1 部

データの分析

データの分析
～テクニック編～

◯ 平均

　平均は小学校のときでも習ったことがあるので計算法を知っている人も多いだろう。合計を個数で割ったものが平均である。

　資料の個数のことを**サイズ**という。サイズが n の資料で，変量 x の値が，x_1, x_2, …, x_n となるとき，平均を $\bar{x}$ とすると，

$$\bar{x} = \frac{1}{n}(x_1 + x_2 + \cdots + x_n)$$

となる。

　図形的には，各変量の値を柱状グラフで表したとき（後述のヒストグラムではない），面積が変わらないように，相対的に高い部分を低い部分に持っていき，平らに均すイメージである。面積が変わらないところがポイントである。

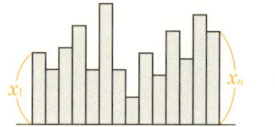 平らに均す

1　平均を求める

　3, 7, 8, 12, 15 の平均を求めよ。

$$(3 + 7 + 8 + 12 + 15) \div 5 = 9$$

　統計の場合には出題例が少ないが，変量が一様に分布しているとき（例えば等差数列であるとき），平均は最小と最大の平均となる。

2　一様な資料の平均

　363, 365, 367, 369, 371, 373 の平均を求めよ。

等差数列になっているので，$(363+373)\div 2=368$

 仮平均

仮平均を用いて平均を計算する方法を確認しておこう。

例えば，
$$98, 93, 103, 105, 107,$$
の平均を求めるとき，100を仮平均と定め，これとの偏差（100を引いたもの）を求める。
$$-2, -7, 3, 5, 7,$$
これの平均を計算して，
$$\{(-2)+(-7)+3+5+7\}\div 5=1.2$$
になる。もとの資料の平均は，これに仮平均を足して，$100+1.2=101.2$ と求める。

なんか特別な方法を学んだような気がして得した気分になるが，平均を問われた場合，どんな場合でも仮平均を用いれば，計算が簡単になると思うのは早計である。実際のセンター試験に当たってみるとわかるが，2ケタの変量が10個ぐらい並んでいるだけであれば，直に計算した方が早い。中途半端な仮平均だと偏差の計算に意外と手間取り，二度手間の感を否めない。

仮平均を用いると計算時間がかかってしまう理由は，主に次の2つである。

1　仮平均との差を書き込むのに時間がかかる
2　正負の入り乱れた数の和を計算しなくてはならない

総和を取るだけであれば余計な数字を書き込まなくてよい。試験問題のデータはタテに並んで書かれているので，すでに筆算の形で書かれていると思って和を計算すればよい。きれいに並んでいるので位取りもしやすいはずだ。

なお，例えば142, 173, 175, 163という列の総和を取るとき，$142+173$の答えを出し，次にこの答えに175を足して答えを出し，というように，3ケタの数の足し算を繰り返す人がいるが，これでは計算時間もかかる。総和を取るものをタテに並べて1度に和を取るのがよい。一の位を全部足して，$2+3+5+3=13$ なので，十の位に1繰り上がって……，という調子である。

仮平均を用いることのデメリットは他にもある。仮平均との差を問題用紙に書き込むことになるが，おそらくそれは問題の数値の隣に書き込むことになるだろう。近くに書いておいた方が間違わないからである。そのあと分散・標準偏差(後述)を計算しようと真の平均との差(偏差)をまた数値の近くに書き込むと，"仮平均との差"と偏差を取り違えてしまうことも生じる。問題の数値の近くには偏差以外は書き込まない方がよい。

　しかし，大ネタということで，統計分野がセンター試験に加わった初めの頃(06年，07年)には，誘導付きで題材として扱われた経緯がある。問題の指定とあらば，仮平均を用いざるを得ない。出題の形式は次のようになる。

　なお，仮平均で平均が計算できる理由は，のちにもう少し一般の形で証明する。

3 仮平均

　x が，38，41，45，44，50 と分布しているとき，新しい変量を $u = x - 45$ と設定すると，u の平均は□である。よって，x の平均は□である。

x	38	41	45	44	50
$u = x - 45$	-7	-4	0	-1	5

u の平均は，$\bar{u} = \{(-7) + (-4) + 0 + (-1) + 5\} \div 5 = -1.4$
x の平均は，$\bar{x} = \bar{u} + 45 = (-1.4) + 45 = 43.6$

平均算

　小学校では，平均算と呼ばれる問題がある。中高生となるとやたら文字を使う人がいるが，以下のような問題は未知数を文字で置くことなく，解答を得ることができるようになっておくことが望ましい。これは，表の中で空欄に当てはまる値を求めるときに使える。出題例多し。

4 平均から点数を求める

(1) 45, 63, 58, 61, 83, 47, 55, 43, 59, A
の平均が 57.2 のとき，A を求めよ。

(2) 72, 68, 63, 75, 82, 85, 73, 77, 69, B
の平均が 74 のとき，B を求めよ。

(3) 35, 44, 54, 38, 43, 47, 51, 39, C, D
の平均が 45 のとき，C と D の和を求めよ。

(1) 10 個の総和は 57.2×10 なので，これから A 以外の数の総和を引けば，A の値が求められる。

$$A = 57.2 \times 10 - (45+63+58+61+83+47+55+43+59)$$
$$= 572 - 514 = 58$$

(2) (1)と同じようにして解くことができるが，ここでは 74 を仮平均と考えて，計算してみよう。74 との差を取ると，$B-74$ を b とおいて，

$$-2, \ -6, \ -11, \ 1, \ 8, \ 11, \ -1, \ 3, \ -5, \ b$$

74 が真の平均なので，これらの総和は 0 になるから，

$$(-2)+(-6)+(-11)+1+8+11+(-1)+3+(-5)+b = 0$$
$$\therefore \quad b = 2$$

よって，$B = 74 + b = 74 + 2 = 76$

文字を使ってしまったが，次のように頭の中で考えるとよい。
b 以外の総和を計算すると -2 なので，-2 と和を取って 0 になる数は 2
よって，$B = 74 + 2 = 76$，とできるとすばらしい。

仮平均のところの話と矛盾するようだが，平均から点数を求めるには，(2)のように平均との差(偏差)を計算して求めるのがよい。というのは，実際のセンター試験の問題では，あとの設問で分散や共分散を計算することが多いからである。数値の隣に書き込んだ偏差は，そのときに生かされるのだ。仮平均との差は無駄になっても，真の平均との差(偏差)は無駄にならない。あとで偏差を用いるのであれば，初めから偏差を計算し，それを用いて未知の値を求めた方が得策である。

13

ただし，あとで分散，標準偏差，共分散を計算する必要がないと分かっている場合は，仮平均をお奨めしないのと同じ理由で(2)の計算法はお奨めしない。また，(1)のように平均の値が差を計算するのに苦労するような場合には，あとで偏差を使う場合であっても(1)のようにして計算する方が，間違いが少なくなる。

(3) まず，(1)と同じように解いてみよう。10個の総和は 45×10 なので，これから C，D 以外の総和を引けばよい。

$$C + D = 45 \times 10 - (35 + 44 + 54 + 38 + 43 + 47 + 51 + 39) = 99$$

(2)と同じように解いてみよう。45との差を取ると，C，D から 45 を引いたものを c，d とおいて，

$$-10, \ -1, \ 9, \ -7, \ -2, \ 2, \ 6, \ -6, \ c, \ d$$

45 が真の平均なので，これらの総和は 0 である。
c，d 以外の総和は -9 なので，$c + d = 9$
よって，$C + D = (45 + c) + (45 + d) = 45 \times 2 + c + d = 90 + 9 = 99$

[総和が -9 なので，-9 と和を取って 0 になる数は 9
よって，$45 \times 2 = 90$ に 9 を足して，99 と頭の中でできると早い。]

このとき，45 に 9 を足してしまったり，90 に -9 を足してしまったりしないように，くれぐれも注意しよう。

2つのグループを合わせたときの平均

Aグループの人数・平均とBグループの人数・平均が与えられているとき，A，B合わせたグループの平均はどう表されるか。

センター試験ではこのような視点からの問題が多く出題されている。A，Bにいろいろな条件を付けた場合の設問に慣れておこう。

5 一人加えたときの平均

Jの点数がAからIまで9人の平均点よりも13点高いとき，AからJまで10人の平均点は，AからIまで9人の平均点より何点高いか。

AからIまでの9人の点数が同じであるとすると左図のようになる。9人の平均点よりも高い13点をAからJまでに均すと考えると（右図），10人の平均点は9人の平均点よりも，13÷10＝1.3（点）高くなる。

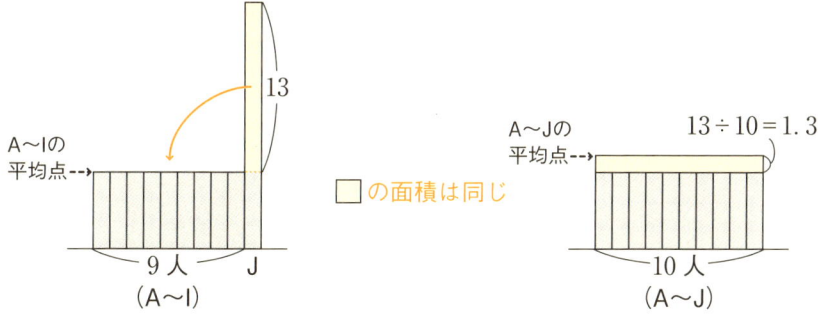

［式で］9人の平均点をm（点）とすると，9人の合計点は$9m$（点）
10人の合計点は$9m+(m+13)$（点）
10人の平均点は，$(10m+13)\div 10=m+1.3$　　平均点は，1.3点高くなる。

6　一人加えたときの平均

　x人のグループに，その平均点よりも18点低い人が1人加わると，$(x+1)$人の平均点はx人の平均点よりも1.5点少なくなる。xを求めよ。

平均点より少ない18点分を$(x+1)$人で均して1.5点になると考える。
$18\div(x+1)=1.5$より，$x+1=12$　　∴　$x=11$

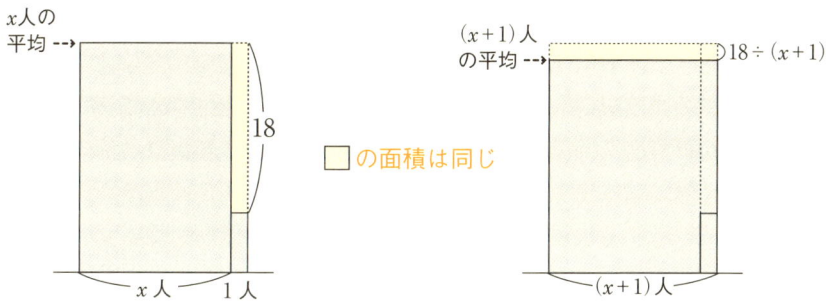

次の問題は頻出パターン。

15

7 同じ人数のグループを合わせた平均

Aグループ23人の平均点が82点，Bグループ23人の平均点が69点である。A，B合わせたグループの平均点は何点か。

同じ人数のグループを合わせて考えるとき，合併してできたグループの平均点は，それぞれのグループの平均点の平均になる。

A，B合わせたグループの平均点は，$(82+69)\div 2=75.5$（点）

このタイプは感覚的にもわかりやすく，センター頻出である。

次に，2つのグループの人数が同じ人数でない場合を扱う。

Aグループがm人で平均点はx点，Bグループがn人で平均点はy点とすると，Aグループの合計点はmx，Bグループの合計点はny，A，Bグループを合わせた合計点は$mx+ny$，平均点は$\dfrac{mx+ny}{m+n}$（点）

これは座標のところで学んだ，2点の座標が与えられたときに内分点の座標を求める式と同じである。$\dfrac{mx+ny}{m+n}$は，数直線上の2点xとyを$n:m$に内分する点の目盛になっている。ということは，mとnの比が決まれば値が決まるということである。m, nをそのまま代入して計算が面倒になりそうなら，mとnの比を簡単な整数比で表してからこの式を用いるとよい。

まとめておくと，次のようになる。

2つのグループを合わせた平均

Aグループの平均がx，Bグループの平均がy，AグループとBグループのサイズの比が$m:n$のとき，2つのグループを合わせたグループの平均は

$$\dfrac{mx+ny}{m+n}$$

8 2つのグループを合わせた平均

Aグループ24人の平均点が72点，Bグループ36人の平均点が78点であるとき，A，Bを合わせたグループの平均点を求めよ。

AグループとBグループの人数比は，$24:36 = 2:3$ なので，$m=2$，$n=3$，$x=72$，$y=78$ として公式に代入すると，

$$\frac{mx+ny}{m+n} = \frac{2 \cdot 72 + 3 \cdot 78}{2+3} = 75.6 (点)$$

$\frac{mx+ny}{m+n}$ が数直線上で x と y を $n:m$ に内分する点の目盛であることを用いると，次のような解法もある。

求める平均は，数直線上で，72と78を3:2（AとBの人数比2:3の逆比）に内分する点の目盛を計算すればよい。

72と78との差を比例配分して72に足すと，

$$72 + (78-72) \times \frac{3}{3+2} = 72 + 6 \times 0.6 = 75.6 (点)$$

③の長さを求めている

これは文字式でもう一度書けば，

$$x + (y-x) \times \frac{n}{n+m}$$

である。x と y の差に分数を掛けるので数が大きくならない。$mx+ny$ が大きくなってしまうときは，この式を用いた方が計算量が少ない。

● 平均　変数変換

変量 x に対してこれを用いた新しい変量を作るとき，新しい変量の平均の求め方を確認しておこう。

問題から確認しよう。

9 変数変換と平均

100 点満点のテストでクラスの平均は 61 点だった。各人の点数を 2 倍して，50 点を足したものを各人の新たな点数とすると，新たな平均点はいくらになるか。

平均点も 2 倍して 50 を足せばよいので，新しい点数の決め方にしたときの平均点は，

$$61 \times 2 + 50 = 172 \text{(点)}$$

つまり，変数変換に関して次のことを押さえておこう。

変数変換（1次式）

変量 x に対して，新しい変量 u を $u = ax + b$ (a, b は定数) と定めると，x, u の平均に関して，

$$\bar{u} = a\bar{x} + b$$

が成り立つ。

$a = 1$, b を $-b$ とすれば，$u = x - b$ となる。このとき，$\bar{u} = \bar{x} - b$ より，$\bar{u} + b = \bar{x}$ となる。この式が仮平均を用いて平均を求めることができる根拠となっている。

この記号を用いて書くと，元の点数 x に対して，新しい点数は $u = 2x + 50$ となるので，

$$\bar{u} = 2\bar{x} + 50 = 2 \times 61 + 50 = 172$$

証明 変量 x の値が，x_1, x_2, $\cdots$, x_n と与えられているとき，変量 u の値は，$ax_1 + b$, $ax_2 + b$, $\cdots$, $ax_n + b$ となり，u の平均は，

$$\bar{u} = \frac{1}{n}\sum_{i=1}^{n}(ax_i + b) = a \cdot \frac{1}{n}\sum_{i=1}^{n}x_i + \frac{1}{n}\sum_{i=1}^{n}b = a\bar{x} + \frac{1}{n} \cdot nb = a\bar{x} + b$$

2変量から変量を作る

各個体が x, y の変量を持つ資料で，x, y を組み合わせて新しい変量 u を作

るとき，u の平均はどうなるであろうか。解説の前に次の問題を勘で解いてみてほしい。

> **10 変数変換と平均**
>
> あるクラスで数学と英語のテストをした。数学の平均点が 47 点，英語の平均点が 62 点であった。
> (1) 数学の点数と英語の点数の合計点を各生徒ごとに計算する。この合計点の平均点はいくらか。
> (2) 英語の点数から数学の点数を引いた点数差を各生徒ごとに計算する。この点数差の平均はいくらか。
> (3) 数学の点数の 3 倍と英語の点数の 2 倍との和（新指標）を用いて順位をつけようとするとき，この新指標の平均はいくらか。

合計点の平均点は，平均点と平均点の合計であるし，（数学）×3＋（英語）×2 の平均点は，（数学の平均）×3＋（英語の平均）×2 である。なぜこれでよいかは後で確かめることにして，先に問題を解いてしまおう。

数学の点数を x，英語の点数を y とする。

(1) 合計点を表す変量 z は，$z = x + y$ であり，
$$\bar{z} = \overline{x+y} = \bar{x} + \bar{y} = 47 + 62 = 109$$

(2) この点数差を表す変量 w は，$w = y - x$ であり，
$$\bar{w} = \overline{y-x} = \bar{y} - \bar{x} = 62 - 47 = 15$$

(3) 新指標を表す変量 u は，$u = 3x + 2y$ であり，
$$\bar{u} = \overline{3x+2y} = 3\bar{x} + 2\bar{y} = 3 \cdot 47 + 2 \cdot 62 = 265$$

上の解き方でポイントは↑のところである。この式変形が正しいことを式で確認しておこう。

資料のサイズが n で，2 変量 x，y のデータが (x_1, y_1), (x_2, y_2), $\cdots$, (x_n, y_n) のとき，x，y から作った変量 $u = ax + by$（a，b は定数）の平均を求めてみる。

$$\bar{u} = \frac{1}{n}\sum_{i=1}^{n}(ax_i + by_i) = \frac{1}{n}\left(a\sum_{i=1}^{n}x_i + b\sum_{i=1}^{n}y_i\right) = a \cdot \frac{1}{n}\sum_{i=1}^{n}x_i + b \cdot \frac{1}{n}\sum_{i=1}^{n}y_i = a\bar{x} + b\bar{y}$$

まとめておくと，

> **変数変換（2変数）**
>
> 2変量 x, y を持つ資料に関して，変量 u を $u=ax+by$ と定めると，u の平均 $\bar{u}$ は
> $$\bar{u} = \overline{ax+by} = a\bar{x} + b\bar{y}$$

度数分布表とヒストグラム

20人について勉強時間のアンケートを取り，表にまとめたものが左下の表である。このような表を**度数分布表**という。表から2時間以上4時間未満の人が7人いることがわかる。0時間以上2時間未満のような範囲を**階級**，範囲の幅を区間の幅，階級の真ん中の値を**階級値**という。この場合，区間の幅は2で，階級値は1，3，5，7である。階級に入っている個体数（人数）を**度数**という。

度数分布表を柱状グラフにしたものを**ヒストグラム**という。

時間	度数
0 以上 2 未満	4
2 以上 4 未満	7
4 以上 6 未満	6
6 以上 8 未満	3
計	20

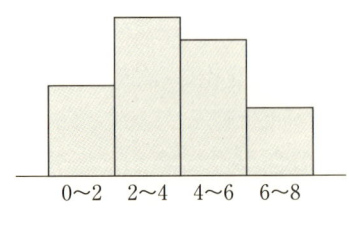

度数分布表で度数が最も大きい階級の階級値を**最頻値**または**モード**という。ヒストグラムでは，一番高い柱の階級値である。上の例では，7が一番大きい度数なので，2以上4未満の階級値3が最頻値となる。

各度数を度数の合計で割ることによって割合で表したものを**相対度数**という。度数の代わりに相対度数を書き込んだ表を**相対度数分布表**という。右ペー

ジの左表は，上の度数分布表をもとに作った相対度数分布表である。このとき，相対度数の総和は1になる。

また，度数を下から積み上げていった表を**累積度数分布表**という。下右表は前ページの度数分布表をもとにして作った累積度数分布表である。4以上6未満の欄には，もとの度数分布表でのそれまでの度数4，7，6を足した値，4＋7＋6＝17が書き込まれている。

時間	相対度数
0以上2未満	0.2
2以上4未満	0.35
4以上6未満	0.3
6以上8未満	0.15

総和　1

時間	累積度数
0以上2未満	4
2以上4未満	11
4以上6未満	17 ← 4＋7＋6
6以上8未満	20

11 度数分布表

次の相対度数分布表の空欄に当てはまる数を求めよ。

時間	0〜2	2〜4	4〜6	6〜8	8〜10
相対度数	0.1	0.15	0.3	□	0.2

相対度数の総和は1になるので，空欄に入る数は，
　　□＝1−(0.1＋0.15＋0.3＋0.2)＝0.25

度数分布表から平均値

度数分布表から平均を求める方法を確認しておこう。

度数分布表から平均値を求めるには，階級値を持つ個体が度数分だけあると考えればよい。

21

12 度数分布表から平均値

資料を度数分布表に整理すると次のようになった。このとき，この資料の平均値を求めよ。ただし，160〜164 は 160 以上 164 未満を表すものとする。

階級	160〜164	164〜168	168〜172	172〜176	176〜180	計
階級値	162	166	170	174	178	
度数	2	4	8	5	1	20

階級値の資料が度数分だけあると考えて平均を求めればよい。例えば，164〜168 であれば，166 が 4 個あると考える。

平均は資料の総和をサイズで割って，

$$(162 \times 2 + 166 \times 4 + 170 \times 8 + 174 \times 5 + 178 \times 1) \div 20$$

となる。仮平均を 160 と設定して計算すると，

$$160 + (2 \times 2 + 6 \times 4 + 10 \times 8 + 14 \times 5 + 18 \times 1) \div 20 = 160 + 9.8 = 169.8$$

度数分布表で表された資料について，階級値を用いて計算した平均は，個体ごとに正しい値を用いて計算した「真の平均値」と異なった値となる。度数分布表からは真の平均は求められないが，真の平均が存在する範囲は求めることができる。真の平均はどこからどこまでの範囲にあるだろうか。上の問題と同じ資料で考えてみよう。

13 度数分布表から平均値

資料を度数分布表に整理すると次のようになった。このとき，個体ごとの値を用いて計算した平均値の取りうる範囲を求めよ。

階級	160〜164	164〜168	168〜172	172〜176	176〜180	計
階級値	162	166	170	174	178	
度数	2	4	8	5	1	20

最小値を求めてみよう。

最小値を求めたいので，資料がすべて階級の最小の値を取るものとして計算しよう。

すなわち，160 が 2 個，164 が 4 個，168 が 8 個，172 が 5 個，176 が 1 個と考えよう。

160〜164 であれば，階級の最小値 160 は階級値 162 より 2 より小さい。つねに，(階級の最小値) = (階級値) − 2 が成り立つので，階級の最小値を用いて計算した平均は，階級値を用いて計算した平均より，2 だけ小さい。よって，真の平均の最小値は，前問の答えを用いて，169.8 − 2 = 167.8 と考えられる。

また，(階級の大きい方の値) = (階級の最小値) + 4 が成り立つので，個体ごとの値を用いて計算した平均は，167.8 + 4 = 171.8 未満である。

求める平均値の取りうる範囲は 167.8 以上 171.8 未満である。

ただし，これは資料の値が 160〜180 までどの値でも自由に取ることができる場合であって，資料の値が整数値しか取りえない場合はこうならない。160〜164 で取りうる値は，160, 161, 162, 163 で，最大でも階級値より 1 大きい値までしか取ることができない。よって，平均の最大値は，169.8 + 1 = 170.8 となる。資料の値が整数値しか取りえないとき，求める平均の取りうる範囲は 167.8 以上 170.8 以下となる。アンバランスになるので不快であるが，センター試験ではあえてココを突いてくる場合があるので留意しておきたい。

これから，次のことが分かる。

度数分布表から階級値を用いて計算した平均値を a，個体ごとの数値を用いて計算した平均を x とする。

階級の幅を d として，
$$m = a - \frac{d}{2}, \quad M = a + \frac{d}{2}$$

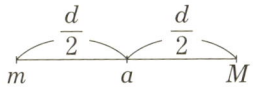

と m, M を定めると，x は m 以上 M 未満である。
$$m \leq x < M$$

度数分布表での平均値の計算の基礎が分かったところで，応用問題に入ることにしよう。

14 度数分布表から平均値

次の度数分布表から，それぞれ x の平均を求めよ。

x	152	156	160	164	168	172	計
	7	4	10	8	4	7	40

仮平均を 162 にとろう。すると，

$x-162$	-10	-6	-2	2	6	10
	7	4	10	8	4	7

対称な部分は打ち消しあうので，総和は，$(-2)\times 10 + 2\times 8 = (-2)\times(10-8)$
よって，$x-162$ の平均は，$(-2)\times(10-8)\div 40 = -0.1$
x の平均値は，$\bar{x} = 162 + (-0.1) = 161.9$

と，これでもよいが $(-2)\times(10-8)$ の意味を感覚的にとらえておくと，スピードが増すだろう。それには，初めの分布で 160 を 2 個減らした状態から考えるとよい。

152	156	160	164	168	172
7	4	8	8	4	7

度数分布は対称的になり，平均は 162 である。だから，均して 162 が 38 個あると考える。

ここに 160 を 2 個加えるのだ。すると，右図のように考えて，平均が 162 になるには，面積が $(162-160)\times 2$ だけ足りない。

足りない分を 40 個で分ければ，
$$(162-160)\times 2 \div 40 = 0.1$$
よって，平均点は仮平均から 0.1 だけ下がって，
$$162 - 0.1 = 161.9$$

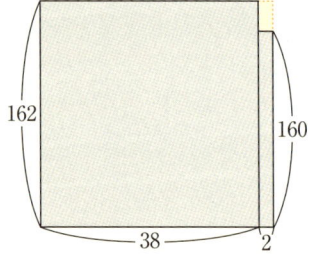

15 度数分布表から平均値

次の度数分布表から，それぞれ x の平均を求めよ。

x	152	156	160	164	168	172	計
	6	0	5	8	5	6	30

これも対称性からの崩れを捉えて簡単に計算したい。

x	152	156	160	164	168	172	計
	0	6	5	8	5	6	30

であれば，対称性より平均値は164

問題は，156の6個が152に移っているので，対称性のある状態を基準にして合計は，$(156-152) \times 6$ だけ減っている。平均点は $(156-152) \times 6 \div 30 = 0.8$ だけ下がる。

よって，問題の平均値は $164 - 0.8 = 163.2$

中央値

資料を変量の小さい順から並べたとき，真ん中の順位の変量を**中央値**または**メジアン**という。センター試験では中央値という用語の方を使っている。

例えば，

$$3, \ 6, \ 7, \ 9, \ 12$$

とサイズが5の場合，小さい方から3番目の7が中央値となる。

また，

$$3, \ 6, \ 7, \ 9, \ 12, \ 13$$

とサイズが6の場合は，小さい方から3番目の7と4番目の9の平均 $(7+9) \div 2 = 8$ が中央値となる。

なお，小さい順から並べるときは，「3, 6, 7, 7, 9」のように同じ値を持つものは重複して数えるものとする。

まとめると，

> **中央値**
> サイズが奇数($2n+1$)のとき，小さい方から $n+1$ 番目の値
> サイズが偶数($2n$)のとき，小さい方から n 番目と $n+1$ 番目の平均

　定義が簡単だからと言って侮ってはいけない。与えられた資料を小さい順に並べるのは意外と面倒である。考えてもみよう。異なる10個のものを並べる順列は10!通りあるのだ。その中の1通りを見つけると考えると，ことの煩雑さがわかる。

　プログラミング技術では，小さい順に並べることをソートというが，ソートはそれ自体で1分野を形成するぐらいの重要なトピックスなのである。

　10個のソートであっても目だけで行おうとすると意外と間違う。問題を解くときは，面倒でも小さい順に書き並べるのがよい。必要なのは真ん中の値だが，すべて書き並べるのがよい。真ん中まで書いて止めた場合，書き落とした中に小さい数が入っているかもしれないからである。こんな小学校3年生でもできる問題で点数を落とすのはもったいないではないか。

> **16 中央値**
> 　7が3個，8が5個，9が3個，10が9個，11が5個の資料の中央値を求めよ。

　資料の個数は，$3+5+3+9+5=25$(個)
　小さい方から$(25+1)\div 2=13$(番目)の変量の値が中央値である。
　9以下のものが，$3+5+3=11$(個)あり，10以下のものが$11+9=20$(個)あるので，小さい方から13番目は10である。中央値は10である。
　「7, 8, 9, 10, 11 の真ん中だから，中央値は9」としてはいけない。

> **17 1個加えたときの中央値**
> 　4, 6, 7, 9, 14, 15, 17, 19 の資料がある。ここに1つの個体(変量は整数)を加えるとき，中央値は何通りの場合が考えられるか。

中央値を M，加える個体の変量を a とすると，
$a \leqq 9$ のとき，$M = 9$

$$\underbrace{4, 6, 7}_{} \ \boxed{9} \ \underbrace{14, 15, 17, 19}_{}$$
a

$10 \leqq a \leqq 13$ のとき，$M = a$

$$\underbrace{4, 6, 7, 9}_{} \ \boxed{a} \ \underbrace{14, 15, 17, 19}_{}$$

$14 \leqq a$ のとき，$M = 14$

$$\underbrace{4, 6, 7, 9}_{} \ \boxed{14} \ \underbrace{15, 17, 19}_{}$$
a

つまり，M は 9 から 14 までのすべての整数を取りうる。よって，6 通り。
慣れれば，$14 - 9 + 1 = 6$（通り）と出すことができる。
「サイズが $2n$（偶数），変量が整数の場合，個体を1個加えたとき，取りうる値は，（n 番目）から（$n+1$ 番目）までの整数である。」とまとめられる。

18　1個加えたときの中央値

4，6，7，9，14，15，17 の資料がある。ここに1つの個体（変量は整数）を加えるとき，中央値は何通りの場合が考えられるか。

中央値を M，加える個体の変量を a とすると，
$a \leqq 7$ のとき，$M = (7+9) \div 2 = 8$

$$\underbrace{4, 6}_{} \ \boxed{7, 9} \ \underbrace{14, 15, 17}_{}$$
a

$8 \leqq a \leqq 13$ のとき，
　4番目と5番目は a，9 か 9，a なので，いずれにしろ，$M = (9+a) \div 2$

$$\underbrace{4, 6, 7}_{} \ \boxed{9} \ \underbrace{14, 15, 17}_{}$$
a

$14 \leqq a$ のとき，$M = (9+14) \div 2 = 11.5$

$$\underbrace{4, 6, 7}_{} \ \boxed{9, 14} \ \underbrace{15, 17}_{}$$
a

つまり，M は，8 から 11.5 までを 0.5 刻みずつ取る。よって，8 通り。

a が 7 から 14 までの整数をとると，それに対して異なる中央値が決まるので，慣れてきたら，$14-7+1=8$(通り)と答えられる。

「サイズが $2n+1$(奇数)，変量が整数の場合，個体を 1 個加えたとき，取りうる中央値は，$\{(n\,番目)+(n+1\,番目)\}\div 2$ から $\{(n+1\,番目)+(n+2\,番目)\}\div 2$ までの半整数(0.5×整数のこと)なので $(n+2\,番目)-(n\,番目)+1$(通り)ある。」とまとめられる。

19 2つのグループを合わせたときの中央値

A 組の人数は 29 人で，テストの点数は，

8, 11, 14, 17, …, 89, 92 （初項 8，公差 3 の等差数列）

B 組の人数は 29 人で，テストの点数は

32, 34, 36, 38, …, 86, 88 （初項 32，公差 2 の等差数列）

である。A，B を合わせたグループの中央値を求めよ。

下から順に並べていたのでは時間がかかりすぎる。次の事実を用いて中央値の見当をつけるとよい。

A，B を合わせたグループの中央値は，A の中央値と B の中央値の間にある。

この事実を確かめながら問題を解いていこう。

A 組の中央値は，A 組の 15 番目で，$8+(15-1)\times 3=50$

B 組の中央値は，B 組の 15 番目で，$32+(15-1)\times 2=60$

A，B を合わせたグループの中央値を探すには，A の中央値と B の中央値の間を探せばよい。

A	15 50	16 53	17 56	18 59		
B	10 50	11 52	12 54	13 56	14 58	15 60

A，B を合わせたグループの中央値は，合わせて数えた 29 番目と 30 番目の平均になる。

50 以下には，15＋10＝25 個しかないので，中央値は 50 より大きい。

60 以上には，(29－18)＋(29－14)＝26 個しかないので，中央値は 60 より小さい。

56 以下には，17＋13＝30 個あるので，29 番目と 30 番目はともに 56 である。よって，中央値も 56

この問題では，初めのクラスが奇数である場合を扱ったが，偶数である場合でも同様に考えることができる。ポイントをまとめると次のようになる。

<u>同じ人数の 2 組を合わせたときの中央値は，それぞれの組の中央値の間にある。</u>組合併後の中央値を探すときに使える法則である。

平均値と中央値の大小

平均値と中央値のどちらが大きいのか，度数分布表やヒストグラムから計算せずとも判定できるようになっておきたい。たとえ計算できる場合であっても，大小についてのみ判断せよという設問であれば，計算せずに答えを出した方がよい。センター試験出題者も計算せずに大小を判断することを見越しているのだ。

資料に対称性がある場合は，平均値と中央値は等しい。対称性が崩れた場合はどう判断したらよいだろうか。この場合でも，対称性からどれだけずれるのか？と，対称性のある状態を基準にして考えるところがポイントである。

問題で具体的に示してみよう。

20 平均値と中央値の大小

(1)から(4)のそれぞれの分布で，平均値と中央値の大小を比較せよ。

(1)

x	3	4	5	6	7
度数	2	6	8	6	2

(2)

x	3	4	5	6	7	8	9
度数	2	6	8	6	0	0	2

(3)

x	3	4	5	6	7
度数	2	6	8	6	9

(4)

x	3	4	5	6	7
度数	6	3	2	3	10

(1) 5を中心に対称に分布しているので，平均値，中央値ともに5で，(平均値)＝(中央値)である。

(2) (1)と比べて中央値に変化はなく5である。平均値は(1)より大きくなるので，5より大きい。よって，(平均値)＞(中央値)。

実際に平均値を計算してみよう。1に比べて総和は，$(9-7) \times 2$ だけ大きくなる。

サイズは24なので，平均は，$(9-7) \times 2 \div 24 = 4 \div 24 \fallingdotseq 0.17$ だけ大きくなる。よって，平均は，$5 + 0.17 = 5.17$ である。確かに中央値の5より大きい。

(3) (1)と比べて7が2から9に7個増えている。中央値は動くだろうか。

(1)では，中央値は8個ある個体の4個目と5個目の真ん中にあると考えてよい。

中央値を5より大きくするためには，5より大きい個体を8個以上(1)の状態に加えなければならない。8個加えると，中央値を計算するための個体が大きい方へ $8 \div 2 = 4$ 個ずれるからだ。7のところに7個加えても中央値は動かないのである。よって，(3)の中央値は5である。平均値は増えるので，

（平均値）＞（中央値）となる。

平均値を実際に計算してみよう。(1)と比べて合計は$(7-5) \times (9-2)$だけ大きくなる。

よって，平均値は$5 + (7-5) \times (9-2) \div 24 ≒ 5.58$

(4)　　　ア

分布が

3	4	5	6	7
6	3	2	3	6

であれば，平均値も中央値も5である。

(4)は，アの状態から7のところに$10-6=4$個加えた状態である。

アの状態では，中央値を計算する個体は5の2個であるが，7に4個加えるので，中央値を計算する個体は$4 \div 2 = 2$より2個ずれて，6の2個になる。中央値は6になる。

平均値はそれほど増えないだろうから，（中央値）＞（平均値）と予想できる。こういう勘が大切だ。

実際に平均値を計算してみると，平均値は，サイズが24なので，

$5 + (7-5) \times (10-6) \div 24 ≒ 5.3$

（中央値）＞（平均値）となる。

● 四分位数

資料が大きさの順に並べられているものとする。このとき資料を2等分する真ん中の値が中央値である。さらに詳しく資料を4等分するときの値が四分位数である。

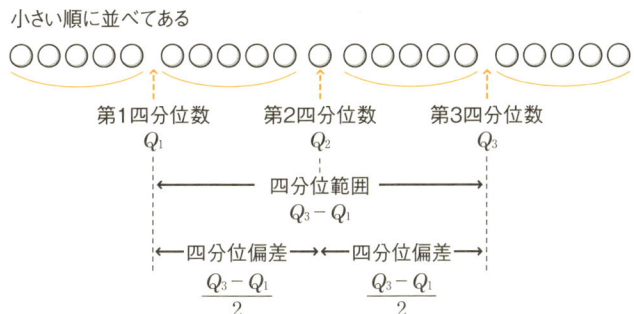

前ページのように，小さい方から第1四分位数，第2四分位数，第3四分位数といい，Q_1, Q_2, Q_3 で表す。第2四分位数 Q_2 は中央値に等しい。

$Q_3 - Q_1$ を**四分位範囲**，$\dfrac{Q_3 - Q_1}{2}$ を**四分位偏差**という。

第1四分位数 Q_1，第3四分位数 Q_3 を求めるには次のようにする。
まず，大きさの順に並べられた資料を2つに分ける。
資料のサイズ（個数）が偶数のときは，等しい個数に2つに分けられる。
奇数のときは真ん中の数を取り除いて，等しい個数に2つに分ける。

サイズが偶数　　　　サイズが奇数
○○ … ○○　○○ … ○○　　○○ … ○○　○　○○ … ○○
下位グループ　上位グループ　　下位グループ　　上位グループ

値の小さい方を下位グループ，大きい方を上位グループと呼ぶことにする。
下位グループの中央値を第1四分位数 Q_1，上位グループの中央値を第3四分位数 Q_3 とする。さらに，

$$四分位範囲 = Q_3 - Q_1, \quad 四分位偏差 = \frac{Q_3 - Q_1}{2}$$

四分位数を求める問題を解いてみよう。中央値の表し方はサイズが奇数の場合と偶数の場合で異なったように，四分位数の表し方もサイズによって異なる。四分位数の場合はサイズを4で割った余りによって表し方が分類される。

21 四分位数

(1)～(4)のそれぞれの資料について，第1四分位数 Q_1，第2四分位数 Q_2，第3四分位数 Q_3 と四分位範囲，四分位偏差を求めなさい。

(1) 4, 6, 7, 8, 9, 9, 9, 10, 11, 12, 12, 12, 13, 14, 14
(2) 4, 6, 7, 8, 9, 9, 9, 10, 11, 12, 12, 12, 13, 14, 14, 15
(3) 4, 6, 7, 8, 9, 9, 10, 11, 12, 12, 12, 13, 14, 14, 15, 16
(4) 4, 6, 7, 8, 9, 9, 10, 11, 12, 12, 12, 13, 14, 14, 15, 16, 16

(1)～(4)がそれぞれ，サイズを4で割った余りが3, 0, 1, 2 の場合の例になっている。

(1)　4, 6, 7, ⑧, 9, 9, 9, ⑩, 11, 12, 12, ⑫, 13, 14, 14

$Q_1 = 8$, $Q_2 = 10$, $Q_3 = 12$, 四分位範囲は $Q_3 - Q_1 = 4$, 四分位偏差は $\dfrac{Q_3 - Q_1}{2} = 2$

(2)　4, 6, 7, 8, ┊9, 9, 9, 10, ┊11, 12, 12, 12, ┊13, 14, 14, 15

$Q_1 = \dfrac{8+9}{2} = 8.5$, $Q_2 = \dfrac{10+11}{2} = 10.5$, $Q_3 = \dfrac{12+13}{2} = 12.5$,

四分位範囲は $Q_3 - Q_1 = 12.5 - 8.5 = 4$, 四分位偏差は $\dfrac{Q_3 - Q_1}{2} = 2$

(3)　4, 6, 7, 8, ┊9, 9, 9, 10, ⑪, 12, 12, 12, 13, ┊14, 14, 15, 16

$Q_1 = \dfrac{8+9}{2} = 8.5$, $Q_2 = 11$, $Q_3 = \dfrac{13+14}{2} = 13.5$,

四分位範囲は $Q_3 - Q_1 = 13.5 - 8.5 = 5$, 四分位偏差は $\dfrac{Q_3 - Q_1}{2} = 2.5$

(4)　4, 6, 7, 8, ⑨, 9, 9, 10, 11, ┊12, 12, 12, 13, ⑭, 14, 15, 16, 16

$Q_1 = 9$, $Q_2 = \dfrac{11+12}{2} = 11.5$, $Q_3 = 14$, 四分位範囲は $Q_3 - Q_1 = 14 - 9 = 5$,

四分位偏差は $\dfrac{Q_3 - Q_1}{2} = 2.5$

サイズを4で割った余りによって，四分位数を求めるときに真ん中の数を取るか2数の平均を取るかが分かれる様子を観察することができただろう。

次のような設問も考えられる。

> **22　四分位数**
>
> 変量が整数値のデータがある。この資料の四分位数は，小さい方から，20, 35, 48.5であった。この資料のサイズとして考えられる数の組として正しいものを選べ。
>
> ① 38, 39　　　　　② 36, 41
>
> ③ 37, 39　　　　　④ 36, 38

第3四分位数が整数の平均を取った値(○○.5)なので，上位グループは偶数である。これを $2n$ とおく。第2四分位数(中央値)が整数であることからは，中央の値を取ったのか，2数の平均を取ったのか定まらない。よって，サイズ

33

は $2n×2=4n$ あるいは，$2n×2+1=4n+1$ である。選択肢のうち，4で割った余りが，0である数と1である数との組み合わせになっているのはである。

ヒストグラムと箱ひげ図

資料の最小値，最大値，四分位数を見やすくまとめたグラフが箱ひげ図である。

最小値 $m=2$，第1四分位数 $Q_1=4$，第2四分位数 $Q_2=7$，第3四分位数 $Q_3=9$，最大値 $M=12$ のとき，箱ひげ図は次のように表す。なお，平均は描かれないこともある。

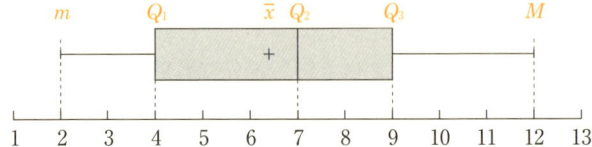

センター試験では，四分位数についての理解を試す問題として，四分位数を直接答えさせるのではなく，箱ひげ図を選ばせる形の設問が出題されるものと思われる。これは科目こそ違うが，物理でも現象を正しく表している図を選ばせる設問がセンター試験の一大特徴となっていることから大いに予想できる。

特に，ヒストグラムと箱ひげ図を対応させる設問はセンター試験の定番となるであろう（平成26年記）。

このとき，ポイントとなるのは，第1四分位数，第2四分位数，第3四分位数のところでヒストグラムを区切ると，ヒストグラムの面積がほぼ4等分されることである。

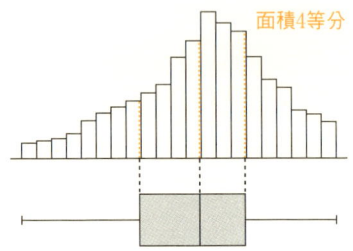

23 箱ひげ図

4つの資料からヒストグラムを作ると，A～Dのようになった。A～Dのヒストグラムに対応する箱ひげ図として適当なものを ⓪～③ から選べ。

A

B

C

D

⓪

①

②

③

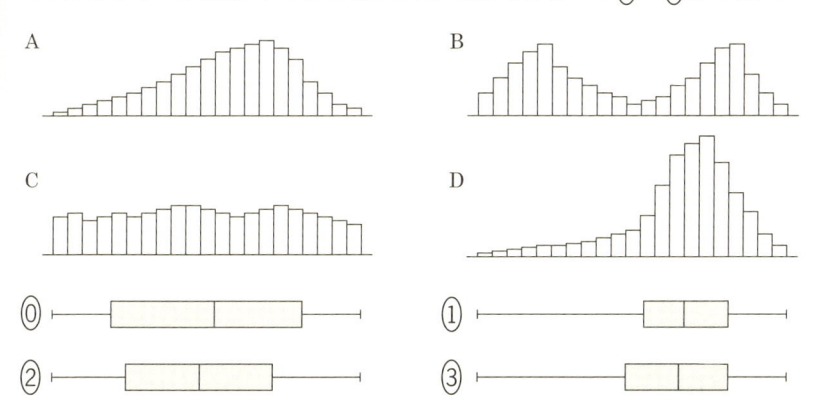

Cはほぼ均等に分布しているので，Q_1, Q_2, Q_3 は範囲をほぼ4等分する。よって，Cには ② が対応する。

Bは中央値から離れたところにある個体が多いので，四分位偏差も大きくなる。Bには ⓪ が対応する。

Dは中央値の近くに個体が集まっているので，四分位偏差は小さい。よって，Dには ① が対応する。Aには ③ が対応する。

相関図は一発で選べない

2変量のデータに対して，平面座標のように点を書き込んだ図形を**相関図**または**散布図**という。センター試験の問題文では「相関図(散布図)」と表現される。

英語	9	14	14	15	18	18	18
数学	15	8	18	14	12	14	15

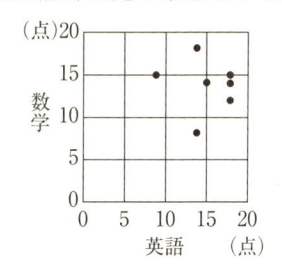

2 変量のデータから散布図を選ぶ問題は必須である。

どのようにすれば早く正確に解にたどり着けるのか，対策を練っておこう。

問題で説明しよう。次の問題は実際のセンター試験の問題で散布図を選択する部分だけを取り出したものである。

24 散布図

次の表のような 2 つの変量を持つサイズ 10 のデータがある。

このとき，p, q の散布図として適当なものは ⓪〜③ のどれか。

p	33	44	30	38	29	43	34	33	36	30
q	37	44	34	35	30	41	38	33	41	37

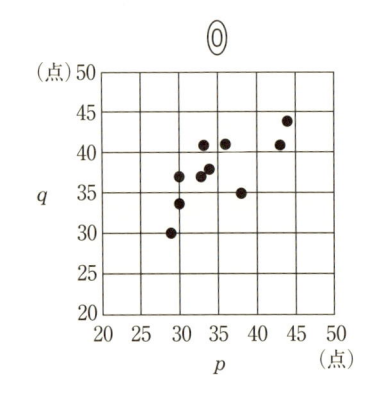

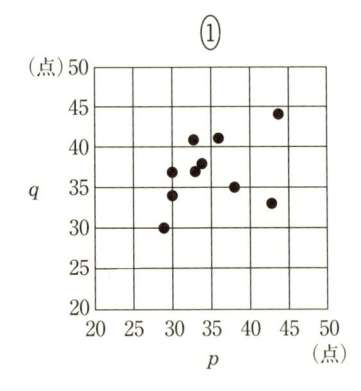

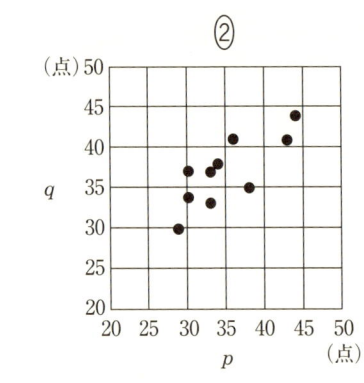

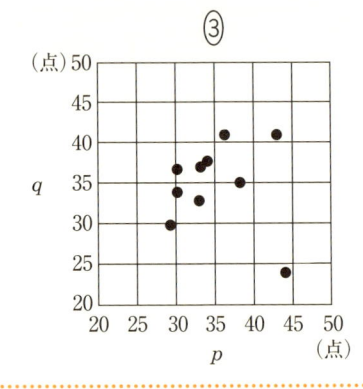

まず，センター試験の場合，過去問から判断すると散布図を選ぶ問題は4択である。4つの散布図の中から適切な散布図を選ぶことになる。
　このとき，散布図のどこに着目していけばよいだろうか。
　まず，目につくのが③の右下(A)である。Aの位置に点があるのは③だけである。もしもこれが正しい点であれば，ここだけを確認することで③の散布図が正しいと判断されることになる。そんな都合のよいことが起こるだろうか？起こらないのである。実際，$p=44$, $q=24$ というデータはない。だから，③は間違った散布図なのである。
　次に，①のBは正しい点だろうか。これも4つの散布図のうち①にしか打たれていない点である。調べてみると，$p=43$, $q=33$ はデータにない。この点は間違った点なので，①は間違った散布図である。

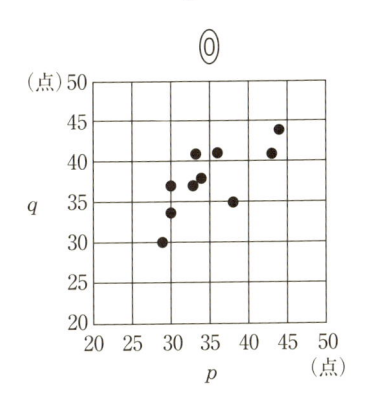

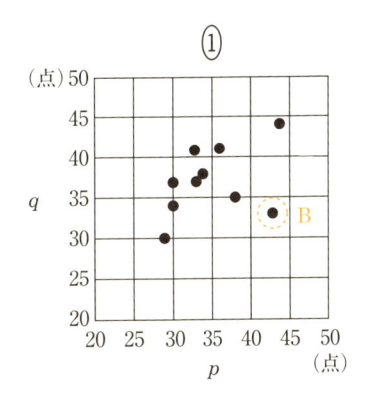

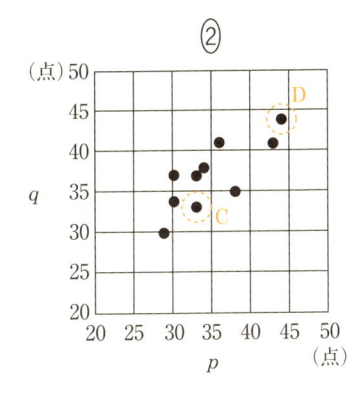

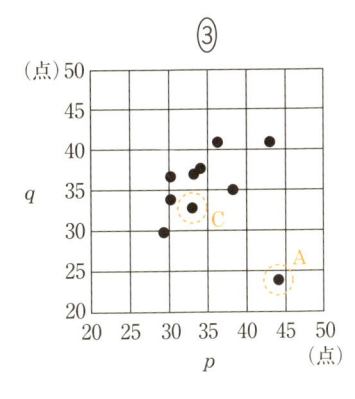

これからわかるように，4つの散布図のうちで，1つの散布図にしか打たれていない点は間違った点であることが多い。つまり，ある散布図で他の散布図には打たれていないような点が打たれているとすれば，その散布図は間違った散布図である可能性が高いのである。

　これは出題者の心理を考えてみると合点がいく。出題者は1か所だけを確かめて正解の散布図が選べてしまうような選択肢の作り方はしたくないのである。出題者が想定している正答に至るまでの手順は，まず4つのうちから正しいと考えられる候補を2つに絞り，そのあとその2つのうちから正しいものを選ぶということなのだ。

　このあらすじに沿った見つけ方は例えば次のようだ。
　②，③に共通して打たれているCの点は，資料に $p=33$, $q=33$ があるので正しい点である。Cの点は⓪，①にはないので，正しい散布図は②，③に絞られた。
　次に，②，③のグラフで異なったところに目を付ける。例えば，③にはなく②にはあるDの点 $p=44$, $q=44$ は正しい点であるかを判断する。データには $p=44$, $q=44$ があるので，Dの点は正しい点であり，正しい散布図は②である。

　上の注意点に加えて，実際のセンター試験の散布図を選ぶ問題において，重要なコツがある。それは，空欄の補充の値を用いることである。センター試験の問題では，変量の分布が表で与えられていて一部が空欄になっている場合がある。散布図を選ぶ設問の前に空欄に当てはまる数を答えさせていることがある（多くは 4 の「平均から点数を求める」のパターン）。このような場合は，必ずと言っていいほど空欄補充をした値を用いて正しい散布図の判別を行う。前問で得た空欄の値が間違っている場合は散布図が選べないように選択肢の散布図を作っているのである。つまり，センター試験出題者は，前問で得た値が間違っているようでは，正しい散布図を選ばせたくないと考えているのだ。何とも意地悪な話だと思う。しかし，逆に言えば，散布図を探すときには空欄で補充した値に着眼するとよいというテクニックを与えてくれる。

方程式はまともに解くな

　表にブランクがあって，平均や分散の条件から，ブランクに当てはまる数を

復元する問題がある。このとき，ブランクに当てはまる定数を未知数とした方程式を解くことになる。このときの方程式の解き方について言及しておきたい。

25 統計に出てくる方程式

次の x, y, z, w に当てはまる整数を求めよ。ただし，$x \leq y \leq z \leq w$ であるものとする。

$x+y+z+w=0$ ……①　　$x+2y+z+3w=3$ ……②
$x+3y-z+w=-2$ ……③　　$x^2+y^2+z^2+w^2=6$ ……④

1次の関係式があるから，それらを用いて文字を消去して，最後の2次式を1つの文字に関しての2次方程式にすることができる。さて，計算していこう……などと考えていては時間の無駄である。認識を改めていただきたい。

まず，この方程式で一番強い条件は x, y, z, w が整数であること。次に最後の2乗の式である。

x, y, z, w の中に絶対値が3以上のものがあると，④の左辺は9以上になって等号が成り立たない。x, y, z, w のそれぞれの絶対値は2以下である。

こう考えると，④を満たす x, y, z, w の絶対値の組は，0, 1, 1, 2 である。

これらに適当に符号をつけて，①を満たすようにすると，0, -1, -1, 2 または -2, 0, 1, 1

さらに $x \leq y \leq z \leq w$ より，$x=-1, y=-1, z=0, w=2$ または $x=-2, y=0, z=1, w=1$

このうち②，③を満たすのは，$x=-1, y=-1, z=0, w=2$

このような筋の解法が使えるのは特殊な場合だけであると思う人がいるかもしれないが，センター試験ではこの例の当てはまる場合が多いのである。

というのも，分散や標準偏差が与えられているとき，変量を未知数とすると，分散の式は変量の2次式になるから，④のような条件式になるのである。センター試験の「データの分析」分野で方程式が出てきたら，代入法で方程式を解く前に数を当てはめる解法を考えてみてほしい。

条件式が1次式のみからなる場合は，連立1次方程式を解けば未知数が求ま

るが，その場合でも整数の当てはめが有効である場合が多い。試験場ではぜひとも時間短縮を狙っていって欲しい。

2乗の計算に慣れよう

分散の計算では数の2乗を計算しなくてはならない。平方の計算に慣れておこう。

11^2 から 19^2 までは，反射的に答えられるようにしておこう。

26 1□² の計算

次の計算をせよ。
(1) 11^2　(2) 12^2　(3) 13^2　(4) 14^2　(5) 15^2
(6) 16^2　(7) 17^2　(8) 18^2　(9) 19^2

(1) 121　(2) 144　(3) 169　(4) 196　(5) 225
(6) 256　(7) 289　(8) 324　(9) 361

□5×□5 は，下2ケタは 25 になり，上2ケタは，例えば，
$$65 \times 65 = \boxed{4225}$$
というように，□=6 であれば，$6 \times (6+1) = \boxed{42}$ となる。

証明　$(10n+5)^2 = (10n)^2 + 2 \cdot 10n \cdot 5 + 5^2 = 100n(n+1) + 25$

27 □5² の計算

次の計算をせよ。
(1) 25^2　(2) 35^2　(3) 45^2　(4) 55^2
(5) 65^2　(6) 75^2　(7) 85^2　(8) 95^2

(1) 625　(2) 1225　(3) 2025　(4) 3025
(5) 4225　(6) 5625　(7) 7225　(8) 9025

分散

変量 x の値が

x	3	5	6	8	8

となるときの例を用いて分散の計算法を確認しよう。

x の平均は，$\bar{x} = (3+5+6+8+8) \div 5 = 6$

変量から平均を引いたものを**偏差**という。偏差平方（偏差の2乗）の平均が分散である。

偏差 $x - \bar{x}$	-3	-1	0	2	2
偏差平方 $(x-\bar{x})^2$	9	1	0	4	4

分散（偏差平方の平均）は，$(9+1+0+4+4) \div 5 = 3.6$

x の分散を s_x^2 とすると，$s_x^2 = 3.6$

なぜ2乗で書くかといえば，分散の平方根を**標準偏差**と呼び，標準偏差を s_x で表すとつじつまが合うからである。

文字式でまとめておくと，

分散の定義式

変量 x が $x_1, x_2, \cdots, x_n$ のとき，平均を $\bar{x}$，分散を s_x^2 とすると，

$$s_x^2 = \frac{1}{n}\{(x_1-\bar{x})^2 + (x_2-\bar{x})^2 + \cdots + (x_n-\bar{x})^2\} = \frac{1}{n}\sum_{i=1}^{n}(x_i-\bar{x})^2$$

これが分散の定義式であるが，次のような式でも分散が計算できる。

分散の公式

変量 x が $x_1, x_2, \cdots, x_n$ のとき，平均を $\bar{x}$，平方（2乗）の平均を $\overline{x^2}$，分散を s_x^2 とすると，

$$s_x^2 = \overline{x^2} - (\bar{x})^2$$

上の例で，定義式と同じ値になるか確かめてみよう。

x	3	5	6	8	8
x^2	9	25	36	64	64

平方（2乗）の平均は，$\overline{x^2} = (9 + 25 + 36 + 64 + 64) \div 5 = 198 \div 5 = 39.6$

x の分散は，$s_x^2 = \overline{x^2} - (\overline{x})^2 = 39.6 - 6^2 = 3.6$

たしかに定義式で計算した値と同じになっている。この公式の証明は教科書にも載っているのでここでは省略するが，あとでもう少し一般化した式を証明する。

分散の計算の仕方は定義式と公式の2通りがあるので，どちらか早く計算できる方で計算した方がよい。どちらの場合でも，サイズの個数だけ2乗の計算をすることには変わりはない。偏差を2乗するか，そのままの数を2乗するかの違いである。偏差と変量そのままの値と，どちらに2乗の計算が簡単な数がより多く並んでいるのかを見極めて，定義式で計算するか公式を用いるかを判断すればよいのである。といっても迷っている暇はない。「下手な考え休むに似たり」ということわざもある。

> **28 分散：2つの計算法**
>
> 変量 x の分布が，次の(1)，(2)のようになるとき，(1)，(2)のそれぞれについて x の分散を求めよ。
>
> (1)
> | x | 4 | 5 | 13 | 12 | 9 |
> |---|---|---|---|---|---|
>
> (2)
> | x | 16.3 | 11.8 | 10.3 | 14.3 | 11.3 |
> |---|---|---|---|---|---|

(1) $\overline{x} = (4 + 5 + 13 + 12 + 9) \div 5 = 43 \div 5 = 8.6$

偏差の2乗より，x の2乗の方が計算しやすいので，公式で計算する。

$$\overline{x^2} = (4^2 + 5^2 + 13^2 + 12^2 + 9^2) \div 5$$
$$= (16 + 25 + 169 + 144 + 81) \div 5 = 435 \div 5 = 87$$
$$s_x^2 = \overline{x^2} - (\overline{x})^2 = 87 - 8.6^2 = 87 - 73.96 = 13.04$$

(2) $\overline{x} = (16.3 + 11.8 + 10.3 + 14.3 + 11.3) \div 5 = 64 \div 5 = 12.8$

x の 2 乗を計算するのは面倒なので，偏差を調べてみると，

x	16.3	11.8	10.3	14.3	11.3
$x-\bar{x}$	3.5	-1	-2.5	1.5	-1.5

□5^2 を計算するのは暗算でできる。

$$s_x^2 = (3.5^2 + 1^2 + 2.5^2 + 1.5^2 + 1.5^2) \div 5$$
$$= (12.25 + 1 + 6.25 + 2.25 + 2.25) \div 5$$
$$= 24 \div 5 = 4.8$$

ヒストグラムと分散

分散が表しているものは，資料の散らばり具合である。

分散は偏差平方の平均なのだから，平均よりも遠いところに個体が多くあれば分散は大きく，近いところに個体が多くあれば分散は小さい。

29 ヒストグラムと分散

次のヒストグラムで表される資料を分散の小さい順に並べよ。ただし，3つのヒストグラムの資料のサイズは等しく，横軸の目盛は同じ間隔で振ってあるものとする。

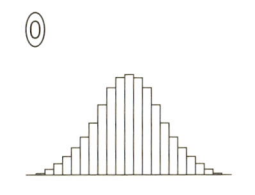

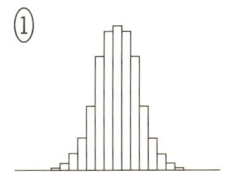

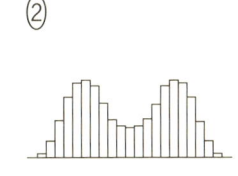

⓪　　　　①　　　　②

どれも線対称な図形なので，対称軸の位置が平均値である。対称軸の近くに個体が多くあるのは①，対称軸から遠くに個体があるのは②である。分散の小さい順に①，⓪，②となる。

分散でも仮平均？

ここまでが分散の計算の基本である。

分散とは散らばりを表す指標であった。それゆえ，変量 x に対してそれを平行移動した変量 $u=x+a$（a は定数）であっても分散は変わらない。x の分散と u の分散は等しい（$s_x^2 = s_u^2$）のである。

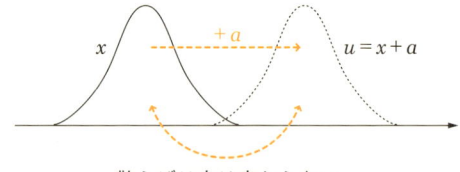

散らばり方は変わらない

平行移動と分散

変量 x に対して，新しい変量 u を $u=x+a$（a は定数）と定めると，x，u の分散は等しく，$s_u^2 = s_x^2$

式で確認してみればこうなる。

$u=x+a$ のとき，x，u の平均について，$\overline{u}=\overline{x}+a$ が成り立つので，u_i の偏差は，

$$u_i - \overline{u} = (x_i + a) - (\overline{x} + a) = x_i - \overline{x}$$

となり，x_i の偏差に等しい。分散は偏差平方の平均なのだから，各個体について偏差が等しければ，分散も等しくなる。よって，x の分散と u の分散は等しくなる。

ところで，平均を計算する場合，変量をそのまま用いて計算すると煩雑になるときには，仮平均を用いると煩雑さが軽減されることがあった。分散の場合はどうだろう。

x と u の分散が等しいのだから，都合のよいところまで平行移動して計算すればよいのである。

30 平行移動して分散

変量 x が次のように分布しているとき，x の分散を計算せよ。

| x | 103 | 102 | 97 | 95 | 96 |

$u = x - 100$ という変量を考えて，この分散を計算する。

x	103	102	97	95	96
$u = x - 100$	3	2	-3	-5	-4

$\overline{u} = \{3 + 2 + (-3) + (-5) + (-4)\} \div 5 = -1.4$

u の偏差は2乗するのが煩雑なので，公式を用いて計算する。

$\overline{u^2} = (3^2 + 2^2 + 3^2 + 5^2 + 4^2) \div 5 = (9 + 4 + 9 + 25 + 16) \div 5 = 63 \div 5 = 12.6$

$s_x^2 = s_u^2 = \overline{u^2} - (\overline{u})^2 = 12.6 - (-1.4)^2 = 12.6 - 1.96 = 10.64$

分散から平方和

このことを用いると，変量 x の資料で分散 s_x^2 と平均値 $\overline{x}$ が与えられているとき，新たに a を基準として取ったときの資料の値 $x_i - a$ の平方和やその平均を計算することができる。

変量 u を $u = x - a$ とおくと，

$s_x^2 = s_u^2 = \overline{u^2} - (\overline{u})^2 \quad \therefore \quad \overline{u^2} = s_x^2 + (\overline{u})^2$

すなわち，ここで，$\overline{u} = \overline{x} - a$ なので，

$\overline{(x-a)^2} = s_x^2 + (\overline{x} - a)^2 \quad \cdots\cdots ①$

新たに基準 (a) を取ったときの差 $x - a$ の2乗 $(x-a)^2$ の平均は，分散 s_x^2 と「x の平均 $\overline{x}$ と新基準 (a) の差の2乗 $(\overline{x}-a)^2$」との和で表されるということだ。

また，①の式を a の2次式と見ると，右辺からその最小値は $a = \overline{x}$ となるときである。これから，資料を平行移動させるとき，平方和を一番小さくするような移動は，平均値だけ移動することである，と読むこともできる。

センター試験にこの公式を使うと早く解ける問題が出た。使わない場合は，サイズ10の分散をはじめから計算しなくてはならず計算量が膨らむ。実はこ

の式は，統計学で分散分析をするときの基本となる式なので，出題者はこの式をよく知っている。この公式を知らないで解かなければいけない受験生は一苦労である。

31 分散から新基準についての平方和

20人のクラスでテストの点数の平均が61，分散が50であった。このとき，各点数から一律に55を引いた点数についての平方和を求めよ。

55を基準としたときの平方の平均は，公式に $s_x^2 = 50$, $\bar{x} = 61$, $a = 55$ を代入して，

$$\overline{(x-a)^2} = s_x^2 + (\bar{x}-a)^2 = 50 + (61-55)^2 = 86$$

平方和は，$86 \times 20 = 1720$

32 平方の平均から分散

20人のクラスでテストの点数の分散を計算したら70であった。しかし，定義式で分散を計算するとき平均を57に間違って計算していたことが分かった。正しい平均は53である。正しい分散はいくらか。

正しい分散を s_x^2 とすると，誤って計算した分散70は，公式で $\bar{x} = 53$, $a = 57$ を代入して，

$$70 = \overline{(x-a)^2} = s_x^2 + (\bar{x}-a)^2 = s_x^2 + (53-57)^2$$

よって，$s_x^2 = 70 - 4^2 = 70 - 16 = 54$

○ 一様分布の分散

一様分布のときの分散がどう表されるか，知っておくと便利である。数Bの「確率分布と統計的な推測」にも有用な公式だ。

資料のサイズが n で x の変量が $1, 2, 3, \cdots, n$ のときの分散を求めてみよう。

$$s_x^2 = \overline{x^2} - (\overline{x})^2 = \frac{1}{n}\sum_{k=1}^{n} k^2 - \left(\frac{1}{n}\sum_{k=1}^{n} k\right)^2$$
$$= \frac{1}{n} \cdot \frac{1}{6} n(n+1)(2n+1) - \left\{\frac{1}{n} \cdot \frac{1}{2} n(n+1)\right\}^2$$
$$= (n+1)\left\{\frac{1}{6}(2n+1) - \frac{1}{4}(n+1)\right\}$$
$$= (n+1)\left(\frac{4n+2-3n-3}{12}\right) = \frac{1}{12}(n-1)(n+1)$$

一様分布についてまとめておこう。資料を平行移動しても分散は不変なので，次のようにまとまる。

一様分布

資料のサイズが n で変量 x が a から b まで一様に分布しているとき，すなわち，変量 x の値が，a, $a+1$, $a+2$, $\cdots$, $b=a+n-1$ のとき
$$\overline{x} = \frac{a+b}{2}, \quad s_x^2 = \frac{(n-1)(n+1)}{12}$$

分散について確認してみよう。

33 一様分布の分散

変量 x の値が，6, 7, 8, 9, 10, 11, 12, 13, 14, 15, 16 のとき，分散を求めよ。

$u = x - 5$ を考えると，u は 1 から 11 まで一様に分布するので，分散は公式を用いて，
$$s_x^2 = s_u^2 = \frac{1}{12}(11-1)(11+1) = 10$$

変量を定数倍した分散

変量 x に対して，変量 u を $u = ax + b$（a, b は定数）と定めるとき，平均の間には，$\overline{u} = a\overline{x} + b$ という関係式があった。分散では次が成り立っている。

変数変換と分散

変量 x に対して，新しい変量 u を $u = ax + b$（a，b は定数）と定めると，x, u の分散について

$$s_u^2 = a^2 s_x^2$$

が成り立つ。

なぜなら，u_i の偏差は，

$$u_i - \overline{u} = (ax_i + b) - (a\overline{x} + b) = a(x_i - \overline{x})$$

と x_i の偏差の a 倍になるが，u_i の偏差平方については，$(u_i - \overline{u})^2 = a^2(x_i - \overline{x})^2$ と a^2 倍になる。分散は偏差平方の平均なので，s_u^2 は s_x^2 の a^2 倍になる。

$a > 0$ のとき，標準偏差については，$s_u = as_x$ となる。

34 定数倍したときの分散

100 点満点のテストで，あるクラスの分散は 80 であった。点数を 1.5 倍して 150 点満点のテストとして換算すると分散はいくらになるか。

100 点満点のときの点数 x を，150 点満点で換算して $u = 1.5x$ とするのだから，

$$s_u^2 = (1.5)^2 s_x^2 = \left(\frac{3}{2}\right)^2 \times 80 = 180$$

2つのグループを合わせた分散

2つのグループを加えたときの平均，分散の変化をとらえる問題がある。

これについては，このテーマを研究して公式を用意しておくのとそうでないのとでは，処理時間に大きな差が出てくるところだ。次から述べる手法をぜひとも身に付けてもらいたい。

平均の方は平均算のところで習熟したと思うので，ここでは分散の変化について研究しておきたい。

A，B 2つのグループがあり，A は n 人のグループで平均が a，分散が s，B

は m 人のグループで平均が b,分散が t であるとして,A,B の 2 つのグループを合わせたときの分散 S を n, m, a, b, s, t を用いて表しておこう。

A の変量の 2 乗和の平均を□とすると,$s = □ - a^2$ より,$□ = s + a^2$

A の変量の 2 乗和は,$n(s + a^2)$ となる。同様に B の変量の 2 乗和は,$m(t + b^2)$

A,B 2 つのグループの変量の 2 乗和は,$n(s + a^2) + m(t + b^2)$

A,B 2 つのグループの変量の 2 乗和の平均は,$\dfrac{n(s + a^2) + m(t + b^2)}{n + m}$

A,B 2 つのグループの平均は,$\dfrac{na + mb}{n + m}$ なので,2 グループ合わせた分散 S は

$$\begin{aligned}
S &= \frac{n(s + a^2) + m(t + b^2)}{n + m} - \left(\frac{na + mb}{n + m}\right)^2 \\
&= \frac{ns + mt}{n + m} + \frac{na^2 + mb^2}{n + m} - \left(\frac{na + mb}{n + m}\right)^2 \\
&= \frac{ns + mt}{n + m} + \frac{n(n + m)a^2 + m(n + m)b^2}{(n + m)^2} - \frac{n^2 a^2 + 2nmab + m^2 b^2}{(n + m)^2} \\
&= \frac{ns + mt}{n + m} + \frac{nm(a^2 - 2ab + b^2)}{(n + m)^2} = \frac{ns + mt}{n + m} + \frac{nm(a - b)^2}{(n + m)^2}
\end{aligned}$$

より,次のようにまとめられる。

2 つのグループを合わせた分散

A グループのサイズを n,平均を a,分散を s
B グループのサイズを m,平均を b,分散を t とすると,
A,B を合わせたグループの分散 S は
$$S = \frac{ns + mt}{n + m} + \frac{nm(a - b)^2}{(n + m)^2}$$

　第 1 項は分散の加重平均である。この部分は納得がいくし,計算も簡単である。平均と同じく s と t の内分点と見ればよいのだ。

　第 2 項は意味づけることはできないが,思ったほど複雑な式ではない。

　第 2 項を観察してみよう。平均の差の 2 乗 $(a - b)^2$ を取った後,サイズの比を用いて補正しているわけだ。分散だから平均の 2 乗の式(分子は nm,分母は $(n + m)^2$)で補正している。分母も分子も n,m の 2 次式で,しかも対称式。観察をしていると自然に覚えられるくらいの式であると思う。

35 2つのグループを合わせた分散

Aクラスは，18人でテストの平均が60点，分散が19である。
Bクラスは，30人でテストの平均が52点，分散が35である。
A，B合わせたグループの分散を求めよ。

クラスの人数比が$18:30 = 3:5$なので，上の公式で$n=3$, $m=5$, $a=60$, $b=52$, $s=19$, $t=35$として，求める分散は，

$$\frac{3 \cdot 19 + 5 \cdot 35}{3+5} + \frac{3 \cdot 5(60-52)^2}{(3+5)^2}$$

$$= 19 + (35-19) \times \frac{5}{3+5} + 15 = 29 + 15 = 44$$

──の部分は，右図のような図で求めている。
使い方を限定していってみよう。

ア　A，Bグループの平均が等しい場合，$a=b$となるので，

$$\frac{ns+mt}{n+m}$$

イ　$n:m = 1:1$ の場合，

$$\frac{s+t}{2} + \frac{(a-b)^2}{4}$$

ウ　$m=1$の場合，Bはbだけで，$t=0$になるので，

$$\frac{ns}{n+1} + \frac{n(a-b)^2}{(n+1)^2}$$

ウは覚えにくいが，イは覚えやすいし，これからも使う機会があるような気がする。ウを使う問題は26本試で出題例がある。
練習してみよう。

36 平均点の等しい2つのグループを合わせた分散

Aクラスは，20人で，テストの平均が63点，分散が9である。Bクラスは，30人で，テストの平均が63点，分散が19である。A，B合わせたグループの分散を求めよ。

A，Bの平均点が一致するので，アの公式の場合である。分散の加重平均のみを考えればよい。A，Bの人数比は2:3なので，9と19の間を3:2に比例配分して

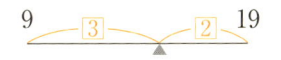

$$9 + (19 - 9) \times \frac{3}{3+2} = 15$$

37 同じ人数の2つのグループを合わせた分散

Aクラスは，20人で，テストの平均が57点，分散が9である。Bクラスは，20人で，テストの平均が63点，分散が15である。A，B合わせたグループの分散を求めよ。

クラスの人数比が1:1なので，上のイの公式を用い，

$$\frac{9+15}{2} + \frac{(57-63)^2}{4} = 21$$

38 1人加わったときの分散

AからIの9人について，テストの分散が50である。9人の平均点より5点高いJを含めて計算した分散を求めよ。

上の公式のウの場合で，$n=9$なので

$$\frac{9}{10} \times 50 + \frac{9}{10^2} \times 5^2 = 45 + 2.25 = 47.25$$

なお，Aグループから，それに含まれるBグループを取り除いて残ったグループの分散を計算するのであれば，公式でmを$-m$とすればよい。特に，グループ(n人，平均a，分散s)から1人(b)を取り去ったときの分散は今後扱われる気がする。この場合

$$\frac{ns}{n-1} - \frac{n(a-b)^2}{(n-1)^2}$$

となる。

相関係数

2つの変量の間に相関係数を定義することができる。例題で相関係数の計算方法を紹介しよう。

39 相関係数

変量 x, y が次のように分布しているとき，相関係数を求めよ。

x	2	2	3	3	5
y	1	2	5	8	9

相関係数を計算するためには，共分散と呼ばれる量を計算する。

共分散は x の偏差と y の偏差の積の平均である。

この場合は，x, y の平均はそれぞれ，

$$\bar{x} = (2+2+3+3+5) \div 5 = 3, \quad \bar{y} = (1+2+5+8+9) \div 5 = 5$$

なので，x, y の偏差とその積，偏差の平方は，

$x - \bar{x}$	-1	-1	0	0	2
$y - \bar{y}$	-4	-3	0	3	4
$(x-\bar{x})(y-\bar{y})$	4	3	0	0	8
$(x-\bar{x})^2$	1	1	0	0	4
$(y-\bar{y})^2$	16	9	0	9	16

偏差の積の平均は，$(4+3+0+0+8) \div 5 = 3$

これが共分散。x, y の共分散を s_{xy} とすると，$s_{xy} = 3$

x, y の分散を計算すると，

$$s_x^2 = (1+1+0+0+4) \div 5 = 1.2, \quad s_y^2 = (16+9+0+9+16) \div 5 = 10$$

相関係数 r は，共分散 s_{xy} と標準偏差 s_x, s_y を用いて，$r = \dfrac{s_{xy}}{s_x s_y}$ と計算する。

$$r = \frac{s_{xy}}{s_x s_y} = \frac{s_{xy}}{\sqrt{s_x^2}\sqrt{s_y^2}} = \frac{3}{\sqrt{1.2}\sqrt{10}} = \frac{3}{\sqrt{12}} = \frac{3}{2\sqrt{3}} = \frac{\sqrt{3}}{2} \fallingdotseq 0.866$$

$\sqrt{3} = 1.7320\cdots$

となる。

相関係数の定義式

x, y の2変量からなるサイズ n の資料が $(x_1, y_1), (x_2, y_2), \cdots, (x_n, y_n)$ のとき，x, y の平均を $\bar{x}, \bar{y}$ とし，共分散を s_{xy} とすると，

$$s_{xy} = \frac{1}{n}\{(x_1-\bar{x})(y_1-\bar{y}) + (x_2-\bar{x})(y_2-\bar{y}) + \cdots + (x_n-\bar{x})(y_n-\bar{y})\}$$

x, y の標準偏差を s_x, s_y とし，x, y の相関係数を r とすると，

$$r = \frac{s_{xy}}{s_x s_y}$$

相関係数の計算式についてコメントしておこう。

$$s_{xy} = \frac{1}{n}\sum_{i=1}^{n}(x_i-\bar{x})(y_i-\bar{y}), \quad s_x^2 = \frac{1}{n}\sum_{i=1}^{n}(x_i-\bar{x})^2, \quad s_y^2 = \frac{1}{n}\sum_{i=1}^{n}(y_i-\bar{y})^2$$

と n 分の1が共通しているので，相関係数を計算するときに n がキャンセルされることになる。

$$r = \frac{s_{xy}}{s_x s_y} = \underbrace{\frac{\frac{1}{n}\sum_{i=1}^{n}(x_i-\bar{x})(y_i-\bar{y})}{\sqrt{\frac{1}{n}\sum_{i=1}^{n}(x_i-\bar{x})^2}\sqrt{\frac{1}{n}\sum_{i=1}^{n}(y_i-\bar{y})^2}}}_{①} = \underbrace{\frac{\sum_{i=1}^{n}(x_i-\bar{x})(y_i-\bar{y})}{\sqrt{\sum_{i=1}^{n}(x_i-\bar{x})^2}\sqrt{\sum_{i=1}^{n}(y_i-\bar{y})^2}}}_{②}$$

よって，②を計算式として採用することもできる。n で割らない分だけ定義式より計算が早い。しかし，あまり慣れないうちから安易に使うのは要注意である。

②の式の一部を n で割ったり割らなかったりと，①と②をちゃんぽんにして使ってしまうことがあるのだ。やはり n で割る①に重きを置いて公式を使っていく方が，間違いが少ない。というのも，相関係数の設問の前に共分散や分散・標準偏差を聞かれることも多いからだ。計算は①の形ですることにしておいて，②の形にできることを知っておくというのがよい。①の計算で $\sqrt{}$ が無理数になった場合でも，n の部分はキャンセルされ，値が有理数になる場合があるのだ。

なお，相関係数の取りうる値は-1から1までである。これはコーシー・シュワルツの不等式から証明できる。

相関係数が± 1のとき，2つの変量x, yの間に$y=ax+b$という関係式が成り立っている。

相関係数が1のときは$a>0$, -1のときは$a<0$である。

共分散の公式

分散の公式は，$s_x^2 = \overline{x^2} - (\bar{x})^2$であった。共分散でもこれに相当する公式がある。

共分散の公式

2変量を持つ資料で，$\overline{xy}$をxとyの積の平均とすると，共分散s_{xy}は，
$$s_{xy} = \overline{xy} - (\bar{x})(\bar{y})$$
と表される。

分散の公式は，共分散の公式のyをxで置き換えたものであると考えられる。

証明
$$\begin{aligned}
s_{xy} &= \frac{1}{n}\sum_{i=1}^{n}(x_i - \bar{x})(y_i - \bar{y}) \\
&= \frac{1}{n}\sum_{i=1}^{n}(x_i y_i - \bar{x}y_i - \bar{y}x_i + (\bar{x})(\bar{y})) \\
&= \frac{1}{n}\sum_{i=1}^{n}x_i y_i - \bar{x}\cdot\frac{1}{n}\sum_{i=1}^{n}y_i - \bar{y}\cdot\frac{1}{n}\sum_{i=1}^{n}x_i + \frac{1}{n}\cdot n(\bar{x})(\bar{y}) \\
&= \overline{xy} - (\bar{x})(\bar{y}) - (\bar{y})(\bar{x}) + (\bar{x})(\bar{y}) \\
&= \overline{xy} - (\bar{x})(\bar{y})
\end{aligned}$$

40 共分散の公式

x, yが次のように分布しているとき，共分散s_{xy}を求めよ。

x	3	4	8	10
y	5	7	2	4

x, y の平均を計算すると,
$$\bar{x} = (3+4+8+10) \div 4 = \frac{25}{4} = 6.25, \quad \bar{y} = (5+7+2+4) \div 4 = \frac{9}{2} = 4.5$$
共分散の公式の方が簡単に計算できそうなので,こちらで計算する。
$$\overline{xy} = (3 \cdot 5 + 4 \cdot 7 + 8 \cdot 2 + 10 \cdot 4) \div 4 = (15+28+16+40) \div 4 = \frac{99}{4}$$
$$s_{xy} = \overline{xy} - (\bar{x})(\bar{y}) = \frac{99}{4} - \frac{25}{4} \cdot \frac{9}{2} = \frac{99 \cdot 2 - 25 \cdot 9}{8} = \frac{198 - 225}{8} = -\frac{27}{8} = -3.375$$

散布図と相関係数

散布図から相関係数の見当をつける問題はセンター試験の定番である。確実に点を取れるようにしておこう。

相関係数を見積もるには,2つの着眼点で散布図を見ることがポイントだ。

相関係数の見方

・点の分布が右肩上がり → 相関係数は正
　　　　　　右肩下がり → 相関係数は負
・点が直線状に分布 → 相関係数の絶対値は1に近い
　　　面的に分布 → 相関係数の絶対値は0に近い

相関係数とそれに対応するおよその散布図は次のようである。

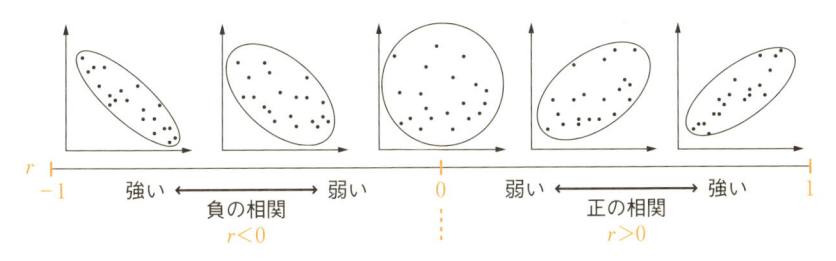

41 散布図と相関係数

変量 x, y の相関係数が -0.8 と分かっているとき，その散布図として適当なものを次の中から選べ。

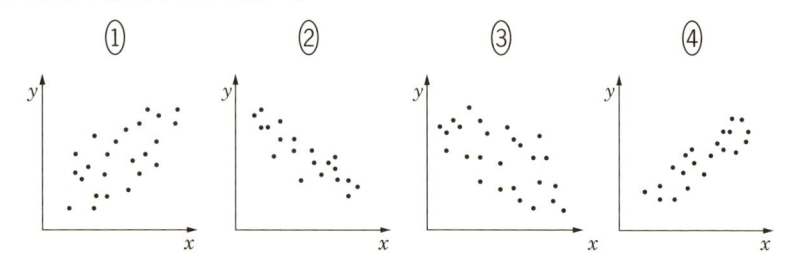

① ② ③ ④

相関係数が負なので散布図は右肩下がり。絶対値が 1 に近いので，形状は直線に近い。

よって，答えは②である。③の方が傾きは急かもしれないが，相関係数の絶対値は傾きの大小を反映するわけではない。相関係数の絶対値は，1 に近いほど散布図が直線に近くなる。

変数変換と相関係数

相関係数には，変量の 1 次式で新しい変量を作っても，その相関係数はもとの相関係数と一致するという重要な性質がある。

変数変換と相関係数

変量 x, y に対して，新しい変量 u, v を $u = ax+b$, $v = cy+d$ ($a>0$, $c>0$) と定めると，x, y の相関係数 r_{xy} と u, v の相関係数 r_{uv} は一致する。

証明 u の偏差は $u_i - \overline{u} = \{(ax_i+b) - (a\overline{x}+b)\} = a(x_i - \overline{x})$，$v$ の偏差は $v_i - \overline{v} = c(y_i - \overline{y})$

よって，$s_{uv} = \dfrac{1}{n}\sum_{i=1}^{n}(u_i - \overline{u})(v_i - \overline{v}) = \dfrac{1}{n}\sum_{i=1}^{n}a(x_i - \overline{x})c(y_i - \overline{y}) = ac\,s_{xy}$

また，${s_u}^2 = a^2 {s_x}^2$, ${s_v}^2 = c^2 {s_y}^2$ より，$s_u = |a|s_x$, $s_v = |c|s_y$

相関係数は，$r_{uv} = \dfrac{s_{uv}}{s_u s_v} = \dfrac{ac s_{xy}}{(|a|s_x)(|c|s_y)} = \dfrac{ac s_{xy}}{|ac| s_x s_y} = r_{xy}$　　$a>0, \ c>0$ のとき，$|ac|=ac$

証明から分かるように，$ac>0$（$a, \ c$ の符号が一致する）のとき，上が成り立つ。$ac<0$ であれば，$r_{uv} = -r_{xy}$ となる。

42 変数変換と相関係数

2つの変量 $x, \ y$ を持つ資料がある。2つの変量の間に，$y = -3x+2$ という関係式が成り立っているとき，x と y の相関係数を求めよ。

x と x の相関係数は 1 である。この 2 つの変量を

$$x \ \rightarrow \ x, \quad x \ \rightarrow \ -3x+2$$

と変数変換したと考えればよい。片方の係数にマイナスがついているので，相関係数は符号が反転して，-1 になる。

和の分散と分散の和の大小比較

変数変換の中でも，$u = x+y$ という変換はよく扱われる。

このとき分散 s_u^2 と分散の和 $s_x^2 + s_y^2$ の大小比較は試験にちょうどよいテーマである。

結論から述べよう。

相関係数と分散の和の大小

変量 $x, \ y, \ u$ に $u = x+y$ という関係があるとき，x と y の相関係数を r_{xy} とすると，

$$r_{xy} > 0 \ \text{のとき}, \ s_u^2 > s_x^2 + s_y^2$$
$$r_{xy} = 0 \ \text{のとき}, \ s_u^2 = s_x^2 + s_y^2$$
$$r_{xy} < 0 \ \text{のとき}, \ s_u^2 < s_x^2 + s_y^2$$

センター試験では，以下のような式が途中まで与えられることが多い。

資料のサイズを n とすると，

$$\sum_{i=1}^{n}(u_i-\overline{u})^2 = \sum_{i=1}^{n}(x_i+y_i-\overline{x}-\overline{y})^2 = \sum_{i=1}^{n}\{(x_i-\overline{x})+(y_i-\overline{y})\}^2$$
$$= \sum_{i=1}^{n}\{(x_i-\overline{x})^2+2(x_i-\overline{x})(y_i-\overline{y})+(y_i-\overline{y})^2\}$$
$$= \sum_{i=1}^{n}(x_i-\overline{x})^2+2\sum_{i=1}^{n}(x_i-\overline{x})(y_i-\overline{y})+\sum_{i=1}^{n}(y_i-\overline{y})^2$$

これを n で割ると，

$$s_u^2 = s_x^2 + 2s_{xy} + s_y^2 = s_x^2 + 2r_{xy}s_x s_y + s_y^2 \quad \cdots\cdots ① \qquad r_{xy}=\frac{s_{xy}}{s_x s_y} \text{より，} \quad s_{xy}=r_{xy}s_x s_y$$

ここで，$s_x>0$，$s_y>0$ から，s_u^2 と $s_x^2+s_y^2$ の大小は r_{xy} の正負によって，上の囲みのようになることが分かる。

①を用いると次のような設問も考えられる。

43 和の分散と分散の和の大小

2変量 x，y の資料で $s_x^2=4$，$s_y^2=9$ のとき，新しく設定した変量 $u=x+y$ の分散を s_u^2 とする。x と y の相関係数 r_{xy} が正のとき，s_u^2 と $s_x^2+s_y^2$ の大小を比較せよ。また，s_u^2 の取りうる範囲を求めよ。

$0<r_{xy}\leq 1$ なので，これを①に代入すると，

$$s_x^2+s_y^2 < s_u^2 = s_x^2+2r_{xy}s_x s_y+s_y^2 \leq s_x^2+2s_x s_y+s_y^2$$

左の不等式より，s_u^2 の方が $s_x^2+s_y^2$ より大きい。また，数値を代入して，

$$2^2+3^2 < s_u^2 \leq 2^2+2\cdot 2\cdot 3+3^2 \quad \therefore\ 13<s_u^2\leq 25$$

第1部　データの分析

問 題 解 説

過去問は全部解いて本番に臨むのがベストだが，どうしても時間がないという人もいるだろう。そこで推薦問題を挙げておく。ここに挙げていないものについては，本試験から解いていくとよい。

26年度本試験　（表のブランクを埋める手筋の確認。分散・相関係数の変化）
25年度本試験　（統計に出てくる方程式。和の分散と分散の和との比較）
24年度本試験　（表を利用する解き方を確認せよ）
　　　　　　　↑このタイプを一度は当たっておくべし
23年度本試験　（統計に出てくる方程式。散布図と相関係数）
18年度本試験　（変数変換と平均・分散・相関係数）
20年度追試験　（2つのグループを合わせた分散）

試作問題　数Ⅰ・A　　27年度

第○問

　20人の生徒に対して，100点満点で行った国語，数学，英語の3教科のテストの得点のデータについて，それぞれの平均値，最小値，第1四分位数，中央値，第3四分位数，最大値を調べたところ，次の表のようになった。ここで表の数値は四捨五入されていない正確な値である。

　以下，小数の形で解答する場合，指定された桁数の一つ下の桁を四捨五入し，解答せよ。途中で割り切れた場合，指定された桁まで⓪にマークすること。

	国語	数学	英語
平均値	57.25	69.40	57.25
最小値	33	33	33
第1四分位数	44.0	58.5	46.5
中央値	54.0	68.0	54.5
第3四分位数	64.5	84.0	70.5
最大値	98	98	98

(1) 国語，数学，英語の得点の箱ひげ図は，それぞれ，**ア**，**イ**，**ウ** である。**ア**，**イ**，**ウ** に当てはまるものを，それぞれ次の⓪～⑤のうちから一つずつ選べ。

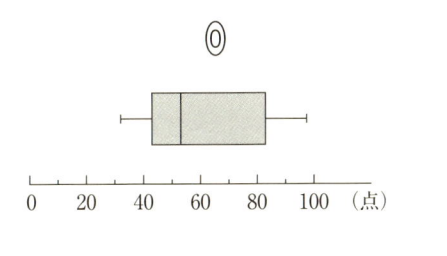

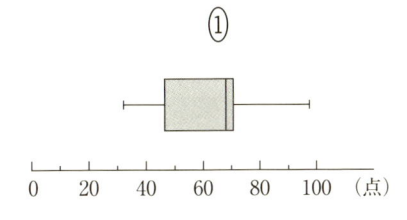

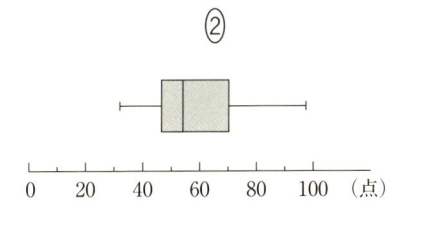

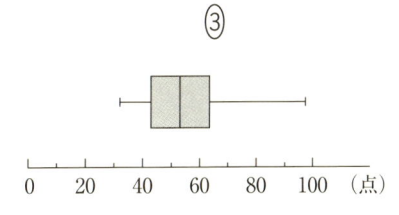

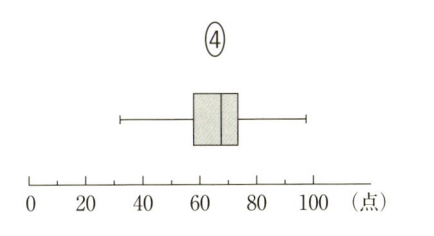

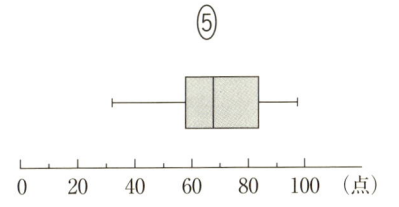

61

(2) この 20 人の生徒における数学の各得点を 0.5 倍して，さらに各得点に 50 点を加えると，平均値は，| エ |.| オ |点となり，分散の値は，82.8 となった。このことより，数学の分散の値は，| キクケ |.| コ |である。

いま，国語と英語の間のおおよその相関係数の値を求めるために，国語の標準偏差の値と英語の標準偏差の値を小数第 2 位を四捨五入して小数第 1 位まで求めたところ，それぞれ，18.0 点と 17.0 点であった。また，国語と英語の共分散の値を 1 の位まで求めると 205 であった。この結果を用いると，国語と英語の相関係数の値は，0.| サシ |と計算できる。

(3) 相関係数の一般的な性質に関する次の[A]から[C]の説明について，| ス |ということがいえる。| ス |に当てはまるものを，次の⓪〜④のうちから一つ選べ。

[A] 相関係数 r は，常に $-1 \leqq r \leqq 1$ であり，すべてのデータが 1 つの曲線上に存在するときには，いつでも $r=1$ または $r=-1$ である。

[B] もとのデータを定数倍しても，相関係数の値は変わらないが，もとのデータに定数を加えると相関係数の値は変わる。

[C] 2 つの変量間の相関係数の値が高い場合には，これらの 2 つの変量には因果関係があるといえる。

⓪ [A]だけが正しい ① [B]だけが正しい
② [C]だけが正しい ③ [A]だけが間違っている
④ ⓪〜③のどれでもない

解説

27年度 試作問題

> **レビュー**
> 箱ひげ図はセンター必須。箱ひげ図とヒストグラムの対応がセンターの定番となるだろう。また，いままでの傾向ではあまり変数変換が表立ってはいない出題傾向であったが，これを見る限りあからさまな変数変換も出題されるようになるのかもしれない。

主なテクニック 9, 21, 34, 42

(1) 国語と英語は中央値がほぼ54なので，⓪，②，③のどれか。国語の第3四分位数が64.5なので，国語は③ ア 英語は第3四分位数が70.5なので，英語は② ウ 数学の第3四分位数が84なので，数学は⑤ イ　21

(2) 国語，数学，英語の点数を変量 x, y, z とする。
yの平均は $\bar{y}=69.4$ なので，新変量 $u=0.5y+50$ の平均は，
$\bar{u}=0.5\times\bar{y}+50=0.5\times 69.4+50=\underline{84.7}$ エオ.カ　9

また，$s_u^2=0.5^2 s_y^2$ より，$s_y^2=\dfrac{s_u^2}{0.5^2}=\dfrac{82.8}{0.25}=82.8\times 4=\underline{331.2}$ キクケ.コ　34

また，$s_x=18$, $s_z=17$, $s_{xz}=205$ より，x と z の相関係数 r_{xz} は

$$r_{xz}=\frac{s_{xz}}{s_x s_z}=\frac{205}{18\times 17}=0.669\cdots \to \underline{0.67}\ \text{サシ}$$

(3) [A] 誤り：すべてのデータが直線上にあるとき「$r=1$ または $r=-1$」であるが，曲線上にあるときについては「$r=1$ または $r=-1$ である」とは言えない。

　　[B] 誤り：変量 x, y に対して，新しい変量 u, v を $u=ax+b$, $v=cu+d$ と定めるとき，x, y の相関係数 r_{xy} と u, v の相関係数 r_{uv} が一致するのは，$ac>0$ のときである。

　　$ac<0$ のときは，$r_{xy}=-r_{uv}$ である。　42

　　もとのデータに定数を加えるときは，相関係数に変化はない。

　　[C] 誤り：相関係数の絶対値が大きいときは，2つの変量の間には相関関係がある。しかし，因果関係があるとは限らない。

　　⓪〜③のどれでもない。④ ス

過去問

26年度 本試験

次の表は，あるクラスの生徒9人に対して行われた英語と数学のテスト（各20点満点）の得点をまとめたものである。ただし，テストの得点は整数値である。また，表の数値はすべて正確な値であり，四捨五入されていないものとする。

	英 語	数 学
生徒1	9	15
生徒2	20	20
生徒3	18	14
生徒4	18	17
生徒5	A	8
生徒6	18	C
生徒7	14	D
生徒8	15	14
生徒9	18	15
平均値	16.0	15.0
分　散	B	10.00
相関係数	\multicolumn{2}{c}{0.500}

以下，小数の形で解答する場合，指定された桁数の一つ下の桁を四捨五入し，解答せよ。途中で割り切れた場合，指定された桁まで⓪にマークすること。

(1) 生徒5の英語の得点Aは ア イ 点であり，9人の英語の得点の分散Bの値は ウ エ ． オ カ である。また，9人の数学の得点の平均値が15.0点であることと，英語と数学の得点の相関係数の値が0.500であることから，生徒6の数学の得点Cと生徒7の数学の得点Dの関係式

$$C + D = \boxed{キク}$$
$$C - D = \boxed{ケ}$$

が得られる。したがって，Cは コ サ 点，Dは シ ス 点である。

(2) 9人の英語と数学の得点の相関図(散布図)として適切なものは セ である。 セ に当てはまるものを，次の⓪〜③のうちから一つ選べ。

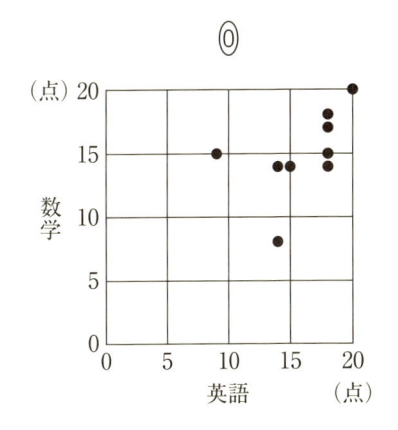

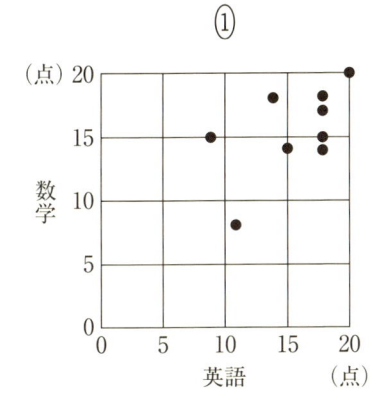

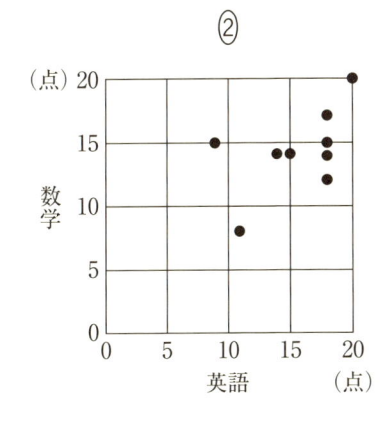

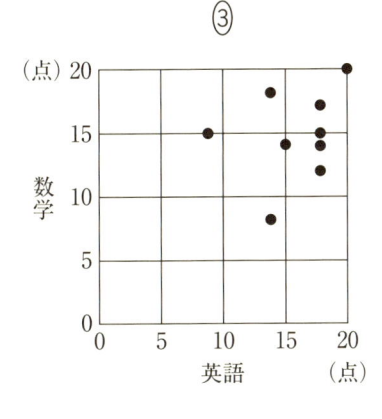

(3) 生徒10が転入したので，その生徒に対して同じテストを行った。次の表は，はじめの9人の生徒に生徒10を加えた10人の得点をまとめたものである。ただし，表の数値はすべて正確な値であり，四捨五入されていないものとする。

	英 語	数 学
生徒 1	9	15
生徒 2	20	20
生徒 3	18	14
生徒 4	18	17
生徒 5	A	8
生徒 6	18	C
生徒 7	14	D
生徒 8	15	14
生徒 9	18	15
生徒 10	6	F
平均値	E	14.0
分　散	18.00	18.00
相関係数	\multicolumn{2}{c}{0.750}

10人の英語の得点の平均値Eは ソタ . チ 点であり，生徒10の数学の得点Fは ツ 点である。

(4) 生徒10が転入した後で1人の生徒が転出した。残った9人の生徒について，英語の得点の平均値は10人の平均値と同じ ソタ . チ 点，数学の得点の平均値は10人の平均値と同じ14.0点であった。転出したのは生徒 テ である。また，英語について，10人の得点の分散の値を v，残った9人の得点の分散の値を v' とすると

$$\frac{v'}{v} = \boxed{ト}$$

が成り立つ。さらに，10人についての英語と数学の得点の相関係数の値を r，残った9人についての英語と数学の得点の相関係数の値を r' とすると

$$\frac{r'}{r} = \boxed{ナ}$$

が成り立つ。 ト ， ナ に当てはまるものを，次の ⓪ ～ ⑤ のうちから一つずつ選べ。ただし，同じものを選んでもよい。

⓪ -1 ① 1 ② $\dfrac{9}{10}$

③ $\left(\dfrac{9}{10}\right)^2$ ④ $\dfrac{10}{9}$ ⑤ $\left(\dfrac{10}{9}\right)^2$

解説

レビュー

(1)の穴埋めに時間はかかるがしっかり押さえよう。(4)は簡単な計算ですませたい。

主なテクニック　4 , 6 , 24 , 38 , 39

(1) 分散や相関係数で偏差を計算しなければならないので，初めから偏差を計算して **A** を求めよう。**A** の偏差 **A** -16 を a とおくと，

偏差	-7	4	2	2	a	2	-2	-1	2
偏差平方	49	16	4	4	a^2	4	4	1	4

偏差の総和は 0 になるので，

$$(-7)+4+2+2+a+2+(-2)+(-1)+2=0 \quad \therefore \quad a=-2$$

$$\mathbf{A}=16+a=16+(-2)=\boxed{14}\text{点}$$
アイ

$a^2=4$ であり，偏差平方の和は，90。分散は，$90 \div 9 = \boxed{10.00}$
ウエ.オカ

相関係数が与えられているので，これから英語の点数と数学の点数の偏差積の総和を求めよう。

英語の分散が 10，数学の分散が 10 なので，偏差積の総和を S とおくと，

$$相関係数は \frac{\left(\dfrac{S}{9}\right)}{\sqrt{10}\sqrt{10}} = \frac{S}{90}$$

これが 0.5 に等しいので，$\dfrac{S}{90}=0.5 \quad \therefore \quad S=45 \quad \cdots\cdots ①$

C，**D** の偏差 **C** -15，**D** -15 を c，d とおくと，

英語の偏差	-7	4	2	2	-2	2	-2	-1	2
数学の偏差	0	5	-1	2	-7	c	d	-1	0

偏差の総和は 0 になるので，

$$0+5+(-1)+2+(-7)+c+d+(-1)+0=0 \quad \therefore \quad c+d=2 \quad \cdots\cdots ②$$

$$C + D = (15+c) + (15+d) = 15 \times 2 + c + d = 30 + 2 = \boxed{32}$$ キク

偏差積の和 S は，
$$S = 20 - 2 + 4 + 14 + 2c - 2d + 1 = 37 + 2(c-d) \quad \cdots\cdots ③$$

①，③より，$37 + 2(c-d) = 45$ ∴ $c - d = 4$ $\quad\cdots\cdots ④$

よって，$C - D = (15+c) - (15+d) = c - d = \boxed{4}$ ケ

②，④を解いて，$c = 3$, $d = -1$

よって，$C = 15 + c = 15 + 3 = \boxed{18}$, $D = 15 + d = 15 + (-1) = \boxed{14}$
　　　　　　　　　　　　　　　コサ　　　　　　　　　　　　　　　　　シス

(2) 英語14，数学8があるのは⓪か③。このうち英語14，数学14があるのは⓪
　　　　　　　　　　　　　　　　　　　 $\boxed{6}$　　　　　　　　　　　　　　　　　$\boxed{24}$ セ

(3) 1人加わるパターンだな。

英語の場合，平均点より10点低い人が加わるのだから，

平均点は $10 \div 10 = 1$（点）低くなって，$16 - 1 = \boxed{15.0}$（点）
　　　　　　　　　　　　　　　　　　　　　　　　ソタ．チ

数学の場合，平均点が15点から14点に1点低くなるのだから，

加わった人の点数は，平均の15点よりも $1 \times 10 = 10$ 点低い5点。$F = \boxed{5}$ ツ

普通の解法

生徒1から生徒9までの英語の合計点は，$16 \times 9 = 144$（点）。生徒1から生徒10までの英語の合計点は，$144 + 6 = 150$（点）　10人の英語の平均点は，
$$150 \div 10 = 15.0 \text{（点）}$$

生徒1から生徒9までの数学の合計点は $15 \times 9 = 135$（点）。生徒1から生徒10までの数学の合計点は $14 \times 10 = 140$（点）　生徒10の数学の点数は，
$$140 - 135 = 5 \text{（点）}$$

(4) 英語の平均点は変わらなかったということは，転出した人の英語の点数は平均点と同じ15点。数学の平均点も変わらなかったので，転出した人の数学の点数は平均点と同じ14点，つまり，転出したのは英語15，数学14の生徒$\boxed{8}$テ

ト，ナに答えるには実際に分散 v, v' や相関係数 r, r' を計算して解答することもできるだろう。ただ，出題者は v, v' や相関係数 r, r' の値を計算させたいのではなく，転出前と転出後の比を求めよと言っているのである。ここは，抽象的に考えて計算を省きたいところ。

69

解説

　ポイントは，転出した人が英語，数学ともに平均点の人だったので，転出した人の英語の偏差，数学の偏差はともに0，つまり，転出前と転出後で，英語の偏差平方和，数学の偏差平方和，英語と数学の偏差積には変化がないというところだ。

　英語の偏差平方和，数学の偏差平方和，英語と数学の偏差積の総和をそれぞれ，S_E，S_M，S とする。転出前も転出後もこれらは変わらない。

　英語の転出前の分散は $v = \dfrac{S_E}{10}$，転出後の分散が $v' = \dfrac{S_E}{9}$ なので，

$$\dfrac{v'}{v} = \dfrac{\dfrac{S_E}{9}}{\dfrac{S_E}{10}} = \dfrac{10}{9} \quad (\text{④})$$
ト

　転出前の相関係数は，偏差平方和，偏差積を用いる相関係数の公式を用いると，$r = \dfrac{S}{\sqrt{S_E}\sqrt{S_M}}$ である。　39

　転出後でも，S_E，S_M，S の値は変わらないので，$r' = r$　∴　$\dfrac{r'}{r} = 1$　(①)
ナ

別解

　残った9人に転出した1人が加わると考えて，2つのグループを合わせたときの分散の公式を用いる。　38

　n 人(平均 a，分散 s)に1人(b)が加わったときの分散 t は

$$t = \dfrac{ns}{n+1} + \dfrac{n(a-b)^2}{(n+1)^2}$$

と表されるので，$n = 9$，$s = v'$，$t = v$，$a = b$ とおいて，

$$v = \dfrac{9}{10}v' \quad ∴ \quad \dfrac{v'}{v} = \dfrac{10}{9}$$

補足

相関係数の定義式によって，転出前，転出後の相関係数を計算する。　39

転出前は，$r = \dfrac{\left(\dfrac{S}{10}\right)}{\sqrt{\dfrac{S_E}{10}}\sqrt{\dfrac{S_M}{10}}} = \dfrac{\left(\dfrac{S}{10}\right)}{\left(\dfrac{\sqrt{S_E}\sqrt{S_M}}{10}\right)} = \dfrac{S}{\sqrt{S_E}\sqrt{S_M}}$

転出後は，$r' = \dfrac{\left(\dfrac{S}{9}\right)}{\sqrt{\dfrac{S_E}{9}}\sqrt{\dfrac{S_M}{9}}} = \dfrac{\left(\dfrac{S}{9}\right)}{\left(\dfrac{\sqrt{S_E}\sqrt{S_M}}{9}\right)} = \dfrac{S}{\sqrt{S_E}\sqrt{S_M}}$

よって，$\dfrac{r'}{r} = 1$

過去問

25年度 本試験

次の表は，あるクラスの生徒 10 人に対して行われた国語と英語の小テスト（各 10 点満点）の得点をまとめたものである。ただし，小テストの得点は整数値をとり，C＞Dである。また，表の数値はすべて正確な値であり，四捨五入されていない。

番 号	国 語	英 語
生徒 1	9	9
生徒 2	10	9
生徒 3	4	8
生徒 4	7	6
生徒 5	10	8
生徒 6	5	C
生徒 7	5	8
生徒 8	7	9
生徒 9	6	D
生徒 10	7	7
平均値	A	8.0
分 散	B	1.00

以下，小数の形で解答する場合，指定された桁数の一つ下の桁を四捨五入し，解答せよ。途中で割り切れた場合，指定された桁まで⓪にマークすること。

(1) 10 人の国語の得点の平均値Aは ア . イ 点である。また，国語の得点の分散Bの値は ウ . エオ である。さらに，国語の得点の中央値は カ . キ 点である。

(2) 10人の英語の得点の平均値が8.0点，分散が1.00であることから，CとDの間には関係式

$$C + D = \boxed{クケ}$$
$$(C-8)^2 + (D-8)^2 = \boxed{コ}$$

が成り立つ。上の連立方程式と条件C>Dにより，C，Dの値は，それぞれ $\boxed{サ}$ 点，$\boxed{シ}$ 点であることがわかる。

(3) 10人の国語と英語の得点の相関図(散布図)として適切なものは $\boxed{ス}$ であり，国語と英語の得点の相関係数の値は $\boxed{セ}$. $\boxed{ソタチ}$ である。ただし，$\boxed{ス}$ については，当てはまるものを，次の⓪〜③のうちから一つ選べ。

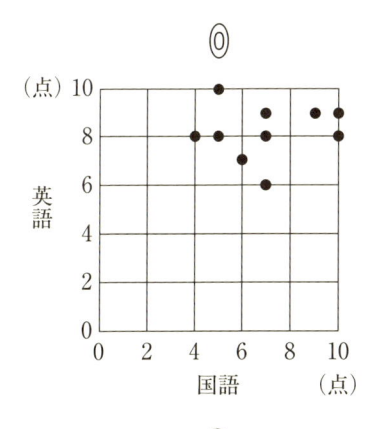

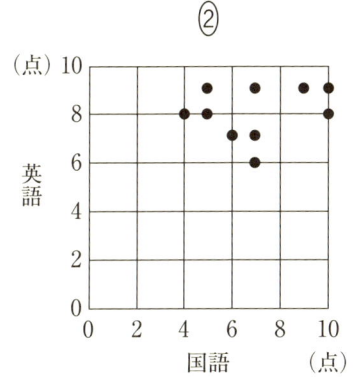

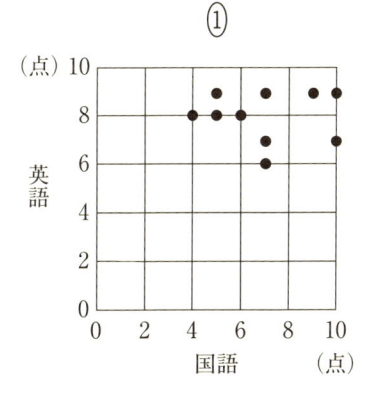

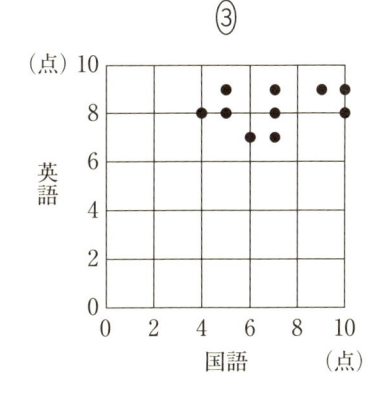

(4) 同じ10人に対して数学の小テスト(10点満点)を行ったところ，数学の得点の平均値はちょうど5.4点であり，分散はちょうど1.44であった。また，国語と数学の得点の相関係数はちょうど−0.125であった。

ここで，kを1から10までの自然数として，生徒kの国語の得点をx_k，数学の得点をy_k，国語と数学の得点の合計x_k+y_kをw_kで表す。このとき，国語と数学の得点の合計$w_1, w_2, \cdots, w_{10}$の平均値は ツテ . ト 点である。

次に，国語と数学の得点の合計 $w_1, w_2, \cdots, w_{10}$ の分散を以下の手順で求めよう。国語の得点の平均値を $\bar{x}$, 分散を s_x^2, 数学の得点の平均値を $\bar{y}$, 分散を s_y^2, 国語と数学の得点の合計の平均値を $\bar{w}$, 分散を s_w^2 で表す。このとき

$$T = (x_1-\bar{x})(y_1-\bar{y}) + (x_2-\bar{x})(y_2-\bar{y}) + \cdots + (x_{10}-\bar{x})(y_{10}-\bar{y})$$

とおくと，国語と数学の得点の相関係数は -0.125 であるから

$$T = \boxed{ナニ} . \boxed{ヌネノ}$$

である。また，k を1から10までの自然数として，$(w_k-\bar{w})^2$ は

$$(w_k-\bar{w})^2 = \{(x_k+y_k) - (\bar{x}+\bar{y})\}^2$$
$$= \{(x_k-\bar{x}) + (y_k-\bar{y})\}^2$$

と変形できる。これを利用して，分散 s_w^2 は

$$s_w^2 = \frac{(w_1-\bar{w})^2 + (w_2-\bar{w})^2 + \cdots + (w_{10}-\bar{w})^2}{10}$$
$$= s_x^2 + s_y^2 + \boxed{ハ} T$$

と表すことができるので，分散 s_w^2 の値は $\boxed{ヒ} . \boxed{フヘ}$ である。ただし，$\boxed{ハ}$ については，当てはまるものを，次の⓪～③のうちから一つ選べ。

⓪ $\dfrac{1}{2}$ ① $\dfrac{1}{5}$ ② $\dfrac{1}{10}$ ③ $\dfrac{1}{20}$

解 説

25年度 本試験

> **レビュー**
> 平均と分散から資料の穴埋めをする。(4)は変量の和の分散の公式を知っていれば早い。

主なテクニック　16 , 24 , 25 , 28 , 39 , 43

(1) 国語の平均点は，

$$(9+10+4+7+10+5+5+7+6+7) \div 10 = \underset{\text{ア.イ}}{7.0}(点)$$

国語の偏差，偏差の2乗を計算すると，

偏差	2	3	-3	0	3	-2	-2	0	-1	0
偏差平方	4	9	9	0	9	4	4	0	1	0

偏差平方の和は，40。分散は **B** = 40÷10 = $\underset{\text{ウ.エオ}}{4.00}$　　28

国語の点数を小さい方から並べると，4, 5, 5, 6, 7, 7, 7, 9, 10, 10 なので，中央値は5番目の7と6番目の7の平均で $\underset{\text{カ.キ}}{7.0}$　　16

(2) **C** + **D** は，英語の合計点から，生徒6, 9以外の点数の合計点を引いて，

$$\mathbf{C}+\mathbf{D} = 8 \times 10 - (9+9+8+6+8+8+9+7) = \underset{\text{クケ}}{16} \quad \cdots\cdots ①$$

平均点が8なのだから，$(\mathbf{C}-8)^2+(\mathbf{D}-8)^2$ は偏差平方和。分散の条件から求めるということだ。英語の偏差，偏差平方は，

偏差	1	1	0	-2	0	(**C**-8)	0	1	(**D**-8)	-1
偏差平方	1	1	0	4	0	(**C**-8)²	0	1	(**D**-8)²	1

偏差平方の和は，$(\mathbf{C}-8)^2+(\mathbf{D}-8)^2+8$

一方，偏差平方の和は，分散から計算して，1×10 = 10 なので，

$$(\mathbf{C}-8)^2+(\mathbf{D}-8)^2 = \underset{\text{コ}}{2} \quad \cdots\cdots ② \qquad 25$$

ここで，①，②から **C**, **D** を求めるのだが，①を用いて文字を消去して2次方程式を解くようでは遅い。**C**, **D** は整数であり，$(\mathbf{C}-8)^2$ も $(\mathbf{D}-8)^2$ も平方数である。和が2になるのは，

($C-8)^2=1$, ($D-8)^2=1$ の場合しかなく, C, D に当てはまる整数は 7 or 9 である。$C>D$ から, $C=\boxed{9}$, $D=\boxed{7}$。このとき, ①を満たす。
　　　　　　　　　　　　サ　　　シ

(3) ⓪は国語 5, 英語 9 がないのでダメ。①は国語 10, 英語 8 がないのでダメ。③は国語 7, 英語 6 がないのでダメ。②が正しい。$\boxed{24}$
　　　　　　　　　　　　　　　　　　　　　　　　　　　　　　　　　　　　ス

相関係数のために偏差積を計算すると,

国語の偏差	2	3	-3	0	3	-2	-2	0	-1	0
英語の偏差	1	1	0	-2	0	1	0	1	-1	-1
偏差積	2	3	0	0	0	-2	0	0	1	0

偏差積の和は, 4。共分散（偏差積の平均）は, $4 \div 10 = 0.4$

相関係数は, $\dfrac{0.4}{\sqrt{4}\sqrt{1}} = \boxed{0.200}$　$\boxed{39}$
　　　　　　　　　　　　　　セ.ソタチ

(4) 国語と数学の合計点 (x_k+y_k) の平均点は, 国語の平均点と数学の平均点の和になる。国語 (x_k) の平均点が 7 点, 数学 (y_k) の平均点が 5.4（点）なので, $7+5.4=\boxed{12.4}$（点）
　　　　　　　　　　　ツテ.ト

国語と数学の相関係数は, $\dfrac{\frac{T}{10}}{\sqrt{s_x^2}\sqrt{s_y^2}} = \dfrac{\frac{T}{10}}{\sqrt{4}\sqrt{1.44}} = \dfrac{T}{24}$

これが $-0.125\left(=-\dfrac{1}{8}\right)$ に等しいので, $\dfrac{T}{24}=-\dfrac{1}{8}$　∴ $T=\boxed{-3.000}$
　　　　　　　　　　　　　　　　　　　　　　　　　　　　　　　　　　　ナニ.ヌネノ

s_w^2 の式の分子に現れる $(w_k-\overline{w})^2$ は,

$(w_k-\overline{w})^2 = \{(x_k-\overline{x})+(y_k-\overline{y})\}^2 = (x_k-\overline{x})^2 + (y_k-\overline{y})^2 + 2(x_k-\overline{x})(y_k-\overline{y})$

と展開できる。k が 1 から 10 までの総和をとって 10 で割ると, 右辺の第 1 項は x の分散 s_x^2, 第 2 項は y の分散 s_y^2, 第 3 項は $\dfrac{2}{10}T = \dfrac{1}{5}T$ ①, 左辺は s_w^2
　　　　　　　　　　　　　　　　　　　　　　　　　　　　　　　　　ハ
になる。

$s_w^2 = s_x^2 + s_y^2 + \dfrac{1}{5}T = 4 + 1.44 + \dfrac{1}{5}(-3) = \boxed{4.84}$　$\boxed{43}$
　　　　　　　　　　　　　　　　　　　　　　　　　ヒ.フヘ

- -

　補足　一般に, 変量 x, y について, 新しい変量 u を $u=x+y$ と定めるとき, x, y の共分散を s_{xy}, 相関係数を r とすると,

$s_u^2 = s_x^2 + s_y^2 + 2s_{xy} = s_x^2 + s_y^2 + 2rs_xs_y$

これを用いると, $s_u^2 = 4+1.44+2\cdot(-0.125)\cdot 2 \cdot (1.2) = \boxed{4.84}$　ヒ.フヘ

- -

過去問

24年度 本試験

　ある高等学校のAクラスには全部で20人の生徒がいる。次の表は，その20人の生徒の国語と英語のテストの結果をまとめたものである。表の横軸は国語の得点を，縦軸は英語の得点を表し，表中の数値は，国語の得点と英語の得点の組み合わせに対応する人数を表している。ただし，得点は0以上10以下の整数値をとり，空欄は0人であることを表している。たとえば，国語の得点が7点で英語の得点が6点である生徒の人数は2である。

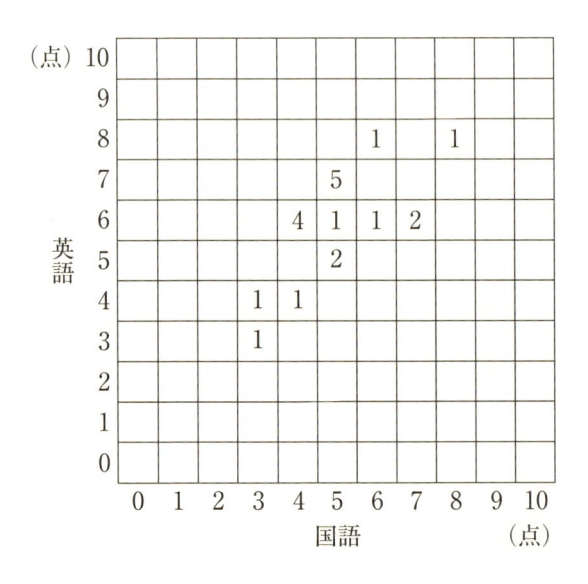

	0	1	2	3	4	5	6	7	8	9	10
10											
9											
8							1		1		
7						5					
6					4	1	1	2			
5						2					
4				1	1						
3				1							
2											
1											
0											

（縦軸：英語（点），横軸：国語（点））

　また，次の表は，Aクラスの20人について，上の表の国語と英語の得点の平均値と分散をまとめたものである。ただし，表の数値はすべて正確な値であり，四捨五入されていない。

	国語	英語
平均値	B	6.0
分　散	1.60	C

以下，小数の形で解答する場合，指定された桁数の一つ下の桁を四捨五入し，解答せよ．途中で割り切れた場合，指定された桁まで⓪にマークすること．

(1) Aクラスの20人のうち，国語の得点が4点の生徒は ア 人であり，英語の得点が国語の得点以下の生徒は イ 人である．

(2) Aクラスの20人について，国語の得点の平均値Bは ウ . エ 点であり，英語の得点の分散Cの値は オ . カキ である．

(3) Aクラスの20人のうち，国語の得点が平均値 ウ . エ 点と異なり，かつ，英語の得点も平均値6.0点と異なる生徒は ク 人である．
Aクラスの20人について，国語の得点と英語の得点の相関係数の値は ケ . コサシ である．

次の表は，Aクラスの20人に他のクラスの40人を加えた60人の生徒について，前の表と同じ国語と英語のテストの結果をまとめたものである。この60人について，国語の得点の平均値も英語の得点の平均値も，それぞれちょうど5.4点である。

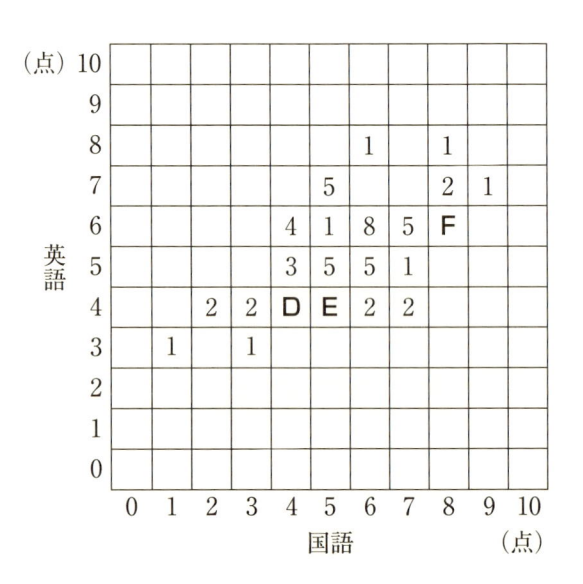

英語＼国語	0	1	2	3	4	5	6	7	8	9	10
10											
9											
8							1		1		
7						5		2	1		
6					4	1	8	5	F		
5					3	5	5	1			
4			2	2	D	E	2	2			
3		1		1							
2											
1											
0											

(4) 上の表でD，E，Fを除いた人数は52人である。その52人について，国語の得点の合計は　スセソ　点であり，英語の得点の合計は288点である。

したがって，連立方程式

$D + E + F = $ 　タ　

$4D + 5E + 8F = $ 　チツ　

$4D + 4E + 6F = 36$

を解くことによって，D，E，Fの値は，それぞれ，　テ　人，　ト　人，　ナ　人であることがわかる。

(5) 60人からAクラスの20人を除いた40人について，英語の得点の平均値は ニ . ヌ 点であり，中央値は ネ . ノ 点である．

(6) 60人のうち，国語の得点がx点である生徒について，英語の得点の平均値$M(x)$と英語の得点の中央値$N(x)$を考える．ただし，xは1以上9以下の整数とする．このとき，$M(x) \neq N(x)$となるxは ハ 個あり，$M(x)<x$かつ$N(x)<x$となるxは ヒ 個ある．

解 説

24年度 本試験

> **レビュー**
> 表を活用して手際よく処理することがポイントだ。(2)で国語と英語の対称性に気づくと時間を稼ぐことができる。それにしてもボリュームのあるセットで，時間内に全部解けるとは思えない。

主なテクニック 8 , 12 , 20 , 28

(1) 国語が 4 点の人は，下左図のアカ線部の数字を足して，$4+1=\underset{ア}{\boxed{5}}$ （人）

座標平面で $y \leqq x$ となるのは，$y = x$ のグラフ以下の部分であったことを用いよう。

英語の点数が国語の点数以下である人の人数は，下右図のアカ線より下にある人数を数えて，$1+1+2+1+1+2=\underset{イ}{\boxed{8}}$ （人）

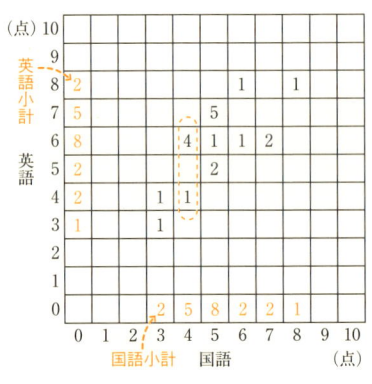

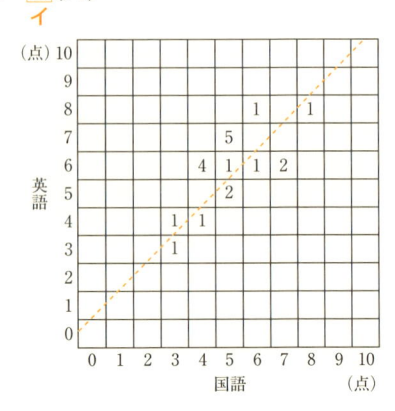

(2) 国語の点数を集計して，

国語の点数	3	4	5	6	7	8
人数	2	5	8	2	2	1

国語の平均点は，

$$(3\times2+4\times5+5\times8+6\times2+7\times2+8\times1)\div20=\underset{ウ.エ}{\boxed{5.0}}\text{（点）} \quad \boxed{12}$$

英語の点数を集計しよう。平均点が 6 点とわかっているので，偏差も書き込む。

英語の点数	3	4	5	6	7	8
人数	1	2	2	8	5	2
偏差	−3	−2	−1	0	1	2
偏差平方	9	4	1	0	1	4

ここで偏差平方の和は，$9×1+4×2+1×2+0×8+1×5+4×2=32$

分散は，$32÷20=$ 1.60 オ.カキ   28

別解

国語と英語の分布を表にすると，

点数	3	4	5	6	7	8
国語	2	5	8	2	2	1
英語	1	2	2	8	5	2

国語 → 2, 5, 8, 2, 2, 1
英語 ←

国語と英語のヒストグラムは裏返しの関係にあることが分かる。散らばり方は同じなので，英語の分散は国語の分散に等しく 1.60 である。
オ.カキ

(3) 国語，英語ともに平均点でない人は，下図で線が引かれていないところには1が5個なので 5 人。
ク

偏差積を求めるには，この5人の偏差積の和を求めればよい。下図に書き込んだ積の和を求めて，$6+4+2+2+6=20$。共分散(偏差積の平均)は，$20÷20=1$

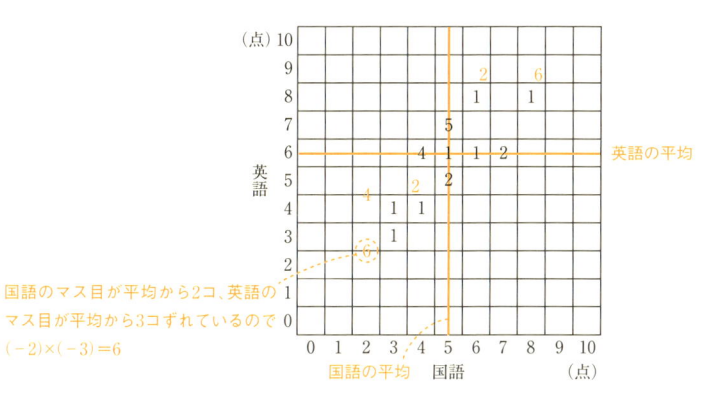

国語のマス目が平均から2コ、英語のマス目が平均から3コずれているので $(-2)×(-3)=6$

解説

相関係数は，$\dfrac{1}{\sqrt{1.6}\sqrt{1.6}} = \dfrac{1}{1.6} = \dfrac{5}{8} = \boxed{0.625}$　ケ．コサシ

(4) D，E，Fを含めないで52人，D，E，Fも含めると60人になるので，

$$D+E+F = 60-52 = \boxed{8}\text{ タ} \quad \cdots\cdots ①$$

D，E，Fを除いて国語の点数の集計を取り，総計を計算すると，

国語の点数	1	2	3	4	5	6	7	8	9
人数	1	2	3	7	11	16	8	3	1

ここまでの集計は，

$$1\times1+2\times2+3\times3+4\times7+5\times11+6\times16+7\times8+8\times3+9\times1 = \boxed{282}\text{ スセソ}$$

4D+5E+8F は，D，E，F に関する国語の合計点なので，国語の合計点より D，E，F を除いた合計点を引いて，

$$4D+5E+8F = 5.4\times60 - 282 = \boxed{42}\text{ チツ} \quad \cdots\cdots ②$$

①，②と，4D+4E+6F=36 から，D = $\boxed{4}$，E = $\boxed{2}$，F = $\boxed{2}$
　　　　　　　　　　　　　　　　　　　　テ　　　　ト　　　　ナ

(5) 初めの20人の英語の平均が6点，60人の英語の平均点が5.4点。

40人の平均を x とすると，人数比が 20:40 = 1:2 なので，5.4 は 6 と x を 2:1 に内分する点である。

図より，アの長さは，ア = $(6-5.4)\div 2 = 0.3$

40人の平均は $x = 5.4-0.3 = \boxed{5.1}$（点）　⑧
　　　　　　　　　　　　　　　　　　ニ．ヌ

加えた40人について，20番目と21番目の人の点数を探る。

点数	3	4	5	6	7	8
60人	2	14	14	20	8	2
20人	1	2	2	8	5	2
40人	1	12	12	12	3	0

中央値は $\boxed{5.0}$ 点。[時間がなかったら見た目で5でもよいだろう]
　　　　ネ．ノ

(6) 本番ではここで2点稼ぐよりも他の問題を解いた方がよい。

x ごとに英語の平均値を計算しているようでは時間が足りないだろう。た

84

だ，平均値と中央値を比べるのであれば，数字のバランスを見て判断していけばよいのだ。　**20**

　国語の点数と比べるため，$y=x$ に相当するところに線を引いておく。

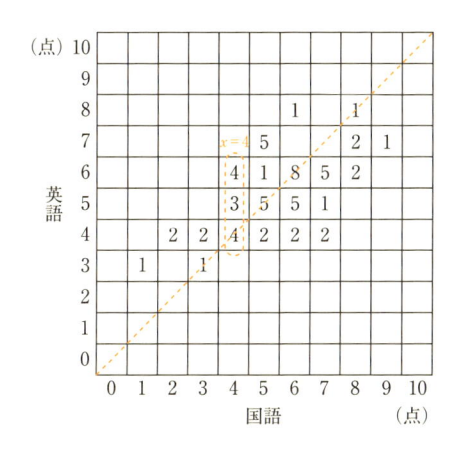

　例えば，$x=4$ のとき英語の点数の分布は，

点数	4	5	6
人数	4	3	4

なのだから，英語の平均値も中央値も 5 であって，$x<M(x)=N(x)$ であることが計算をせずにわかる。

　また，$x=5$ のときの英語の点数の分布は，

点数	4	5	6	7
人数	2	5	1	5

である。4点の2がなければ平均値，中央値はともに6。4点の2があるので，平均値は下に引っ張られ6未満。5よりは大きいだろうと予想。中央値は5などといった具合である。

　$M(x)\neq N(x)$ は，分布がアンバランスなものを数えて **5** 個（$x=3, 5, 6, 7, 8$）

　$M(x)<x$ かつ $N(x)<x$ であるものは，$x=7, 8, 9$ の **3** 個（$x=6$ のときは $N(x)=x$）

過去問

23年度 本試験

次の表は，3回行われた50点満点のゲームの得点をまとめたものである。1回戦のゲームに15人の選手が参加し，そのうち得点が上位の10人が2回戦のゲームに参加した。さらに，2回戦のゲームで得点が上位の4人が3回戦のゲームに参加した。表中の「―」は，そのゲームに参加しなかったことを表している。また，表中の「範囲」は，得点の最大の値から最小の値を引いた差である。なお，ゲームの得点は整数値をとるものとする。

番 号	1回戦（点）	2回戦（点）	3回戦（点）
1	33	37	―
2	44	44	D
3	30	34	―
4	38	35	―
5	29	30	―
6	26	―	―
7	43	41	43
8	23	―	―
9	28	―	―
10	34	38	E
11	33	33	―
12	26	―	―
13	36	41	F
14	30	37	―
15	27	―	―
平均値	A	37.0	43.0
範 囲	21	14	7
分 散	35.60	B	6.50
標準偏差	6.0	C	2.5

以下，小数の形で解答する場合，指定された桁数の一つ下の桁を四捨五入し，解答せよ。途中で割り切れた場合，指定された桁まで⓪にマークすること。

(1) 1回戦のゲームに参加した15人の得点の平均値Aは $\boxed{アイ}.\boxed{ウ}$ 点である。そのうち，得点が上位の10人の得点の平均値をA_1，得点が下位の5人の得点の平均値をA_2とすると，A_1，A_2，Aの間には関係式

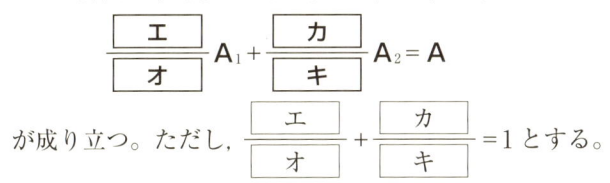

$$\frac{\boxed{エ}}{\boxed{オ}}A_1 + \frac{\boxed{カ}}{\boxed{キ}}A_2 = A$$

が成り立つ。ただし，$\dfrac{\boxed{エ}}{\boxed{オ}} + \dfrac{\boxed{カ}}{\boxed{キ}} = 1$ とする。

(2) 2回戦のゲームに参加した10人の2回戦のゲームの得点について，平均値37.0点からの偏差の最大値は $\boxed{ク}.\boxed{ケ}$ 点である。また，分散Bの値は $\boxed{コサ}.\boxed{シス}$，標準偏差Cの値は $\boxed{セ}.\boxed{ソ}$ 点である。

(3) 3回戦のゲームの得点について，大小関係F＜E＜43＜Dが成り立っている。

D，E，Fの値から平均値43.0点を引いた整数値を，それぞれx, y, zとおくと，3回戦のゲームの得点の平均値が43.0点，範囲が7点，分散が6.50であることから，次の式が成り立つ。

$$x+y+z = \boxed{タ}$$
$$x-z = \boxed{チ}$$
$$x^2+y^2+z^2 = \boxed{ツテ}$$

上の連立方程式と条件$z<y<0<x$によりx, y, zの値が求まり，D，E，Fの値が，それぞれ $\boxed{トナ}$ 点，$\boxed{ニヌ}$ 点，$\boxed{ネノ}$ 点であることがわかる。

(4) 2回戦のゲームに参加した10人について，1回戦のゲームの得点を変量 p，2回戦のゲームの得点を変量 q で表す。このとき，変量 p と変量 q の相関図(散布図)として適切なものは ハ であり，変量 p と変量 q の間には ヒ 。ハ に当てはまるものを，次の⓪〜③のうちから一つ選べ。

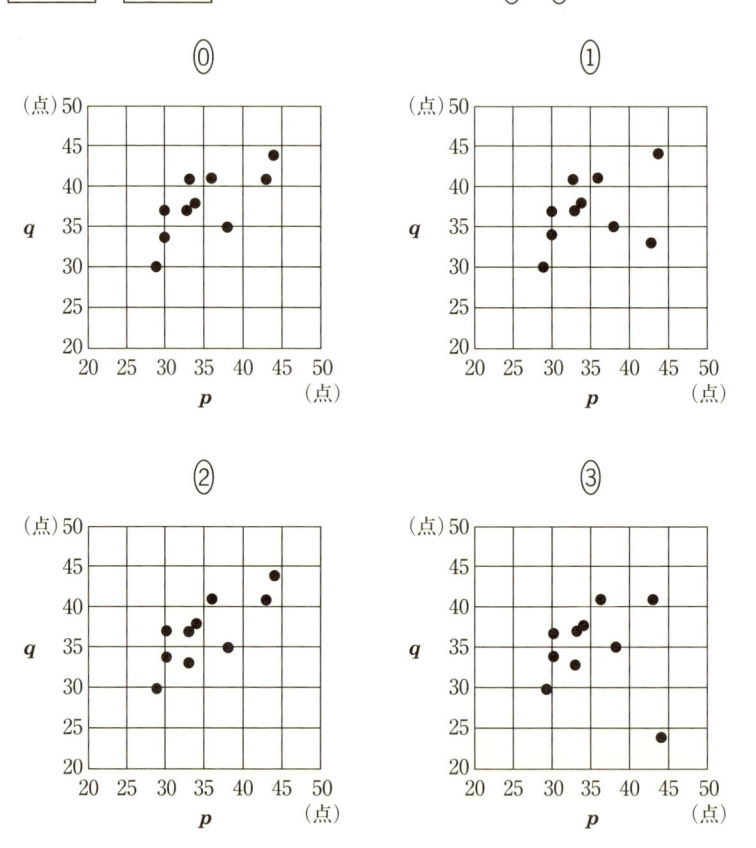

⓪

①

②

③

ヒ に最も適切なものを，次の⓪〜②のうちから一つ選べ。

⓪ 正の相関関係がある
① 相関関係はほとんどない
② 負の相関関係がある

(5) 2回戦のゲームに参加した10人について，(4)での変量 p, q を使って，得点の変化率を表す新しい変量 r を，$r = \dfrac{q-p}{p} \times 100$（％）で定め，次の度数分布表を作成した。

階級(％) 以上　未満	人数 （人）
$-10 \sim 0$	2
$0 \sim 10$	G
$10 \sim 20$	H
$20 \sim 30$	1

表中のGの値は　フ　，Hの値は　ヘ　である。

解　説　23年度 本試験

レビュー
(4)までで十分な感じがするセット。時間がない場合(4)の ヒ は常識で答えてもよい。(5)は本筋とは関係ない単なる付けたしの問題。

主なテクニック　8 , 24 , 25 , 28 , 41

(1) 1 回戦の平均点は，

$$(33+44+30+38+29+26+43+23+28+34+33+26+36+30+27) \div 15 = \boxed{32.0}(点)$$
アイ.ウ

エ から キ の設問は，A_1, A_2 の値を実際に計算してから解く問題ではない。

上位と下位の人数比は $10:5 = 2:1$ であり，図を描くと，右のようになる。

A は，A_1, A_2 を $1:2$ に内分する点なので，

$$A = \frac{2A_1 + 1A_2}{2+1} = \frac{\boxed{2}}{\boxed{3}}A_1 + \frac{\boxed{1}}{\boxed{3}}A_2 \quad \boxed{8}$$
　　　　　　　エ/オ　　カ/キ

普通の解法

上位と下位に分けて考えたときの，15 人の合計点は，$10A_1 + 5A_2$

平均はこれを 15 で割って，$\dfrac{10A_1 + 5A_2}{15} = \dfrac{2A_1 + 1A_2}{2+1} = \dfrac{2}{3}A_1 + \dfrac{1}{3}A_2$

(2) 最大の偏差は，最大の点数 44 と平均 37 との差 $\boxed{7.0}$(点)
　　　　　　　　　　　　　　　　　　　　　　　　　ク.ケ

	37	44	34	35	30	41	38	33	41	37
偏差	0	7	−3	−2	−7	4	1	−4	4	0
偏差平方	0	49	9	4	49	16	1	16	16	0

［この場合 1 変量なので，相関係数を計算することはないだろう。偏差の 2 乗を表に書き込んでいってよい］

偏差平方の和は，160。分散は $160 \div 10 = \boxed{16.00}$　 28
　　　　　　　　　　　　　　　　　　　　コサ.シス

標準偏差は，$\sqrt{16.00} = \boxed{4.0}$ セ.ソ

(3) 仮平均を43として平均を求める計算をしていると考える。D, E, F, 43から仮平均の43を引いた値が $x, y, z, 0$ であり，平均が仮平均と同じ43なので，

$$x+y+z+0=0 \qquad \therefore \quad x+y+z=\boxed{0} \text{ タ} \quad \cdots\cdots ①$$

範囲が7なので，D−F=7。これを仮平均からの数で書けば，$x-z=\boxed{7}\cdots\cdots②$
チ

D, E, F, 43の偏差が $x, y, z, 0$ なので，分散が6.5であることより，
$x^2+y^2+z^2+0^2 = 6.5 \times 4 \qquad \therefore \quad x^2+y^2+z^2=\boxed{26}$ ツテ ……③

x, y, z を求めるのに，①，②，③をまともに解こうというのはいただけない。 **25**

空欄の形から，D, E, F は整数なのだから x, y, z も整数のはず。
①，②，③を満たす整数 x, y, z を求めればよいのだ。

③を満たす x, y, z の整数の組を探そう。26より小さい平方数は，0, 1, 4, 9, 16, 25なので，x, y, z の組に現れる数は，

$\qquad$ 0, ±1, ±5　または　±1, ±3, ±4

これから①，②と $z<y<0<x$ を満たすような x, y, z は，$x=4, y=-1, z=-3$

よって，D, E, F は，
$\qquad$ D = 43 + x = 43 + 4 = $\boxed{47}$ トナ，E = 43 + y = 43 + (−1) = $\boxed{42}$ ニヌ，
$\qquad$ F = 43 + z = 43 + (−3) = $\boxed{40}$ ネノ

(4) 番号7の $p=43, q=41$ があるのは，⓪，②
このうち番号11の $p=33, q=33$ があるのは，$\boxed{②}$ ハ　　$\boxed{24}$, $\boxed{41}$
②の散布図は右肩上がりに分布しているので，正の相関関係がある($\boxed{⓪}$)
ヒ

(5) r は1回目の p から2回目の q になるときの増加率を表している。
G から埋めていくのがよい。

番号1であれば，$p=33, q=37$ なので，$q-p=37-33=4$ が $p=33$ の0%以上で10%よりも小さいかを判断する。これなら暗算しやすい。

増加率が0%以上10%未満になるものは，番号2, 5, 11の3個。G = $\boxed{3}$ フ
H は，10から2, G(3), 1を引いて，H = 10 − 2 − 3 − 1 = $\boxed{4}$ ヘ

91

過去問

22年度 本試験

次の表は，高等学校のある部に入部した20人の生徒について，右手と左手の握力（単位 kg）を測定した結果である。測定は10人ずつの二つのグループについて行われた。ただし，表中の数値はすべて正確な値であり，四捨五入されていないものとする。

第1グループ

番号	右手の握力	左手の握力	左右の握力の平均値
1	50	49	49.5
2	52	48	50.0
3	46	50	48.0
4	42	44	43.0
5	43	42	42.5
6	35	36	35.5
7	48	49	48.5
8	47	41	44.0
9	50	50	50.0
10	37	36	36.5
平均値	A	44.5	44.75
中央値	46.5	46.0	
分散	29.00	27.65	

第2グループ

番号	右手の握力	左手の握力	左右の握力の平均値
11	31	34	32.5
12	33	31	32.0
13	48	44	46.0
14	42	38	40.0
15	51	45	48.0
16	49	B	E
17	39	33	36.0
18	45	41	43.0
19	45	C	F
20	47	42	44.5
平均値	43.0	D	41.25
中央値	45.0	40.5	
分散	41.00	26.25	

以下，小数の形で解答する場合は，指定された桁数の一つ下の桁を四捨五入し，解答せよ。途中で割り切れた場合は，指定された桁まで⓪にマークすること。

(1) 第1グループに属する10人の右手の握力について，平均値 A は アイ . ウ kg である。

また，20人全員の右手の握力について，平均値 M は エオ . カ kg, 中央値は キク . ケ kg である。

(2) 右手の握力について，20人全員の平均値 M からの偏差の2乗の和を，二つのグループそれぞれについて求めると，第1グループでは コサシ であり，第2グループでは420である。したがって，20人全員の右手の握力について，標準偏差 S の値は ス . セ kg である。

(3) t を正の実数とする。20人全員の右手の握力の平均値 M と標準偏差 S を用いて，$M - tS$ より大きく $M + tS$ より小さい範囲を考える。

20人全員の中で，右手の握力の値がこの範囲に入っている生徒の人数を $N(t)$ とするとき，$N(1) =$ ソタ であり，$N(2) =$ チツ である。

(4) 第2グループに属する10人の左手の握力について，平均値 D は テト . ナ kg であり，中央値が 40.5 kg であるから，B の値は ニヌ kg, C の値は ネノ kg である。ただし，B の値は C の値より大きいものとする。これより，E と F の値も定まる。

(5) 20人の各生徒について，右手と左手の握力の平均値と，右手と左手の握力の差の絶対値を求めた。握力の平均値については，最初にあげた表の「左右の握力の平均値」の列に示している。

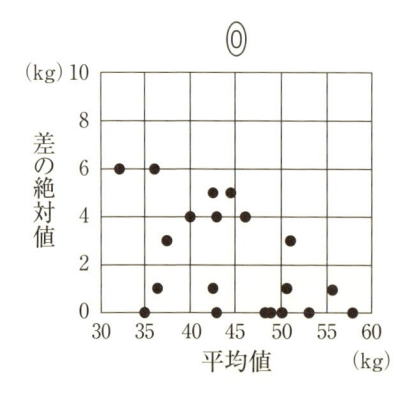

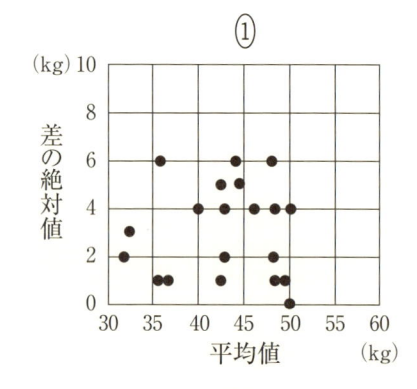

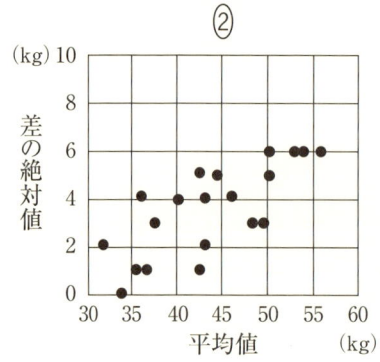

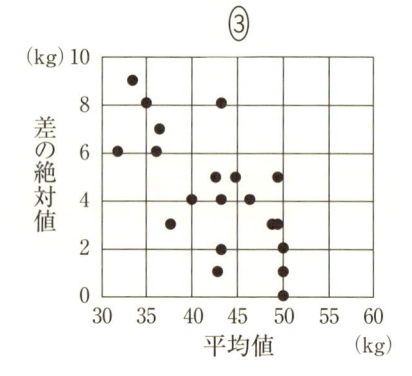

握力の平均値を横軸に，握力の差の絶対値を縦軸にとった相関図(散布図)として適切なものは ハ であり，相関係数の値は ヒ に最も近い。したがって，この20人については， フ 。 ハ に当てはまるものを，次の⓪〜③のうちから一つ選べ。

ヒ に当てはまるものを，次の⓪〜④のうちから一つ選べ。

⓪ -0.9　① -0.5　② 0.0　③ 0.5　④ 0.9

フ に当てはまるものを，次の⓪〜②のうちから一つ選べ。

⓪ 握力の平均値が増加するとき，握力の差の絶対値が増加する傾向が認められる
① 握力の平均値が増加するとき，握力の差の絶対値が増加する傾向も減少する傾向も認められない
② 握力の平均値が増加するとき，握力の差の絶対値が減少する傾向が認められる

解　説

22年度 本試験

> レビュー
> (2) コサシ では，この本の公式を使いたいところだ．正しい散布図が選べれば， ヒ ， フ はすぐに選べる．

主なテクニック　4 , 7 , 16 , 24 , 28 , 31 , 41

(1) 右手の握力の平均は，

$$(50+52+46+42+43+35+48+47+50+37) \div 10 = 450 \div 10 = 45.0 \text{(kg)}$$

アイ.ウ

第1グループと第2グループの人数が等しいので，グループを合わせた平均は，{(第1グループの平均) + (第2グループの平均)} ÷ 2 で計算できる．

20人全員の平均値は，$M = (45+43) \div 2 = 44.0 \text{(kg)}$　　7

エオ.カ

グループを合わせた中央値は，第1グループの中央値 46.5 と第2グループの中央値 45 の間にある．そこで，45以下の状況を調べると，第1グループに 45以下が 4人，第2グループに 45人以下が 6人なので，小さい方から 10番目は 45，11番目は 46．よって，グループ合わせた中央値は，

$$(45+46) \div 2 = 45.5 \text{(kg)}$$　　16

キク.ケ

(2) 平均 45 で計算した分散が 29 なので，44 との偏差平方の平均は，

$$29 + (45-44)^2 = 30$$

よって，偏差平方和は，$30 \times 10 = 300$　コサシ　　31

> 普通の解法

第1グループの右手握力について，44 との偏差を取り，2乗すると，

右手握力	50	52	46	42	43	35	48	47	50	37
偏差	6	8	2	-2	-1	-9	4	3	6	-7
偏差平方	36	64	4	4	1	81	16	9	36	49

$$36+64+4+4+1+81+16+9+36+49 = 300 \text{ コサシ}$$

20人全員の偏差平方和は，300＋420＝720

20人全員の分散は，720÷20＝36。標準偏差は，$S=\sqrt{36}=$ 6.0 (kg)

(3) $t=1$ のとき，右手握力が $44-6=38$ より大きく，$44+6=50$ より小さい人数を数えて，$N(1)=$ 12 (人)

$t=2$ のとき，右手握力が $44-2\times 6=32$ より大きく，$44+2\times 6=56$ より小さい人数を数えて，$N(2)=$ 19 (人)

[$N(2)$ だけを聞かれた場合には，32以下または56以上の人数を数えて，20人から引く方が早い。確率の余事象の考え方である]

(4) 第2グループについて，右手の握力の平均と，左右の握力の平均値から算出する。左右の握力の平均値は，

$$\{(右手の握力の平均)+(左手の握力の平均)\}\div 2$$

なので，左手の握力の平均を x とすると，

$(43+x)\div 2=41.25$　　∴　$x=41.25\times 2-43=$ 39.5 (kg)

B，Cを除いて，左手の握力を小さい順から並べると，31，33，34，38，41，…となり，中央値が40.5なので，B，Cの小さい方，つまりCは 40 (kg) である。

合計点から既知の8人の合計点を引いて，BとCの和を求めると，

$B+C=39.5\times 10-(34+31+44+38+45+33+41+42)=87$

よって，$B=87-C=87-40=$ 47 (kg)

(5) 左右の握力の平均値は50が最大であり，2人いるので，それを表している ① が正しい。

全体的に分布していて，直線に集まっているようには見えないので，相関は弱いと考えられる。相関係数は0に近い（②）。また，①の「握力の平均値が増加するとき，握力の差の絶対値が増加する傾向も減少する傾向も認められない」が正しい。

97

過去問

21年度 本試験

下の表は，10名からなるある少人数クラスをⅠ班とⅡ班に分けて，100点満点で2回ずつ実施した数学と英語のテストの得点をまとめたものである。ただし，表中の平均値はそれぞれ1回目と2回目の数学と英語のクラス全体の平均値を表している。また，A，B，C，Dの値はすべて整数とする。

班	番号	1回目 数学	1回目 英語	2回目 数学	2回目 英語
Ⅰ	1	40	43	60	54
Ⅰ	2	63	55	61	67
Ⅰ	3	59	B	56	60
Ⅰ	4	35	64	60	71
Ⅰ	5	43	36	C	80
Ⅱ	1	A	48	D	50
Ⅱ	2	51	46	54	57
Ⅱ	3	57	71	59	40
Ⅱ	4	32	65	49	42
Ⅱ	5	34	50	57	69
平均値		45.0	E	58.9	59.0

以下，小数の形で解答する場合は，指定された桁数の一つ下の桁を四捨五入し，解答せよ。途中で割り切れた場合は，指定された桁まで⓪にマークすること。

(1) 1回目の数学の得点について，Ⅰ班の平均値は **アイ** . **ウ** 点である。
また，クラス全体の平均値は45.0点であるので，Ⅱ班の1番目の生徒の数学の得点Aは **エオ** 点である。

(2) Ⅱ班の1回目の数学と英語の得点について，数学と英語の分散はともに101.2である。したがって，相関係数は カ . キク である。

(3) 1回目の英語の得点について，Ⅰ班の3番目の生徒の得点Bの値がわからないとき，クラス全体の得点の中央値Mの値として ケ 通りの値があり得る。

　実際は，1回目の英語の得点のクラス全体の平均値Eが54.0点であった。したがって，Bは コサ 点と定まり，中央値Mは シス . セ 点である。

(4) 2回目の数学の得点について，Ⅰ班の平均値はⅡ班の平均値より4.6点大きかった。したがって，Ⅰ班の5番目の生徒の得点CからⅡ班の1番目の生徒の得点Dを引いた値は ソ 点である。

(5) 1回目のクラス全体の数学と英語の得点の相関図(散布図)は、タ であり、2回目のクラス全体の数学と英語の得点の相関図は、チ である。また、1回目のクラス全体の数学と英語の得点の相関係数を r_1、2回目のクラス全体の数学と英語の得点の相関係数を r_2 とするとき、値の組 (r_1, r_2) として正しいのは ツ である。タ、チ に当てはまるものを、それぞれ次の⓪～③のうちから一つずつ選べ。

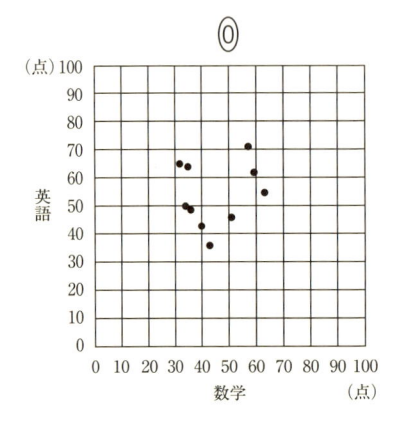

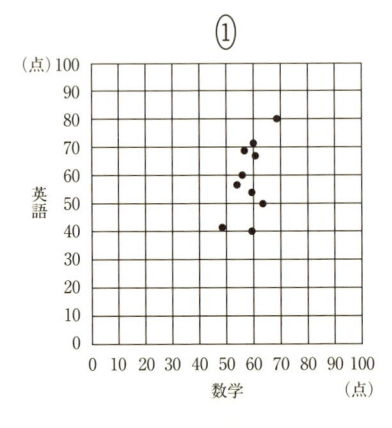

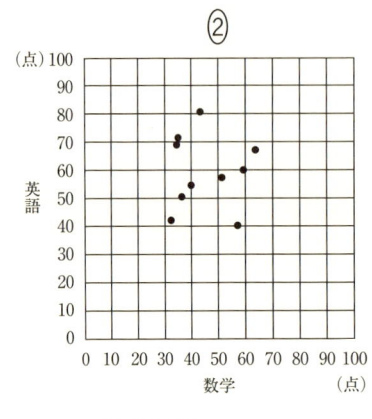

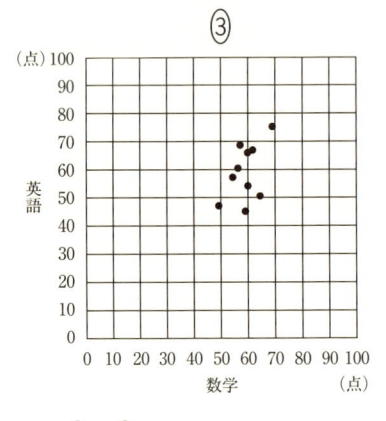

⓪ ① ② ③

(各散布図：横軸 数学(点)、縦軸 英語(点))

また、ツ に当てはまるものを、次の⓪～③のうちから一つ選べ。

⓪ $(0.54,\ 0.20)$
① $(-0.54,\ 0.20)$
② $(0.20,\ 0.54)$
③ $(0.20,\ -0.54)$

(6) 2回目のクラス全体10名の英語の得点について，採点基準を変更したところ，得点の高い方から2名の得点が2点ずつ下がり，得点の低い方から2名の得点が2点ずつ上がったが，その他の6名の得点に変更は生じなかった。このとき，変更後の平均値は テ する。また，変更後の分散は ト する。 テ ， ト に当てはまるものを，それぞれ次の⓪〜②のうちから一つずつ選べ。

⓪ 変更前より減少　　① 変更前と一致　　② 変更前より増加

解説

21年度 本試験

> **レビュー**
> 相関係数がきれいに求まらない珍しいパターン。その分最後の設問は定性的にきれいに決まる。

主なテクニック 4 , 7 , 10 , 18 , 24 , 39 , 41

(1) 1回目の数学のⅠ班の平均は，$(40+63+59+35+43) \div 5 = \underline{48.0}$(点) ← アイ．ウ

　1回目の数学のクラス全体の平均が 45 なので，

　1回目の数学のⅡ班の平均は，

$$45 \times 2 - 48 = 42 (点) \quad \boxed{7}$$

　A の点数は，Ⅱ班の合計点から他のⅡ班の4人の合計点を引いて，

$$A = 42 \times 5 - (51+57+32+34) = \underline{36}(点) \quad \boxed{4}$$
← エオ

(2) Ⅱ班の1回目の英語の平均は，$(48+46+71+65+50) \div 5 = 56$

偏差積を表を用いて計算する。

数学の偏差(x)	-6	9	15	-10	-8
英語の偏差(y)	-8	-10	15	9	-6
偏差積	48	-90	225	-90	48

偏差積の和は，141。共分散は，$s_{xy} = 141 \div 5 = 28.2$

相関係数 r は，$r = \dfrac{s_{xy}}{\sqrt{s_x^2}\sqrt{s_y^2}} = \dfrac{28.2}{\sqrt{101.2}\sqrt{101.2}} = \dfrac{28.2}{101.2} = 0.278\cdots \to \underline{0.28}$ $\boxed{39}$
← カ．キク

(3) 小さい方から，

$$36, 43, 46, 48, 50, 55, 64, 65, 71$$

なので，考慮の対象となるのは4番目，5番目，6番目の 48，50，55 である。

B ≦ 48 のとき，M $= (48+50) \div 2 = 49$(点)

B ≧ 55 のとき，M $= (50+55) \div 2 = 52.5$(点)

49 ≦ B ≦ 54 のとき，異なる B に対して異なる M の値が定まる。

よって，$1+6+1 = \underline{8}$(通り) $\boxed{18}$
← ケ

Bは，1回目の英語のクラスの合計点から，他の人の合計点を引いて，

$$B = 54 \times 10 - (43+55+64+36+48+46+71+65+50) = \boxed{62}(点) \quad \boxed{4}$$
コサ

$B \geqq 55$ なので，$M = \boxed{52.5}(点)$
シス．セ

(4) 与えられた条件も差で，問われていることも差 C−D なので，C，D の値を求めることなく求めてみよう。

表から

(Ⅰの合計点) − (Ⅱの合計点)

$= (60+61+56+60+C) - (54+59+49+57+D)$
　　　　60−54

$= \boxed{6}+2+7+3+(C-D) = 18 + (C-D)$　　┄┄の和を計算するのではなく，左のようにする

一方，(Ⅰの合計点) − (Ⅱの合計点) $= 4.6 \times 5 = 23$(点) 　$\boxed{10}$

これより，$18 + (C-D) = 23$　∴　$C-D = \boxed{5}$
　　　　　　　　　　　　　　　　　　　　　　　ソ

(5) 1回目には，数学=63，英語=55 があるので，この点がある $\boxed{⓪}$ タ

2回目には，数学=49，英語=42 があるので，この点がある $\boxed{①}$ チ　$\boxed{24}$

⓪も①も右肩上がりに分布しているので，どちらも相関係数は正。①の方が直線状に並んでいるので相関係数は大きい。よって，$\boxed{②}$ の (0.20, 0.54) が正しい。$\boxed{41}$
　　　　　　　　　　　　　　　　　　　　　　　　　　ツ

(6) 高い方の2人で $(-2) \times 2 = -4$ 点，低い方の2人で $2 \times 2 = 4$ 点なので，合計点は変わらない。よって，平均点も変更前と一致する $\boxed{①}$。
　　　　　　　　　　　　　　　　　　　　　　　　　　　　　　テ

高い方の2人も，低い方の2人も平均に近づくので散らばりは減る。よって，変更後の分散は変更前の分散より減少する $\boxed{⓪}$。
　　　　　　　　　　　　　　　　　　　　　　ト

過去問

20年度 本試験

ある都市におけるある年の月ごとの最低気温を変量 x, 最高気温を変量 y とする。ただし,単位は℃とし,最低気温と最高気温は,一日の最低気温と最高気温について月ごとに平均をとり,小数第1位を四捨五入したものとする。

次の図は,変量 x と変量 y の相関図(散布図)である。

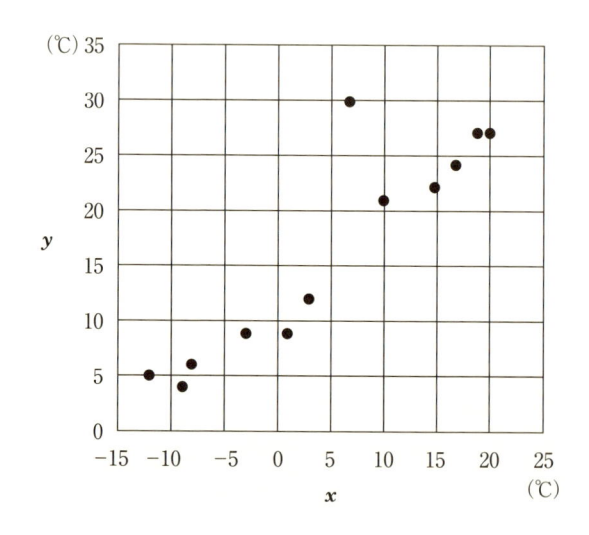

以下,小数の形で解答する場合は,指定された桁数の一つ下の桁を四捨五入し,解答せよ。途中で割り切れた場合は,指定された桁まで⓪にマークすること。

(1) 1月から12月までの変量 x は次のとおりであった。

　　　-12, -9, -3, 3, 10, 17, 20, 19, 15, 7, 1, -8(単位は℃)

この12個の値の平均値は ア . イ ℃, 中央値は ウ . エ ℃ である。

(2) 1月から12月までの12か月を，変量 x が0℃未満の四つの月からなるAグループと，0℃以上の八つの月からなるBグループとに分けて分析した。このとき，Aグループにおける変量 x の平均値は オカ . キ ℃であり，分散は クケ . コ である。

また，Aグループにおける変量 y の平均値は6.0℃で，Bグループにおける変量 y の平均値は21.5℃であった。このとき，1月から12月までの変量 y の平均値は サシ . ス ℃である。

変量 x と変量 y の相関図のデータの中で，入力ミスが見つかった。変量 x の値が7℃，変量 y の値が30℃となっている月の変量 y の値は，正しくは18℃であった。

(3) この誤りを修正すると，変量 y の平均値は セ . ソ ℃減少する。また，変量 y の分散は タ する。ただし， タ については，当てはまるものを，次の⓪〜②のうちから一つ選べ。

⓪ 修正前より増加　　① 修正前より減少　　② 修正前と一致

(4) 修正前の変量 y の中央値は チ ℃であるが，修正後には変量 y の中央値は ツ ℃となる。 チ ， ツ の数値として適当なものを，相関図を参考にして，次の⓪〜③のうちから一つずつ選べ。

⓪　13.5　　①　15.0　　②　16.5　　③　18.0

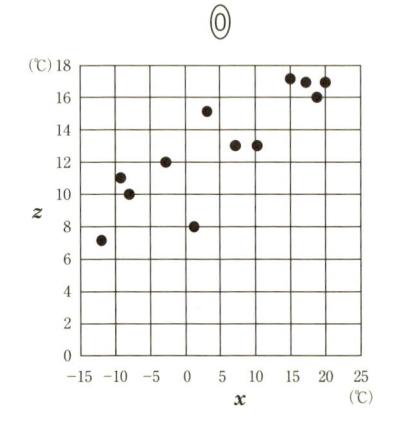

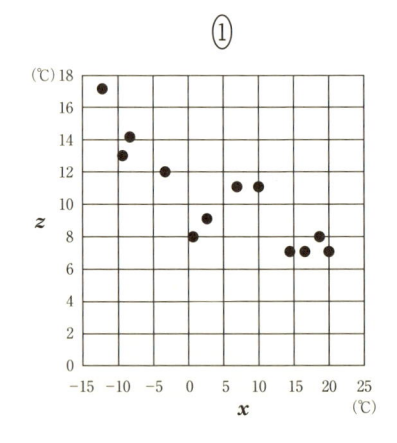

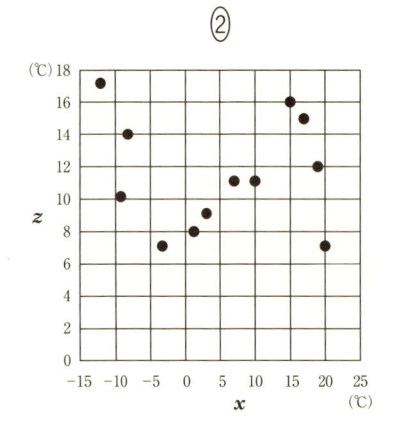

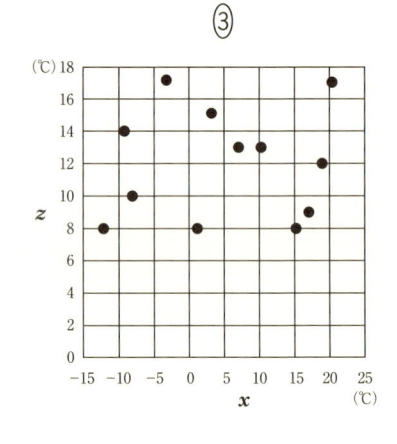

(5) 誤りを修正した後の寒暖の差(最高気温と最低気温の差)を変量 $z(=y-x)$ とする。変量 z の平均値は テト . ナ ℃であり，変量 x と変量 z の相関図として適当なものは ニ である。ただし， ニ については，当てはまるものを，次の⓪〜③のうちから一つ選べ。

(6) この都市の1月から12月までの最低気温 x と寒暖の差 z について，ヌ という傾向があると考えられる。 ヌ に当てはまるものを，次の⓪〜④のうちから一つ選べ。

⓪ 正の相関があり，最低気温が高い月ほど寒暖の差が大きい
① 正の相関があり，最低気温が低い月ほど寒暖の差が大きい
② 負の相関があり，最低気温が高い月ほど寒暖の差が大きい
③ 負の相関があり，最低気温が低い月ほど寒暖の差が大きい
④ 相関関係はほとんどなく，最低気温によって寒暖の差は影響を受けない

解説

20年度 本試験

レビュー
ボリュームもちょうどよい解きやすいセットだろう。

主なテクニック 8 , 10 , 16 , 24 , 41

(1) 負の数の和，正の数の和を計算してから和を取ると計算しやすい。平均は，
$$\{(-12-9-3-8)+(3+10+17+20+19+15+7+1)\}\div 12 = \boxed{5.0}(℃)$$
ア.イ

［上の計算をする前に，-3 と 3 をキャンセルし，-9 と 19 で 10 にしておくとなお早い。］

小さい方から 6 番目が 3，7 番目が 7 なので，中央値は $(3+7)\div 2 = \boxed{5.0}$(℃)
ウ.エ

(2) A グループの平均は，$(-12-9-3-8)\div 4 = \boxed{-8.0}$
オカ.キ

A グループの分散は，

x	-12	-9	-3	-8
偏差	-4	-1	5	0
偏差平方	16	1	25	0

偏差平方の和は，$16+1+25=42$。分散は，$42\div 4 = \boxed{10.5}$ クケ.コ

A グループと B グループのサイズの比が $4:8=1:2$ なので，A と B を合わせた平均は，

$$\frac{1\times 6 + 2\times 21.5}{1+2} = \frac{49}{3} = 16.33\cdots \rightarrow \boxed{16.3}(℃) \quad \boxed{8}$$
サシ.ス

(3) 30 を 18 に訂正したので，総和は $30-18=12$ 減少する。よって，平均気温は $12\div 12 = \boxed{1.0}$(℃) だけ減少する。
セ.ソ

平均 16.3(℃) に対して 30 であった変量が 18 になるのだから散らばりは減る。変量 y の分散は修正前より減少する $\boxed{①}$。
タ

(4) 修正前は左図の2点の平均を取って，$(12+21)\div 2 = 16.5$(℃) $\boxed{②}$
チ

修正後は右図の2点の平均を取って，$(12+18)\div 2 = 15$(℃) $\boxed{①}$ 16
ツ

修正前　　　　　　　　　　　　　修正後

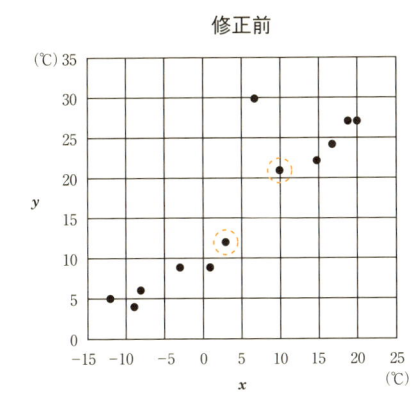

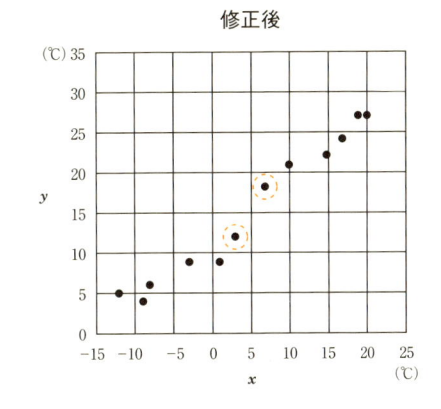

(5) $\bar{x}=5$, 修正後の y の平均は, $\bar{y}=16.3-1=15.3$

$z=y-x$ の平均は, $\bar{z}=\overline{y-x}=\bar{y}-\bar{x}=15.3-5=\boxed{10.3}$ テト.ナ　**10**

（差の平均）＝（平均の差）

x, y の散布図より, $x=-12, y=5$ があるので, このとき, $z=5-(-12)=17$
$x=-12, z=17$ があるので, 散布図は①または②に絞れる。

x, y の散布図より, $x=-9, y=4$ があるので, このとき, $z=4-(-9)=13$
$x=-9, z=13$ があるので, 散布図は①　ニ　**24**

(6) 点が右肩下がりに分布しているので, 相関係数は負である。最低気温 (x) が低い月ほど, 寒暖の差 (z) が激しい。(③)　**41**
ヌ

109

過去問

19年度 本試験

次の表は，P高校のあるクラス20人について，数学と国語のテストの得点をまとめたものである。数学の得点を変量 x，国語の得点を変量 y で表し，x，y の平均値をそれぞれ $\bar{x}$，$\bar{y}$ で表す。ただし，表の数値はすべて正確な値であり，四捨五入されていないものとする。

生徒番号	x	y	$x-\bar{x}$	$(x-\bar{x})^2$	$y-\bar{y}$	$(y-\bar{y})^2$	$(x-\bar{x})(y-\bar{y})$
1	62	63	3.0	9.0	2.0	4.0	6.0
2	56	63	−3.0	9.0	2.0	4.0	−6.0
3	58	58	−1.0	1.0	−3.0	9.0	3.0
⋮	⋮	⋮	⋮	⋮	⋮	⋮	⋮
18	54	62	−5.0	25.0	1.0	1.0	−5.0
19	58	60	−1.0	1.0	−1.0	1.0	1.0
20	57	63	−2.0	4.0	2.0	4.0	−4.0
合　計	A	1220	0.0	1544.0	0.0	516.0	−748.0
平　均	B	61.0	0.0	77.2	0.0	25.8	−37.4
中央値	57.5	62.0	−1.5	30.5	1.0	9.0	−14.0

以下，小数の形で解答する場合は，指定された桁数の一つ下の桁を四捨五入し，解答せよ。途中で割り切れた場合は，指定された桁まで⓪にマークすること。

(1) 生徒番号1の生徒の $x-\bar{x}$ の値が3.0であることに着目すると，表中の**B**の値は **アイ** . **ウ** であり，**A**の値は **エオカキ** である。

(2) 変量 x の分散は **クケ** . **コ** である。

(3) $z=x+y$ とおくと，この場合の変量 z の平均値 $\bar{z}$ は サシス ． セ である。また，変量 z の分散は
$$(z-\bar{z})^2 = (x-\bar{x})^2 + (y-\bar{y})^2 + 2(x-\bar{x})(y-\bar{y})$$
の平均であるから
$$(z \text{の分散}) \boxed{\text{ソ}} \{(x \text{の分散}) + (y \text{の分散})\}$$
が成り立つ。ただし，ソ については，当てはまるものを，次の⓪～②のうちから一つ選べ。

⓪ >　　① =　　② <

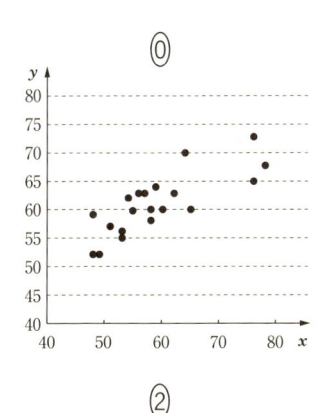

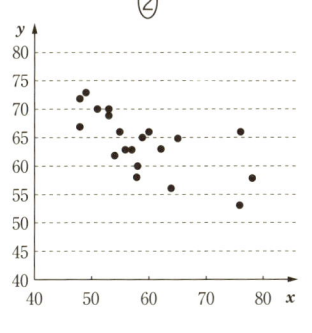

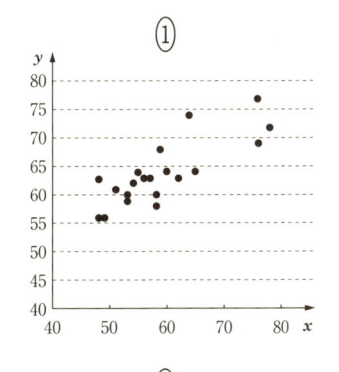

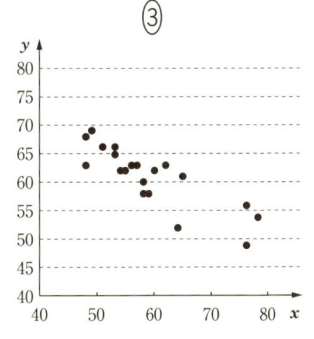

(4) 変量 x と変量 y の相関図(散布図)として適切なものは，相関関係，平均値，中央値に注意すると，タ である。ただし，相関図(散布図)中の点は，度数1を表す。タ に当てはまるものを，次の⓪～③のうちから一つ選べ。

111

さらに，P高校の20人の数学の得点とQ高校のあるクラス25人の数学の得点を比較するために，それぞれの度数分布表を作ったところ，次のようになった。

階級	P高校	Q高校
以上　以下 35 ～ 39	0	5
40 ～ 44	0	5
45 ～ 49	3	0
50 ～ 54	4	0
55 ～ 59	6	0
60 ～ 64	3	10
65 ～ 69	1	2
70 ～ 74	0	2
75 ～ 79	3	1
計	20	25

(5) 二つの高校の得点の中央値については，　チ　。　チ　に当てはまるものを，次の⓪～③のうちから一つ選べ。

⓪　P高校の方が大きい
①　Q高校の方が大きい
②　P高校とQ高校で等しい
③　与えられた情報からはその大小を判定できない

(6) 度数分布表からわかるQ高校の得点の平均値のとり得る範囲は ツテ . ト 以上 ナニ . ヌ 以下である。また，(1)よりP高校の得点の平均値は アイ . ウ であるから，二つの高校の得点の平均値については， ネ 。ただし， ネ については，当てはまるものを，次の⓪〜③のうちから一つ選べ。

⓪ P高校の方が大きい
① Q高校の方が大きい
② P高校とQ高校で等しい
③ 与えられた情報からはその大小を判定できない

(7) 次の記述のうち，**誤っているもの**は ノ である。 ノ に当てはまるものを，次の⓪〜③のうちから一つ選べ。

⓪ 40点未満の生徒の割合は，Q高校の方が大きい。
① 54点以下の生徒の割合は，Q高校の方が大きい
② 65点以上の生徒の割合は，Q高校の方が大きい。
③ 70点以上の生徒の割合は，P高校の方が大きい。

解 説

19年度 本試験

> **レビュー**
> (3)は誘導が付いているが，誘導なしでも解けるようにしておきたい。(7)はくだらない設問だ。前の設問とは関係なく解ける。

主なテクニック　12 , 13 , 41 , 43

(1) 生徒1に関して，$x - \bar{x} = 3$，$x = 62$ なので，$B = \bar{x} = 62 - 3 = \boxed{59.0}$（点）
　　20人なので合計点は，$A = 59 \times 20 = \boxed{1180}$（点）

(2) 分散は偏差平方 $(x - \bar{x})^2$ の平均なので，x の分散は表より，$\boxed{77.2}$

(3) 各個体が x，y の変量を持つとき，新しく $z = x + y$ という変量を作ると，x，y，z の平均について，$\bar{z} = \bar{x} + \bar{y}$ が成り立つ。
　　よって，$\bar{z} = \bar{x} + \bar{y} = 59 + 61 = \boxed{120.0}$（点）

$$\frac{\sum_{i=1}^{20}(z_i - \bar{z})^2}{20} = \frac{\sum_{i=1}^{20}\{(x_i - \bar{x})^2 + (y_i - \bar{y})^2 + 2(x_i - \bar{x})(y_i - \bar{y})\}}{20}$$

$$= \frac{\sum_{i=1}^{20}(x_i - \bar{x})^2}{20} + \frac{\sum_{i=1}^{20}(y_i - \bar{y})^2}{20} + \frac{2\sum_{i=1}^{20}(x_i - \bar{x})(y_i - \bar{y})}{20}$$

より，

$$s_z^2 = s_x^2 + s_y^2 + \frac{\sum_{i=1}^{20}(x_i - \bar{x})(y_i - \bar{y})}{10}$$

となる。表より $\sum (x_i - \bar{x})(y_i - \bar{y})$ が負なので，$s_z^2 < s_x^2 + s_y^2$（②）　　43

(4) $\sum (x_i - \bar{x})(y_i - \bar{y})$ の値が負なので，共分散 s_{xy} も負で，相関係数も負。よって，散布図は②か③。y の平均値が61，中央値が62であることから，③を選ぶ。　　41

(5) P高校の中央値は小さい方から10番目と11番目の平均値になる。10番目，11番目が入っている階級は，55以上59以下。一方，Q高校の中央値は小さい方から13番目の値で，13番目が入っている階級は60以上64以下。よって，中央値はQ高校の方が大きい（①）

(6) 階級の最低点でQ高校の平均点を計算すると，　　12

解　説

$$(35×5+40×5+60×10+65×2+70×2+75×1)÷25=\boxed{52.8}(点)$$
_{ツテ．ト}

　どの階級についても，階級の最高点は階級の最低点よりも 4 点高いので，階級の最高点で計算した平均点は階級の最低点で計算した平均点よりも 4 点高く，$52.8+4=\boxed{56.8}(点)$　　[13]
_{ナニ．ヌ}

　P 高校の平均点は 59 点で 56.8 点より高いので，P 高校の方が大きいといえる（⓪）
_ネ

(7)　選択肢の正誤を判定しよう。

　　⓪：見た目で正しい。○

　　①：P 高校は $\dfrac{3+4}{20}=0.35$　　Q 高校は $\dfrac{5+5}{25}=0.4$　　Q 高校の方が大きい。○

　　②：P 高校は $\dfrac{1+3}{20}=0.2$　　Q 高校は $\dfrac{2+2+1}{25}=0.2$

　　　　P 高校と Q 高校は等しい。×

　　③：P 高校は $\dfrac{3}{20}=0.15$　　Q 高校は $\dfrac{2+1}{25}=0.12$　　P 高校の方が大きい。○

　　誤っているものは ②
_ノ

過去問

18年度 本試験

〔1〕次の資料は2科目の小テストに関する5人の生徒の得点を記録したものである。2科目の小テストの得点をそれぞれ変量 x, y とする。

生徒番号	1	2	3	4	5
x	3	4	5	4	4
y	7	9	10	8	6

以下，計算結果の小数表示では，指定された桁数の一つ下の桁を四捨五入し，解答せよ。途中で割り切れた場合は，指定された桁まで⓪にマークすること。

(1) 変量 x の分散を小数で求めると，　ア　.　イ　となる。

(2) 変量 y を使って新しい変量 t を
$$t = y - \boxed{\text{ウ}}$$
で定めると，変量 t の平均は 0 になる。

(3) 変量 y を使って新しい変量 u を

$$u = \sqrt{\frac{\boxed{エ}}{\boxed{オ}}}\, y$$

で定めると，変量 u の分散は x の分散と同じになる。

(4) 変量 x と変量 y の相関係数を r，変量 x と変量 u の相関係数を r' とし，それぞれの2乗を r^2 と $(r')^2$ で表すと

$$r^2 = \boxed{カ} . \boxed{キク}$$
$$(r')^2 = \boxed{ケ} . \boxed{コサ}$$

となる。

〔2〕 変量 p と変量 q を観測した資料に対して，相関図（散布図）を作ったところ，次のようになった。ただし，相関図（散布図）中の点は，度数1を表す。

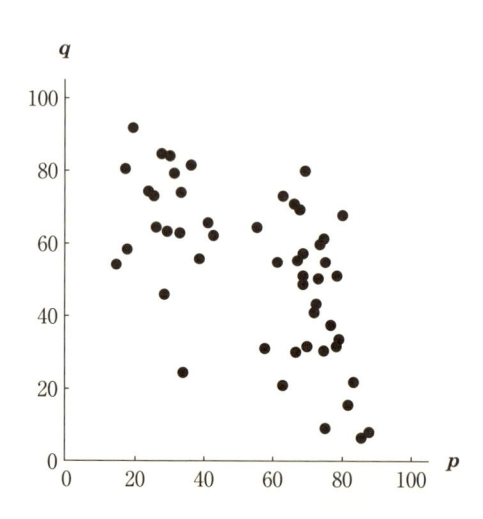

(1) 二つの変量 p と q の相関係数に最も近い値は シ である。シ に当てはまるものを，次の⓪〜⑥のうちから一つ選べ。

⓪ -1.5 ① -0.9 ② -0.6 ③ 0.0
④ 0.6 ⑤ 0.9 ⑥ 1.5

(2) 同じ資料に対して度数をまとめた相関表を作ったところ，次のようになった。例えば，相関表中の **7** の 7 という数字は，変量 p の値が 60 以上 80 未満で変量 q の値が 20 以上 40 未満の度数が 7 であることを表している。

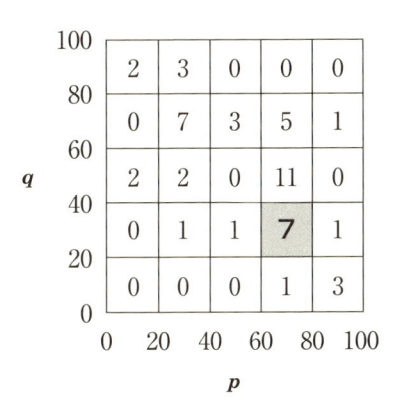

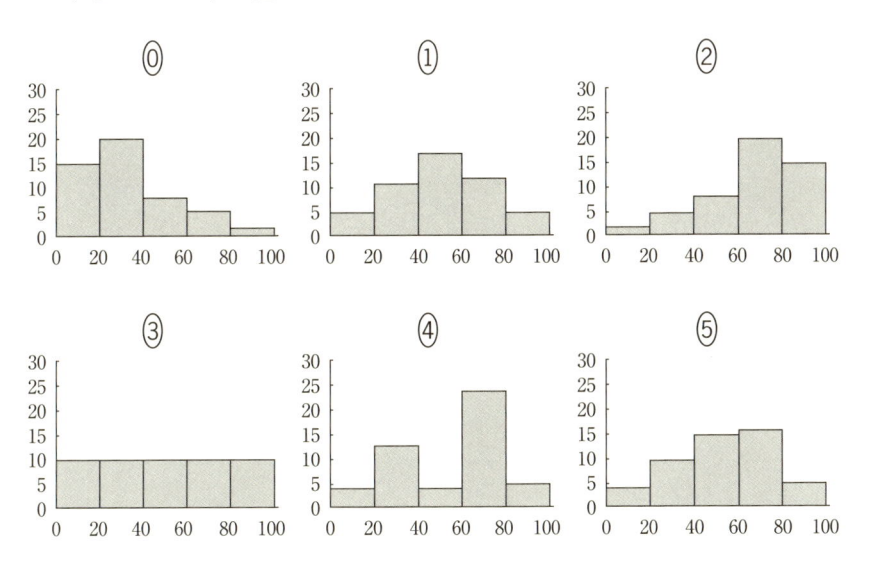

q \ p	0–20	20–40	40–60	60–80	80–100
80–100	2	3	0	0	0
60–80	0	7	3	5	1
40–60	2	2	0	11	0
20–40	0	1	1	**7**	1
0–20	0	0	0	1	3

このとき，変量 p のヒストグラムは ス であり，変量 q のヒストグラムは セ である。ス ， セ に当てはまるものを，次の ⓪〜⑤ のうちから一つずつ選べ。

解　説

18年度 本試験

レビュー
前半は変量の変換がテーマの良問。

主なテクニック　9, 28, 34, 39, 41, 42

[1] (1) x の平均は，$\bar{x} = (3+4+5+4+4) \div 5 = 4$

x について偏差，偏差平方を書くと，

偏差	-1	0	1	0	0
偏差平方	1	0	1	0	0

偏差平方の和は，2。分散は，$s_x^2 = 2 \div 5 = \boxed{0.4}$ **ア．イ**

(2) 偏差の平均は 0 なので，**ウ** に入る値は y の平均 $\bar{y}$ である。

$$\text{ウ} = \bar{y} = (7+9+10+8+6) \div 5 = \boxed{8} \text{ ウ}$$

［式で説明すると］　新しい変数を $t = y - a$ (a は定数) とすると，$\bar{t} = \bar{y} - a$
これが 0 になるので，$a = \bar{y}$　　9

(3) y の分散を計算する。

y について偏差，偏差平方を計算して，

偏差	-1	1	2	0	-2
偏差平方	1	1	4	0	4

偏差平方の和は，10。分散は $s_y^2 = 10 \div 5 = 2$　　28

$u = by$ (b は正の定数) のとき，u の分散 s_u^2 は，$s_u^2 = b^2 s_y^2 = 2b^2$　　34

これが 0.4 に等しいので，$2b^2 = 0.4$　　∴　$b^2 = \dfrac{1}{5}$　　∴　$b = \dfrac{\sqrt{5}}{5}$ **エ**
オ

(4) x，y の共分散を求める。

x の偏差	-1	0	1	0	0
y の偏差	-1	1	2	0	-2
偏差積	1	0	2	0	0

偏差積の和は，3。共分散は，$s_{xy}=3\div 5=0.6$

x，yの相関係数の2乗は，

$$r^2=\left(\frac{s_{xy}}{\sqrt{s_x^2}\sqrt{s_y^2}}\right)^2=\frac{s_{xy}^2}{s_x^2 s_y^2}=\frac{0.6^2}{0.4\times 2}=\frac{9}{20}=\boxed{0.45}\ \text{カ．キク}\qquad \boxed{39}$$

一般に，変量x，yから作った新しい変量$ax+b$，$cy+d$ $(a>0, c>0)$の相関係数は，xとyの相関係数に等しい。よって，xと$u=by$の相関係数r'はx，yの相関係数rに等しく，

$$(r')^2=r^2=\boxed{0.45}\ \text{ケ．コサ}\qquad \boxed{42}$$

[2] (1) 右肩下がりの傾向が認められるので，相関係数は負。直線に近くはないので絶対値は0.9と0.6であれば0.6が妥当。よって，相関係数は②の-0.6がふさわしい。 $\boxed{41}$ シ

(2) p，qを集計すると，

	0〜20	20〜40	40〜60	60〜80	80〜100
p	4	13	4	24	5
q	4	10	15	16	5

pのヒストグラムは④，qのヒストグラムは⑤
　　　　　　　　　　ス　　　　　　　　　　　　セ

過去問

26年度 追試験

ある自動車の4月21日から4月30日までの毎日の走行距離とガソリンの消費量を調べたところ，次のデータが得られた。ただし，表の数値はすべて正確な値であり，四捨五入されていないものとする。

日　付	走行距離 (km)	消費量 (リットル)
4月21日	18.0	1.2
4月22日	17.0	1.1
4月23日	17.5	1.4
4月24日	20.0	1.3
4月25日	19.5	1.2
4月26日	19.0	1.5
4月27日	18.0	1.0
4月28日	19.5	1.3
4月29日	20.5	1.7
4月30日	21.0	1.3
平均値	A	1.30
分　散	1.60	B

以下，小数の形で解答する場合，指定された桁数の一つ下の桁を四捨五入し，解答せよ。途中で割り切れた場合，指定された桁まで⓪にマークすること。

(1) この自動車の4月21日から4月30日までの走行距離の平均値Aは アイ . ウエ km である。また，ガソリンの消費量の分散Bの値は オ . カキク であり，中央値は ケ . コサ リットルである。

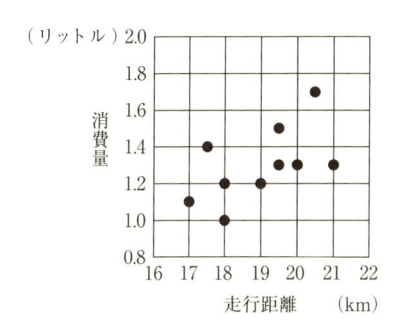

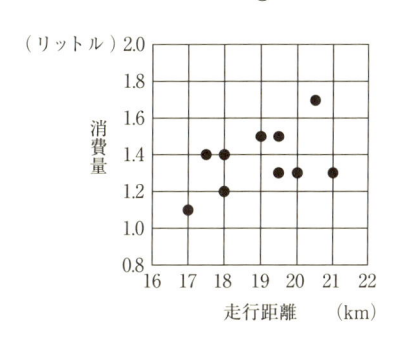

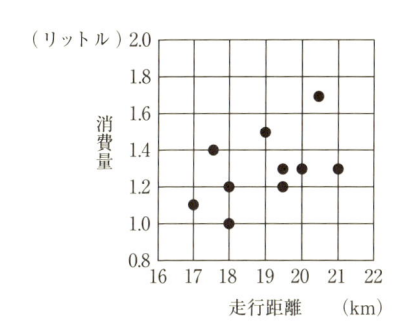

(2) 走行距離とガソリンの消費量の相関図(散布図)として適切なものは シ であり，相関係数の値は ス . セソタ である。ただし， シ については，当てはまるものを，次の ⓪〜③ のうちから一つ選べ。

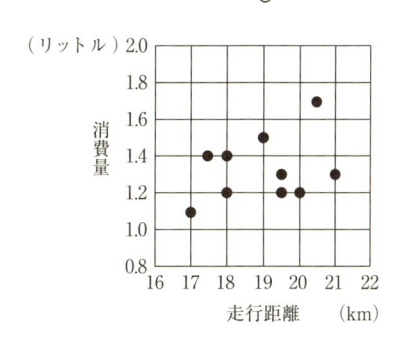

(3) さらに，同じ自動車について，5月1日から5月6日までの毎日の走行距離とガソリンの消費量を調べたところ，次のデータが得られた。ただし，表の数値はすべて正確な値であり，四捨五入されていないものとする。

日 付	走行距離 (km)	消費量 (リットル)
5月1日	20.5	1.6
5月2日	25.5	1.8
5月3日	22.0	1.3
5月4日	22.5	1.8
5月5日	20.5	1.6
5月6日	27.0	2.1
平均値	23.00	1.70
分 散	6.00	0.060

5月1日から5月6日までの6日間の走行距離とガソリンの消費量の相関係数の値は0.750である。また，4月21日から5月6日までの16日間の走行距離とガソリンの消費量の相関係数の値を r とする。16日間の相関図を考えることにより，　チ　である。　チ　に当てはまるものを，次の⓪～⑥のうちから一つ選べ。

⓪ $r < -1$　　① $r = -1$　　② $-1 < r < 0$　　③ $r = 0$
④ $0 < r < 1$　　⑤ $r = 1$　　⑥ $r > 1$

次に，この自動車の4月21日から5月6日までの16日間の走行距離の平均値と分散の値について考えよう。16日間の平均値をMとするとき，Mは $\boxed{ツテ}$. $\boxed{トナ}$ km である。

4月21日から4月30日までの走行距離を順に$x_1, x_2, \cdots, x_{10}$とおき，これらの平均値をm，分散の値をs^2とする。また
$$T = (x_1 - M)^2 + (x_2 - M)^2 + \cdots + (x_{10} - M)^2$$
を考える。kを1から10までの自然数として，$(x_k - M)^2$は
$$(x_k - M)^2 = \{(x_k - m) + (m - M)\}^2$$
$$= (x_k - m)^2 + 2(x_k - m)(m - M) + (m - M)^2$$
と変形できるから
$$T = \boxed{ニ}$$
と表すことができる。$\boxed{ニ}$ に当てはまるものを，次の⓪～③のうちから一つ選べ。

⓪ $10s^2 + 10(m - M)^2$　　① $20s^2 + 10(m - M)^2$
② $10s^2 + 20(m - M)^2$　　③ $20s^2 + 20(m - M)^2$

したがって，$T = \boxed{ヌネ}$. $\boxed{ノハ}$ である。さらに，5月1日から5月6日までの走行距離についても，同様の計算を行うことにより，16日間の走行距離の分散の値は $\boxed{ヒ}$. $\boxed{フヘ}$ であることが導かれる。

解　説

26年度 追試験

> **レビュー**
> 後半は2つの資料を合わせた場合を考える問題。本書の読者にとってはおあつらえ向きと言えるだろう。最後の設問は一発公式が使える。ただ，相関係数を問う(3)は真新しい。

主なテクニック　**1**, **16**, **24**, **28**, **31**, **35**, **39**, **41**

(1) 走行距離(x)の平均$\bar{x}$は，
$$\bar{x} = (18+17+17.5+20+19.5+19+18+19.5+20.5+21) \div 10 = \boxed{19.00}(\text{km})$$
　　　　　　　　　　　　　　　　　　　　　　　　　　　　　　　アイ．ウエ

走行距離(x)，ガソリン消費量(y)の偏差を計算しておくと，

$x-\bar{x}$	-1	-2	-1.5	1	0.5	0	-1	0.5	1.5	2
$y-\bar{y}$	-0.1	-0.2	0.1	0	-0.1	0.2	-0.3	0	0.4	0

ガソリン消費量の分散s_y^2は，偏差の2乗の平均をとって，
$$(0.01+0.04+0.01+0+0.01+0.04+0.09+0+0.16+0) \div 10$$
$$= 0.36 \div 10 = \boxed{0.036} \quad \text{オ．カキク} \quad \boxed{28}$$

ガソリン消費量(y)を小さい順から並べると，

　　　1, 1.1, 1.2, 1.2, 1.3, 1.3, 1.3, 1.4, 1.5, 1.7

5番目も6番目も1.3なので，yの中央値は$\boxed{1.30}(\text{L})$　**16**
　　　　　　　　　　　　　　　　　　　　ケ．コサ

(2) 走行距離18(km)，消費量1(L)があるのは，⓪と②
そのうち19(km)，消費量1.5(L)があるのは，**②**　シ
共分散s_{xy}は，偏差積の平均をとって，
$$s_{xy} = (0.1+0.4-0.15+0-0.05+0+0.3+0+0.6+0) \div 10 = 1.2 \div 10$$
$$= 0.12$$

相関係数r_{xy}は，
$$r_{xy} = \frac{0.12}{\sqrt{1.6} \times \sqrt{0.036}} = \frac{1.2}{\sqrt{16} \times \sqrt{0.36}} = \frac{1.2}{4 \times 0.6} = \frac{1.2}{2.4} = \boxed{0.500} \quad \text{ス．セソタ} \quad \boxed{39}$$

(3) 相関係数が正である2つの資料(相関係数は0.5と0.75)を合わせて1つの資料を作るのだから，相関係数は正になる**④**　チ　**24**

サイズ 10, 平均 19 の資料とサイズ 6, 平均 23 の資料を合わせる。
サイズの比が $10:6=5:3$ なので合わせた平均は
$$M=\frac{5\cdot 19+3\cdot 23}{5+3}=\frac{164}{8}=\underline{20.50}\ \text{ツテ.トナ}$$
この本の公式を用いて解説する。

平均 m のときの分散 s^2 に対して，基準を M に取り直したときの平方の平均は，$s^2+(m-M)^2$ と表せるので，
$$\frac{T}{10}=s^2+(m-M)^2 \quad \therefore \quad T=10s^2+10(m-M)^2 \quad (\underline{\textcircled{0}}) \qquad \boxed{31}$$
$$T=10\times 1.6+10\times(19-20.5)^2=10\times 1.6+10\times 1.5^2=\underline{38.50} \qquad \boxed{41}$$
ヌネ.ノハ

資料を合わせた分散は，公式を用いて，
$$\frac{10\times 1.6+6\times 6}{10+6}+\frac{10\times 6}{(10+6)^2}(19-23)^2=\frac{16+36+60}{16}=\underline{7.00} \qquad \boxed{35}$$
ヒ.フヘ

補足 二以降を誘導に乗って解いてみる。
$$T=\sum_{i=1}^{10}(x_i-M)^2=\sum_{i=1}^{10}\{(x_i-m)^2+2(x_i-m)(m-M)+(m-M)^2\}$$
$$=\sum_{i=1}^{10}(x_i-m)^2+2(m-M)\sum_{i=1}^{10}(x_i-m)+\sum_{i=1}^{10}(m-M)^2$$
ここで，
$$\sum_{i=1}^{10}(x_i-m)^2=10\times\frac{1}{10}\sum_{i=1}^{10}(x_i-m)^2=10s^2$$
$$\sum_{i=1}^{10}(x_i-m)=(x_1+x_2+\cdots+x_{10})-10m=0 \quad (m\text{ は変量 }x\text{ の平均なので})$$
$$\sum_{i=1}^{10}(m-M)^2=10(m-M)^2 \quad \text{よって，} T=10s^2+10(m-M)^2 \quad (\underline{\textcircled{0}})$$
よって，$T=10s^2+10(m-M)^2=10\times 1.6+10\times 1.5^2=\underline{38.50}$ ヌネ.ノハ

同様に 5 月の走行距離と M との差の平方和を S とすると，
$$S=6\times 6+6\times(23-20.5)^2=36+37.5=73.5$$
4 月, 5 月を合わせたデータの走行距離の分散は，
$$(T+S)\div(10+6)=(38.5+73.5)\div 16=\underline{7.00}\ \text{ヒ.フヘ}$$

過去問

25年度 追試験

あるごみ焼却場では，ごみの焼却熱を利用して発電している。次の表は，ある年の1月から10月までの，この焼却場におけるごみの焼却量と発電量のデータをまとめたものである。焼却量を変量 x，発電量を変量 y で表す。ただし，表の数値はすべて正確な値であるとして解答せよ。

月	焼却量(x) （千トン）	発電量(y) （十万 kWh）	x^2	y^2	xy
1月	2	2	4	4	4
2月	2	3	4	9	6
3月	14	10	196	100	140
4月	6	3	36	9	18
5月	12	7	144	49	84
6月	8	9	64	81	72
7月	7	5	49	25	35
8月	11	11	121	121	121
9月	4	4	16	16	16
10月	4	6	16	36	24
合　計	A	60	650	450	520
平均値	B	6.0			
分　散	C	9.00			

以下，小数の形で解答する場合，指定された桁数の一つ下の桁を四捨五入し，解答せよ。途中で割り切れた場合，指定された桁まで⓪にマークすること。

(1) 変量 x の合計 A の値は ［アイ］（千トン），平均値 B は ［ウ］．［エ］（千トン），分散 C の値は ［オカ］．［キク］ である。

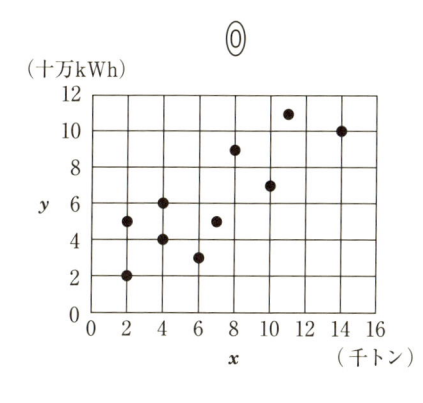

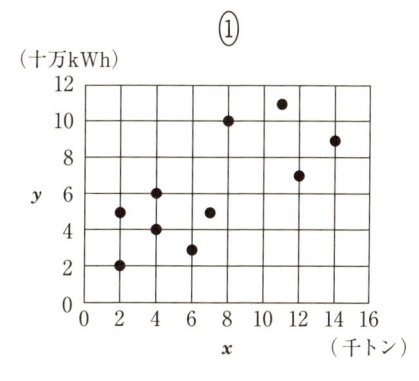

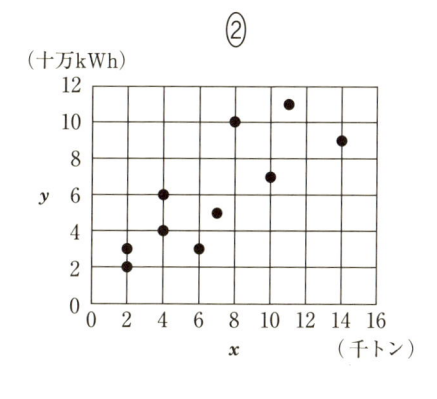

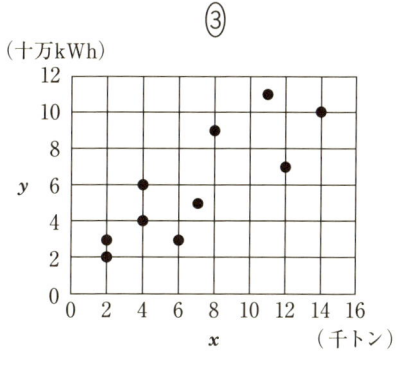

(2) 変量 x と変量 y の相関図（散布図）として適切なものは ［ケ］ であり，変量 x と変量 y の相関係数の値は ［コ］．［サシス］ である。ただし，［ケ］ については，当てはまるものを，次の ⓪〜③ のうちから一つ選べ。

(3) a を定数として，変量 z を $z = ax$ により定める。k を 1 から 10 までの自然数として，k 月における変量 x, y, z の値をそれぞれ，x_k, y_k, z_k と表す。たとえば，2 月の各変量の値は，$x_2 = 2$, $y_2 = 3$, $z_2 = 2a$ である。

変量 y と変量 z の差の 2 乗の平均は

$$\frac{1}{10}\{(y_1 - z_1)^2 + (y_2 - z_2)^2 + \cdots + (y_{10} - z_{10})^2\} \quad \cdots\cdots ①$$

である。$z_k = ax_k$ を①に代入したものを a の関数として

$$f(a) = \frac{1}{10}\{(y_1 - ax_1)^2 + (y_2 - ax_2)^2 + \cdots + (y_{10} - ax_{10})^2\}$$

とおく。このとき，$f(a)$ が最小となるときの a の値を求めよう。$f(a)$ は，a の 2 次関数であって，最初にあげた表中の数値を利用することにより

$$f(a) = \boxed{セソ}\left(a - \frac{\boxed{タ}}{\boxed{チ}}\right)^2 + \frac{17}{5}$$

となる。したがって，$a = \dfrac{\boxed{タ}}{\boxed{チ}}$ のとき，$f(a)$ は最小となる。

$f(a)$ が最小となる a を用いて

$$z = \frac{\boxed{タ}}{\boxed{チ}} x$$

の関係式で定まる z を予測発電量とよぶことにする。たとえば，10月の予測発電量 z_{10} は $\boxed{ツ}.\boxed{テト}$（十万 kWh）である。

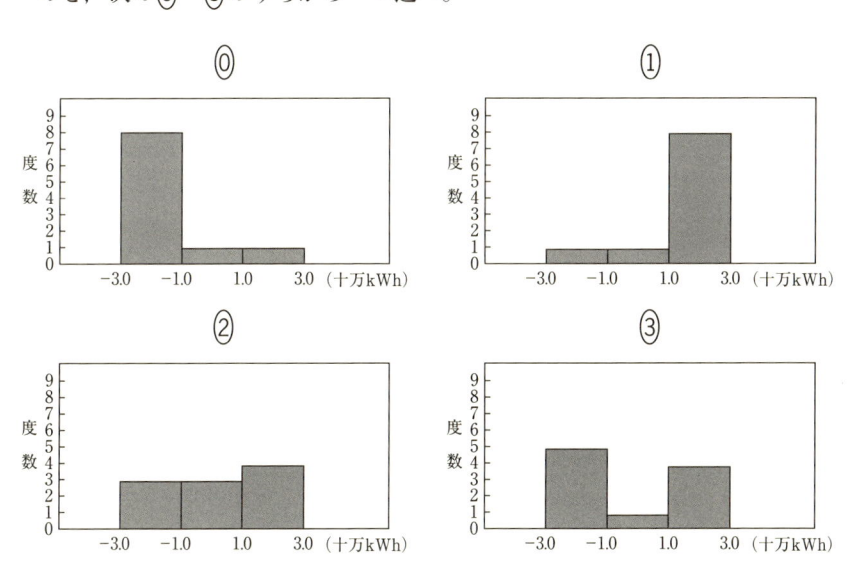

1月から10月までの各月の発電量と予測発電量の差について考えよう。発電量 y と予測発電量 z の差 $y-z$ は，10月の $\boxed{ナ}.\boxed{ニヌ}$（十万 kWh）が最大であり，$\boxed{ネ}$ 月の $-\boxed{ノ}.\boxed{ハヒ}$（十万 kWh）が最小である。また，$y-z$ のヒストグラムは $\boxed{フ}$ である。$\boxed{フ}$ に当てはまるものを，次の ⓪～③ のうちから一つ選べ。

解 説

25年度 追試験

> **レビュー**
> 教科書には載っていないが，共分散の公式を使う。最小2乗法で回帰直線(切片0)を求める大ネタ。

主なテクニック 24 , 28 , 39 , 40

(1) x の合計は，$2+2+14+6+12+8+7+11+4+4 = \boxed{70}$ (千トン)　アイ

平均は，$70 \div 10 = \boxed{7.0}$ (千トン)　ウ.エ

x の分散を s_x^2 とすると，分散の公式を用いて，

$$s_x^2 = \overline{x^2} - (\overline{x})^2 = \frac{650}{10} - 7^2 = 65 - 49 = \boxed{16.00} \quad \boxed{28}$$
オカ.キク

(2) $x=14, y=10$ があるのは，⓪，③。このうち，$x=12, y=7$ があるのは ③　ケ　24

x^2, y^2, xy の総和が与えられているので，これを利用して共分散 s_{xy} を求め，相関係数を求めよう。x, y の平均を $\overline{x}, \overline{y}$ とすると，

$$s_{xy} = \frac{1}{n}\sum_{i=1}^{n} x_i y_i - \overline{x}\cdot\overline{y} = \frac{520}{10} - 7\cdot 6 = 10 \quad \boxed{40}$$

相関係数 r は，$r = \dfrac{s_{xy}}{\sqrt{s_x^2}\sqrt{s_y^2}} = \dfrac{10}{\sqrt{16}\sqrt{9}} = \dfrac{10}{4\cdot 3} = \dfrac{5}{6} = 0.8333\cdots \to \boxed{0.833}$　39
コ.サシス

(3) $f(a) = \dfrac{1}{10}\{(y_1-ax_1)^2 + (y_2-ax_2)^2 + \cdots\cdots + (y_{10}-ax_{10})^2\}$

$= \dfrac{1}{10}(y_1^2 - 2ax_1y_1 + a^2x_1^2 + y_2^2 - 2ax_2y_2 + a^2x_2^2 + \cdots y_{10}^2 - 2ax_{10}y_{10} + a^2x_{10}^2)$

$= \dfrac{1}{10}\{(y_1^2 + y_2^2 + \cdots + y_{10}^2) - 2a(x_1y_1 + x_2y_2 + \cdots + x_{10}y_{10})$
$\quad + a^2(x_1^2 + x_2^2 + \cdots + x_{10}^2)\}$

> 上のような展開は頭の中でできるようにしておきたい。この行をすぐに書けるような計算力が欲しい。係数の2を忘れないように。

$= \dfrac{1}{10}(450 - 2a\cdot 520 + 650a^2)$

$= 65a^2 - 104a + 45$

$= 65\left(a^2 - \dfrac{8}{5}a\right) + 45$

$= 65\left(a - \dfrac{4}{5}\right)^2 + 45 - 65\cdot\left(\dfrac{4}{5}\right)^2 = \boxed{65}\left(a - \dfrac{\boxed{4}}{\boxed{5}}\right)^2 + \dfrac{17}{5}$
セソ　　　タ チ

これから，$z = \dfrac{4}{5}x$ と求まるので，$z_{10} = \dfrac{4}{5}x_{10} = \dfrac{4}{5}\cdot 4 = \boxed{3.20}$ (十万 kWh)
ツ.テト

$y_{10} - z_{10} = 6 - 3.20 = \boxed{2.80}$(十万 kWh)

ヒストグラムまで選ぶのだから，結局全部書いたほうが早い。

月	1	2	3	4	5	6	7	8	9	10
y	2	3	10	3	7	9	5	11	4	6
$z = \dfrac{4}{5}x$	1.6	1.6	11.2	4.8	9.6	6.4	5.6	8.8	3.2	3.2
$y - z$	0.4	1.4	-1.2	-1.8	-2.6	2.6	-0.6	2.2	0.8	2.8

$\boxed{5}$月の$-\boxed{2.60}$(十万 kWh)が最小。

表より $-1.0 \sim 1.0$ の月が3つあるので，$y-z$ のヒストグラムは $\boxed{②}$ である。

過去問

24年度 追試験

次の表は，五つの教科について，好きな順に 1 から 5 の順位を同じ順位がないように，10 人の生徒につけてもらった結果をまとめたものである。

	教科 1	教科 2	教科 3	教科 4	教科 5
生徒 1	4	3	1	2	5
生徒 2	5	4	2	3	1
生徒 3	1	3	5	4	2
生徒 4	4	5	2	3	1
生徒 5	3	2	4	1	5
生徒 6	4	3	2	5	1
生徒 7	1	4	5	3	2
生徒 8	2	3	5	1	4
生徒 9	1	5	2	3	4
生徒 10	4	5	2	1	3
中央値	A	3.5	2.0	3.0	2.5
平均値	2.9	3.7	3.0	2.6	B
分　散	2.09	C	2.20	1.64	2.36

以下，小数の形で解答する場合，指定された桁数の一つ下の桁を四捨五入し，解答せよ。途中で割り切れた場合，指定された桁まで⓪にマークすること。

(1) 教科1について10人の順位の中央値Aは ア . イ ，教科5について10人の順位の平均値Bは ウ . エ である。また，教科2について10人の順位の分散Cの値は オ . カキ である。

(2) j, k を相異なる5以下の自然数とする。教科 j と教科 k に対して，教科 j の順位が教科 k の順位より上位である生徒の人数を変量 w で表す。まず，$j<k$ を満たす10通りの (j, k) について w をまとめると次の表になる。

(j, k)	(1, 2)	(1, 3)	(1, 4)	(1, 5)	(2, 3)	(2, 4)	(2, 5)	(3, 4)	(3, 5)	(4, 5)
w	6	D	4	6	4	E	3	5	4	5

表中のD，Eの値はそれぞれ ク ， ケ である。また，$\alpha \neq \beta$ としたとき，$j=\alpha, k=\beta$ のときの w の値 w_1 と $j=\beta, k=\alpha$ のときの w の値 w_2 について，関係式 コ が成り立つから，$j>k$ のときの w の値は上の表から求めることができる。 コ に当てはまるものを，次の⓪～③のうちから一つ選べ。

⓪ $w_1 = w_2$　　① $w_1 = -w_2$　　② $w_1 + w_2 = 10$　　③ $w_1 - w_2 = 10$

さらに，教科 j の中央値から教科 k の中央値を引いた差を変量 u，教科 j の平均値から教科 k の平均値を引いた差を変量 v で表す。たとえば，$j=2, k=3$ のとき $u=$ サ . シ ，$v=$ ス . セ であり，$j=2, k=4$ のとき $u=0.5, v=1.1$ である。

以上から，$j \neq k$ を満たす20通りの (j, k) について，u と w の相関図(散布図)は ソ ，v と w の相関図は タ となる。したがって，変量 u と変量 w の相関係数の値を r_1，変量 v と変量 w の相関係数の値を r_2 とするとき，チ が成り立つ。

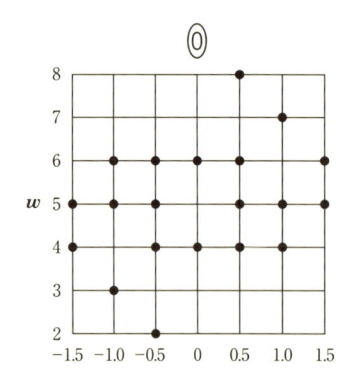

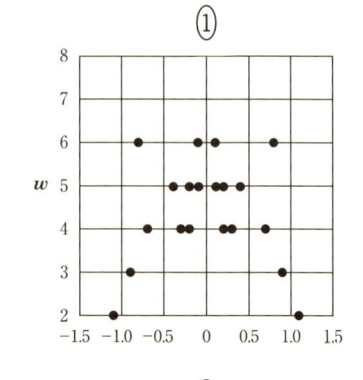

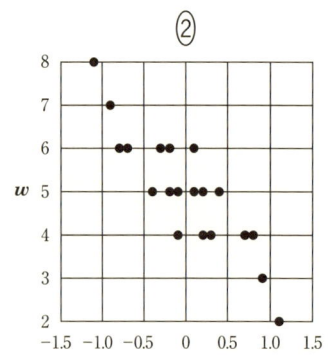

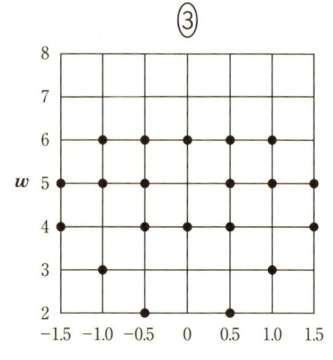

ソ , タ に当てはまるものを，次の ⓪〜⑤のうちから一つずつ選べ。ただし，以下の相関図では，横軸が変量 u あるいは変量 v を表している。

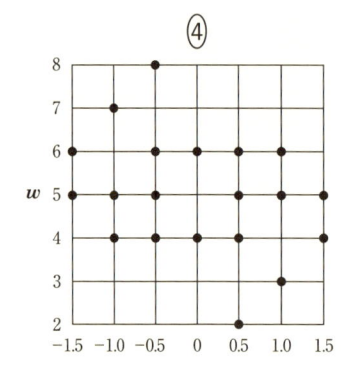

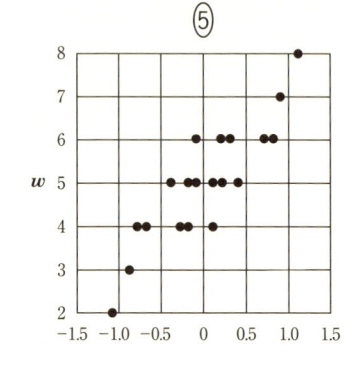

チ に当てはまるものを，次の⓪〜⑤のうちから一つずつ選べ。

⓪ $r_2<0<r_1$　　① $r_1<0<r_2$　　② $0<r_2<r_1$
③ $0<r_1<r_2$　　④ $r_1<r_2<0$　　⑤ $r_2<r_1<0$

(3) m, n を相異なる 10 以下の自然数とする．生徒 m がつけた順位を変量 x，生徒 n がつけた順位を変量 y とし，生徒 m が教科 k に対してつけた順位を x_k，生徒 n が教科 k に対してつけた順位を y_k で表す．変量 x, y の値はいずれも 1, 2, 3, 4, 5 を一つずつ含むから，変量 x の平均値 $\bar{x}$ と分散 s_x^2，および，変量 y の平均値 $\bar{y}$ と分散 s_y^2 は，すべて整数値になり

$$\bar{x}=\bar{y}=\boxed{ツ},\quad s_x^2=s_y^2=\boxed{テ}$$

である．したがって

$$\sum_{k=1}^{5}(x_k-\bar{x})(y_k-\bar{y})=\sum_{k=1}^{5}x_k y_k - \boxed{トナ}$$

であり，教科ごとの x, y の値の組 (x_1, y_1), (x_2, y_2), (x_3, y_3), (x_4, y_4), (x_5, y_5) を考えるとき，x と y の相関係数 r について

$$r=\frac{1}{\boxed{ニヌ}}\left(\sum_{k=1}^{5}x_k y_k - \boxed{トナ}\right)$$

が成り立つ．特に，$m=3$, $n=6$ のとき，$r=\boxed{ネ}.\boxed{ノ}$ であり，$\boxed{ハ}$．$\boxed{ハ}$ に当てはまるものを，次の⓪〜②のうちから一つ選べ．

⓪ 生徒 3 が上位の順位をつけた教科に生徒 6 も上位の順位をつけた傾向が認められる

① 生徒 3 が上位の順位をつけた教科に生徒 6 は下位の順位をつけた傾向が認められる

② 生徒 3 が上位の順位をつけた教科に生徒 6 も上位の順位をつけた傾向も，生徒 3 が上位の順位をつけた教科に生徒 6 は下位の順位をつけた傾向も認められない

解　説

24年度 追試験

> **レビュー**
> 追試験の中でも難しい部類の問題。問題文を読み取ることが難しい。半分取ることができれば上出来である。(2)は対称性を扱っていて高級。(3)は共分散の公式を知らなければ時間内にさばけないだろう。

主なテクニック 16 , 24 , 28 , 33 , 39 , 40 , 41

(1) 教科1の点数を小さい順に並べると，

$$1,\ 1,\ 1,\ 2,\ 3,\ 4,\ 4,\ 4,\ 4,\ 5$$

なので，中央値は，5番目の3と6番目の4の平均で，$(3+4) \div 2 = \boxed{3.5}$ ア.イ　16

教科5の平均は，

$$(5+1+2+1+5+1+2+4+4+3) \div 10 = \boxed{2.8}\ ウ.エ$$

教科2(変量 z とする)の分散を公式 $s_z^2 = \overline{z^2} - (\overline{z})^2$ で計算する。

教科2の平方は，

$$9,\ 16,\ 9,\ 25,\ 4,\ 9,\ 16,\ 9,\ 25,\ 25$$

平方の和は，147。平方の平均は，$\overline{z^2} = 147 \div 10 = 14.7$

また，表より $\overline{z} = 3.7$

分散は，$s_z^2 = \overline{z^2} - (\overline{z})^2 = 14.7 - 3.7^2 = 14.7 - 13.69 = \boxed{1.01}$ オ.カキ　28

(2) 「順位が高い ⟺ 値が小さい」ということに注意して数えよう。

教科1が教科3より順位が高い人は5人。$D = \boxed{5}$ ク

教科2が教科4より順位が高い人は2人。$E = \boxed{2}$ ケ

各生徒に関して，(教科 α の順位)と(教科 β の順位)が同じになることはない。

つまり，各生徒に関して，

(ア)　(教科 α の順位) < (教科 β の順位)　または

(イ)　(教科 α の順位) > (教科 β の順位)

のどちらかである。10人が(ア)，(イ)のどちらかに入るので，

(教科 α の順位) < (教科 β の順位)となる人数 w_1，

(教科 α の順位) > (教科 β の順位)となる人数 w_2 とすると，$w_1 + w_2 = 10$ ②

コ

$j=2$, $k=3$ のとき,
$$u = 3.5 - 2.0 = \boxed{1.5}, \quad v = 3.7 - 3.0 = \boxed{0.7}$$
　　　　　　　　　サ.シ　　　　　　　　　ス.セ

順位が整数なので，中央値 u は整数か整数 $+0.5$ になる。よって，u と w の相関図は，⓪，③，④のどれか。v と w の相関図は残りの①，②，⑤のどれか。

問題文にある2点は，教科 j と教科 k について，

(j, k)	(u, w)	(v, w)
(2, 3)	(1.5, 4)	(0.7, 4)
(2, 4)	(0.5, 2)	(1.1, 2)

上の表の j と k を入れ替えると，

(j, k)	(u, w)	(v, w)
(3, 2)	(−1.5, 6)	(−0.7, 6)
(4, 2)	(−0.5, 8)	(−1.1, 8)

(u, w) の4点を持つので，u と w の相関図は ④ ソ

(v, w) の4点を持つので，v と w の相関図は ② タ　24

どちらの相関図の分布も横軸が大きいほど縦軸が小さくなる傾向にあるので相関係数は負である。v と w(④)より v と w(②)の方が直線に近いので，r_2 の方が r_1 よりも絶対値は大きい。

よって，$r_2 < r_1 < 0$　(⑤)　　41
　　　　　　　　　　　　　チ

(3) 1から5まで一様に並んでいるので，平均は $\bar{x} = \bar{y} = (1+5) \div 2 = \boxed{3}$ ツ

変量が1から n までのとき，分散は $\dfrac{(n-1)(n+1)}{12}$ なので，

これを用いて，$s_x^2 = s_y^2 = \dfrac{(5-1)(5+1)}{12} = \boxed{2}$ テ　　33

共分散に関しての等式，$s_{xy} = \overline{xy} - (\bar{x})(\bar{y})$ に n を掛けると，$ns_{xy} = n\overline{xy} - n(\bar{x})(\bar{y})$

これより，$\displaystyle\sum_{k=1}^{5}(x_k - \bar{x})(y_k - \bar{y}) = \sum_{k=1}^{5} x_k y_k - 5(\bar{x})(\bar{y})$

$\displaystyle = \sum_{k=1}^{5} x_k y_k - 5 \cdot 3 \cdot 3 = \sum_{k=1}^{5} x_k y_k - \boxed{45}$ トナ　　40

139

解説

相関係数の定義式より，

$$r = \frac{s_{xy}}{s_x s_y} = \frac{\frac{\sum_{k=1}^{5}(x_k - \overline{x})(y_k - \overline{y})}{5}}{\sqrt{2}\sqrt{2}} = \frac{\sum_{k=1}^{5}(x_k - \overline{x})(y_k - \overline{y})}{10} = \frac{\sum_{k=1}^{5} x_k y_k - 45}{10}$$ ニヌ ㊴

$m=3$, $n=6$ のときの順位の偏差，偏差積は，

教科	1	2	3	4	5
生徒3	−2	0	2	1	−1
生徒6	1	0	−1	2	−2
偏差積	−2	0	−2	2	2

偏差積の和は0なので，相関係数も $r = 0.0$ ネ.ノ

よって，生徒3と生徒6を比べる限り，各教科について順位の傾向はみられない。

生徒3が上位の順位をつけた教科に生徒6も上位をつけるという傾向も，生徒3が上位の順位をつけた教科に生徒6は下位をつけるという傾向も認められない(②)。
ハ

過去問

23年度 追試験

　異なる町に住むAさんとBさんは，それぞれの住む町の一日の最低気温と最高気温について，公表されている観測データを8月1日から8月10日まで調べて資料を作成した。Aさんは最低気温の低い順に観測日ごとに最低気温と最高気温を並べた資料を作成したのに対して，Bさんは最低気温と最高気温をそれぞれ低い順に並べた資料を作成した。その際，Bさんの資料では最高気温と最低気温の観測日の対応は完全にわからなくなった。

　公表されている観測データはすべて小数第1位まで与えられている。また，最低気温を変量 x，最高気温を変量 y で表すものとする。

Aさんの資料

最低気温 x(℃)	最高気温 y(℃)
22.3	D
22.5	34.8
22.7	32.6
23.0	28.4
23.3	33.6
23.5	31.0
23.6	31.4
23.7	33.1
24.1	29.2
24.3	E

Bさんの資料

最低気温 x(℃)	最高気温 y(℃)
22.3	27.0
22.5	28.4
22.6	30.6
23.2	30.8
23.3	31.0
23.4	31.4
23.5	32.2
23.7	32.6
24.2	33.0
24.3	33.4

　以下，小数の形で解答する場合，指定された桁数の一つ下の桁を四捨五入し，解答せよ。途中で割り切れた場合，指定された桁まで⓪にマークすること。

(1) $u = x - 22.0$ により定義される変量 u を考えるとき，A さんの資料について変量 u の平均値は ア．イウ である。したがって，A さんの資料の最低気温の平均値は エオ．カキ ℃ である。

(2) A さんの資料と B さんの資料は同一の数値を多く含んでおり，最低気温には ク 組の同一の数値が含まれている。

B さんの資料の最低気温の平均値は，A さんの資料の最低気温の平均値 エオ．カキ ℃ に等しく，A さんの資料の最低気温の分散は B さんの資料の最低気温の分散 ケ なる。 ケ に当てはまるものを，次の ⓪ ～ ② のうちから一つ選べ。

⓪ より小さく　　　① と等しく　　　② より大きく

(3) A さんの資料において，最高気温の平均値は 31.20℃ であり，最低気温と最高気温の相関係数はちょうど 0 であった。このとき，D と E の値を求めよう。

まず，平均値の関係から D + E = コサ．シ が得られ，さらに相関係数の関係から E - D = ス．セ が得られる。したがって，D と E の値はそれぞれ ソタ．チ ℃ と ツテ．ト ℃ となる。

(4) $w=y-x$ とする。Aさんの資料において，w は一日の気温差を表す変量となる。Aさんの資料において，変量 x と変量 w の相関図（散布図）は ナ であり，変量 y と変量 w の相関図は ニ である。ナ に当てはまるものを，次の ⓪～② のうちから一つ選べ。

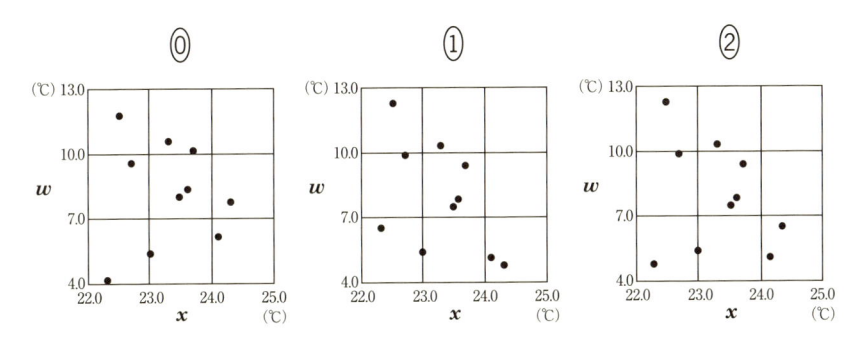

⓪ ① ②

ニ に当てはまるものを，次の ⓪～② のうちから一つ選べ。

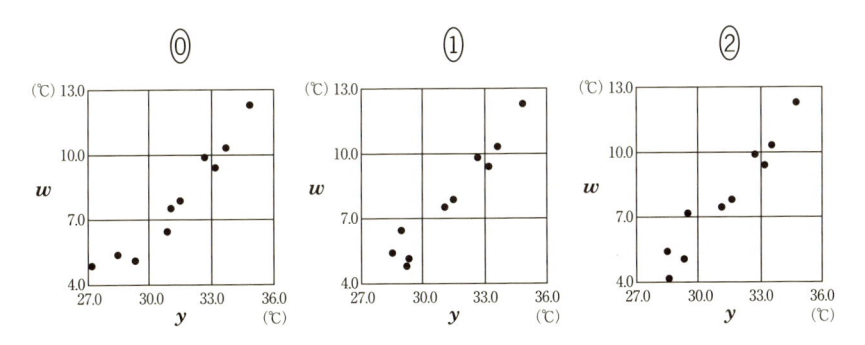

⓪ ① ②

(5) Aさんの資料において，最低気温，最高気温および一日の気温差の間について，ヌ ことがわかる。ヌ に当てはまるものを，次の⓪～③のうちから一つ選べ。

⓪ 最低気温の分散は最高気温の分散より大きい
① 最低気温が高いほど最高気温も高いという傾向がある
② 最低気温が高いほど一日の気温差が大きいという傾向がある
③ 最高気温が高いほど一日の気温差が大きいという傾向がある

(6) Aさんの資料で分析できることがらのうちで，ネ についてはBさんの資料でも分析できる。ネ に当てはまるものを，次の⓪～③のうちから一つ選べ。

⓪ 最低気温の分散と最高気温の分散の比較
① 最低気温と最高気温の相関関係
② 最低気温と一日の気温差の相関関係
③ 最高気温と一日の気温差の相関関係

解 説

23年度 追試験

> **レビュー**
> (3)をしっかりと解いておかないと，(4)の散布図から確認を持って正しい散布図を選ぶことができない。ただ，(6)は単独で解くことができる。

主なテクニック　3 , 4 , 24 , 28

(1) $u = x - 22.0$ を調べて，

x	22.3	22.5	22.7	23.0	23.3	23.5	23.6	23.7	24.1	24.3
$x-22$	0.3	0.5	0.7	1	1.3	1.5	1.6	1.7	2.1	2.3

これらの和は，13。平均は，$\bar{u} = 13 \div 10 = \boxed{1.30}$ ア．イウ

最低気温(x)の平均は，これに仮平均を足して，
$$\bar{x} = 22.0 + \bar{u} = 22.0 + 1.3 = \boxed{23.30}(℃)$$
エオ．カキ　　　　　　3

(2) Aさんの資料にも，Bさんの資料にもある値は，22.3, 22.5, 23.3, 23.5, 23.7, 24.3 の6個。$\boxed{6}$組の同一の値が含まれている。
ク

A，Bの分散を比べるには，同一の値のものを省き，AとBで異なる値に着目する。

A

22.7	23.0	23.6	24.1
−0.6	−0.3	0.3	0.8

B

22.6	23.2	23.4	24.2
−0.7	−0.1	0.1	0.9

これらの平方和を計算すると，
　　A：$0.6^2 + 0.3^2 + 0.3^2 + 0.8^2 = 1.18$
　　B：$0.7^2 + 0.1^2 + 0.1^2 + 0.9^2 = 1.32$

これより，Aの偏差平方の和はBの偏差平方の和よりも小さい。したがって，Aの分散はBの分散よりも小さい。$(\boxed{0})$　　28
ケ

(3) D，Eの偏差 D − 31.2, E − 31.2 を d, e とおくと，

145

解説

x	22.3	22.5	22.7	23.0	23.3	23.5	23.6	23.7	24.1	24.3
$x-\bar{x}$	-1.0	-0.8	-0.6	-0.3	0	0.2	0.3	0.4	0.8	1.0
y	D	34.8	32.6	28.4	33.6	31.0	31.4	33.1	29.2	E
$y-\bar{y}$	d	3.6	1.4	-2.8	2.4	-0.2	0.2	1.9	-2.0	e
$(x-\bar{x})(y-\bar{y})$	$-d$	-2.88	-0.84	0.84	0	-0.04	0.06	0.76	-1.6	e

偏差の総和は 0 なので
$$d+3.6+1.4+(-2.8)+2.4+(-0.2)+0.2+1.9+(-2.0)+e=0$$
$$\therefore\ d+e=-4.5\quad \boxed{4}$$

よって，D+E$=(31.2+d)+(31.2+e)=31.2\times2+d+e=62.4-4.5=\underline{57.9}$ …①
　　　　　　　　　　　　　　　　　　　　　　　　　　　　　　コサ．シ

係数が 0 なので，偏差積の和は 0 になり
$$-d+(-2.88)+(-0.84)+0.84+0+(-0.04)+0.06+0.76+(-1.6)+e=0$$
$$\therefore\ -d+e=3.7\quad \text{よって，E-D}=(31.2+e)-(31.2+d)=e-d=\underline{3.7}\ \text{…②}$$
　　　　　　　　　　　　　　　　　　　　　　　　　　　　　　　　　　ス．セ

(①+②)÷2 より，E$=\underline{30.8}$(℃)　②より，D$=$E$-3.7=30.8-3.7=\underline{27.1}$(℃)
　　　　　　　　　　　ツテ．ト　　　　　　　　　　　　　　　　　　　　　ソタ．チ

(4) $x=22.3$，$w=27.1-22.3=4.8$ があるので x と w の散布図は，②　ナ
　　$y=27.1$，$w=4.8$ があるので y と w の散布図は，⓪　ニ　　㉔

(5) ⓪：誤り　x の偏差の絶対値の最大が 1 であるのに対して，y の偏差の絶対値は 1 より大きいものが並んでいる。計算するまでもなく，最高気温(y)の分散の方が，最低気温(x)の分散よりも小さい。

①：誤り　x，y の相関係数が 0 なので，最低気温(x)と最高気温(y)に強い相関はない。

2 つの散布図のうち，傾向が認められているのは y と w の散布図(⓪)であり，これを見て③の「最高気温が高いほど一日の気温差が大きい傾向がある」が正解(③)。
　　　　　　　　　ヌ

x と w の散布図(②)を見ても，x と w の相関が強いとは思われないので，②は誤り。　㉔

(6) 資料において x，y の対応関係が崩れてしまっているので，相関関係についてはわからない。しかし，x，y のそれぞれの分散であれば，計算することができるので，「最低気温の分散と最高気温の分散」は計算して比較することができる(⓪)。
　　　　　　　　　　ネ

過去問

22年度 追試験

次の二つの度数分布表は，あるクラスの 10 人について行われた漢字の「読み」と「書き取り」テストの得点をそれぞれまとめたものである。ただし，テストの得点は整数値をとるものとする。

読　み

階　級(点) 以上　以下	人　数 (人)
40～49	4
50～59	2
60～69	2
70～79	2
合　計	10

書き取り

階　級(点) 以上　以下	人　数 (人)
40～49	0
50～59	2
60～69	5
70～79	3
合　計	10

以下，小数の形で解答する場合は，指定された桁数の一つ下の桁を四捨五入し，解答せよ。途中で割り切れた場合は，指定された桁まで⓪にマークすること。

度数分布表にまとめる前の得点がわからないものとして，度数分布表の数値だけをもとに，度数分布表にまとめる前の得点の中央値と平均値がどのような値であるかを考える。

(1)　「読み」の得点の中央値は，最も小さい値として $\boxed{アイ}.\boxed{ウ}$ 点の可能性があり，最も大きい値として $\boxed{エオ}.\boxed{カ}$ 点の可能性がある。

147

(2) 「読み」の得点の平均値を M_1，「書き取り」の得点の平均値を M_2 とする。このとき M_1 は最も小さい値として キク ． ケ 点の可能性があり，最も大きい値として コサ ． シ 点の可能性がある。また，M_1 と M_2 の関係については，ス 。ただし，ス については，当てはまるものを，次の⓪～③のうちから一つ選べ。

⓪ $M_1 = M_2$ となる場合がある ① $M_1 > M_2$ となる場合がある
② 必ず $M_1 < M_2$ である   ③ $M_1 < M_2 - 18$ となる場合がある

得点は次の表のようになっていた。以下，この得点について考える。

番　号	読　み (点)	書き取り (点)
1	67	72
2	42	62
3	59	64
4	68	76
5	49	60
6	53	65
7	77	64
8	48	52
9	A	70
10	B	55
平均値	58.0	64.0
標準偏差	C	7.0

ただし，「読み」の得点の最大値と最小値との差が 37 点であり，A の値は B の値より大きいものとする。

(3) A と B の値の和は セソタ 点であり，A の値は チツ 点，B の値は テト 点となる。また，「読み」の得点の標準偏差 C の値は ナニ ． ヌ 点である。

(4) 「読み」の得点と「書き取り」の得点の相関図(散布図)として適切なものは ネ であり，相関係数 r の値は ノ を満たす。 ネ に当てはまるものを，次の ⓪～③ のうちから一つ選べ。

⓪

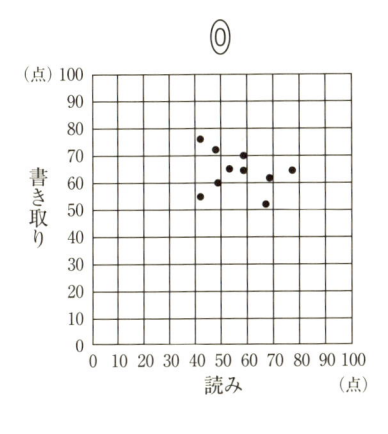

①

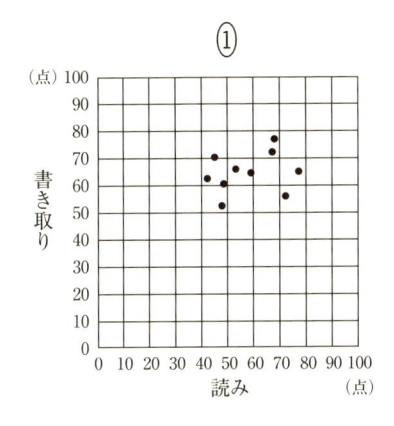

②

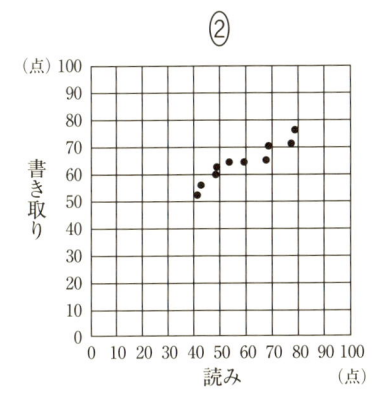

③

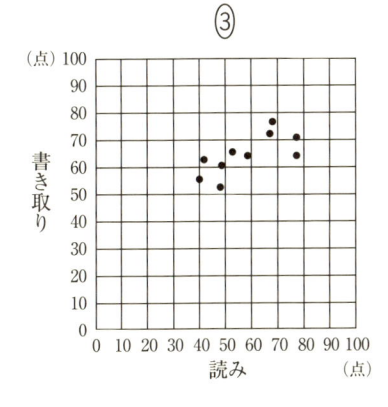

ノ に当てはまるものを，次の ⓪～③ のうちから一つ選べ。

⓪　$-0.8 \leqq r \leqq -0.6$　　①　$-0.3 \leqq r \leqq -0.1$
②　$0.1 \leqq r \leqq 0.3$　　③　$0.6 \leqq r \leqq 0.8$

(5) 新たに2人について，漢字の「読み」と「書き取り」のテストを行ったところ，得点は次のようになった。

番号	読み（点）	書き取り（点）
11	37	64
12	79	64

　この2人の得点を加えた「読み」の得点の標準偏差の値は，加える前の値と比較して　ハ　。同様に，この2人の得点を加えた「書き取り」の得点の標準偏差の値は，加える前の値と比較して　ヒ　。　ハ　，　ヒ　に当てはまるものを，次の⓪～②のうちから一つずつ選べ。ただし，同じものを選んでもよい。

⓪　小さくなる　　　①　変わらない　　　②　大きくなる

解 説

22年度 追試験

> **レビュー**
> 総花的な設問が並んだセット。(5)は資料を加えたときの標準偏差の変化を問う良問。

主なテクニック 4 , 13 , 16 , 26 , 28 , 41

(1) サイズが10で偶数だから，中央値は下から5番目と6番目の平均を取ればよい。5番目と6番目は階級50〜59の中に入っている。一番小さい場合は，5番目も6番目も50の場合で，これらの平均も50だから，中央値は 50.0。一番大きい場合は5番目も6番目も59の場合で，これらの平均を
アイ.ウ
取って中央値は 59.0 エオ.カ   16

(2) 階級の中に含まれている変量がすべて下限の値を取ると考える。すなわち，40点4人，50点2人，60点2人，70点2人と考えればよい。

　　平均値を計算すると，

$$(40 \times 4 + 50 \times 2 + 60 \times 2 + 70 \times 2) \div 10 = 52.0 (点)$$

今度は，階級の中に含まれている変量がすべて上限を取る場合を考える。49点4人，59点2人，69点2人，79点2人と考えればよいのだ。だが計算するのはちょっと待て。一律に9点ずつアップするのだから，平均点も9点アップすればよい。答えは，$52 + 9 = 61.0(点)$　　 13

これから，M_1 の取りうる範囲は，52.0 〜 61.0
　　　　　　　　　　　　　　　　　　　キク.ケ コサ.シ
M_2 の取りうる範囲も求めてみよう。最小の場合は，

$$(50 \times 2 + 60 \times 5 + 70 \times 3) \div 10 = 61 (点)$$

M_2 の最大はこれに9を足して70。これから，M_2 の取りうる範囲は，61〜70。61が重なるので，⓪ の「$M_1 = M_2$ となる場合がある」が正しい。
　　　　　　　　　　　　　　　ス

(3) A，Bの偏差 $A - 58$，$B - 58$ を a，b とおくと，

偏差	9	−16	1	10	−9	−5	19	−10	a	b
偏差平方	81	256	1	100	81	25	361	100	a^2	b^2

偏差の総和は0なので

151

$$9+(-16)+1+10+(-9)+(-5)+19+(-10)+a+b=0$$
$$\therefore \quad a+b=1$$

よって，A＋B＝(58+a)+(58+b)＝58×2+a+b＝116+1＝117　**4**

　最小値，最大値は明かされている1～8番までの点数にあるのか，それとも a, b なのかわからないところがこの問題の難しいところだ。手をこまねいていてもしょうがない。こういうときは仮定法だ。

　偏差のまま考えよう。最小値が1～8番にあるものとする。最小値は2番の-16とする。すると，最大値は-16+37＝21(点)になるが，1～8番までの中にないので，a, b の大きい方，すなわち a が21点であることになる。すると，$b=1-21=-20$ となり，-16よりも小さくなって矛盾する。1～8番までに最小値がないのだから，b が最小値になるしかない。しかも-17以下だ。ということは，a は $1-(-17)=18$ 以上だ。

　$a=18$, $b=-17$ のときは，最大値19，最小値-17で，その差は $19-(-17)=36$（点）。ダメ。

　$a=19$, $b=-18$ のときは，最大値19，最小値-18で，その差は $19-(-18)=37$（点）。O.K.。

$$A=58+a=58+19=\boxed{77}\ \text{チツ}，\quad B=58+b=58+(-18)=\boxed{40}\ \text{テト}$$

　解答に至る道はいろいろとあるだろうが，どの場合でも多少の試行錯誤が必要だろう。

　標準偏差を求めるには，偏差，偏差の2乗，分散，ルートを取って標準偏差の手順。時間がかかると思ったら，後にするのも手だ。

　$a=19$, $b=-18$ なので $a^2=361$, $b^2=324$ であり，偏差平方の和は
$$81+256+1+100+81+25+361+100+361+324=1690$$

分散は $1690\div 10=169$。標準偏差は，$\sqrt{169}=\boxed{13.0}$。おお，平方根がきれいだと解答に確信が持てるね。　**28**　ナニ．ヌ

　11～19までの2乗を暗記していてよかった。　**26**

(4)　「読み」の77点が2つある散布図で ③ ネ

　散布図から，相関係数は正，常識的に考えても「読み」と「書き取り」の得点は正の相関があるはずなので，相関係数は正。散布図 ⓪ は相関係数が負になるので除くとして，散布図は ②，③，① の順に相関係数は大きい。相関

係数は，②が0.8以上，③は0.5から0.8，①は0.5以下といったところである。③の $0.6 \leq r \leq 0.8$ を選ぶ。　41

(5) 「読み」に関しては，加わる2人の点数が変量の範囲の両端なので，資料は横に広がる形になる。よって，標準偏差は大きくなる(②)。

「書き取り」に関しては，加わる2人は平均点なので，標準偏差を計算するときの偏差平方和には変化なし，分散を計算するときの分母は10から12になるので，分散は減少。よって，標準偏差は小さくなる(⓪)。

過去問

21年度 追試験

下の表は，30名のクラスの英文法と英会話の100点満点で実施したテストの得点をまとめたものである。ただし，表では英文法の得点の低いものから高いものへと並べ，下位の10名をA群，中位の10名をB群，上位の10名をC群としている。また，表中の平均値および分散はそれぞれの群の平均値と分散を表す。

番　号	A 群 英文法	英会話	番　号	B 群 英文法	英会話	番　号	C 群 英文法	英会話
1	25	45	11	61	73	21	81	90
2	35	43	12	64	77	22	81	85
3	44	65	13	66	78	23	84	88
4	51	50	14	66	78	24	85	98
5	52	59	15	68	71	25	86	78
6	53	69	16	72	82	26	91	80
7	54	65	17	72	87	27	92	80
8	55	58	18	74	88	28	92	85
9	55	66	19	76	77	29	94	96
10	58	65	20	77	93	30	94	90
平均値	E_1	58.5	平均値	69.6	80.4	平均値	E_2	87.0
分　散	99.76	78.85	分　散	26.04	44.04	分　散	V	40.80

以下，小数の形で解答する場合は，指定された桁数の一つ下の桁を四捨五入し，解答せよ。途中で割り切れた場合は，指定された桁まで⓪にマークすること。

(1) クラス全体の英文法の得点の中央値は ア イ ． ウ 点であり，E_1 の値は エ オ ． カ 点である。

(2) C群における英文法の各得点から87点を引いた値の平均値は キ ． ク 点であるから，E_2 の値は ケ コ ． サ 点であり，Vの値は シ ス ． セ ソ である。さらに，B群の平均値は69.6点であるから，クラス全体の英文法の得点の平均値は タ チ ． ツ 点である。

(3) クラス全体の英文法の得点に対して次の度数分布表を作成した。

階級(点) 以上　未満	階級値 (点)	度　数 (人)
0～20	10	0
20～40	30	2
40～60	50	I
60～80	70	J
80～100	90	K
計		30

Iの値は テ である。また，クラス全体の英文法の得点の平均値について，度数分布表の階級値から計算した値と得点表から計算した値との差は ト . ナ 点である。

(4) (3)の度数分布表に対応する累積度数分布表のヒストグラムは， ニ である。 ニ に当てはまるものを，次の⓪～③のうちから一つ選べ。

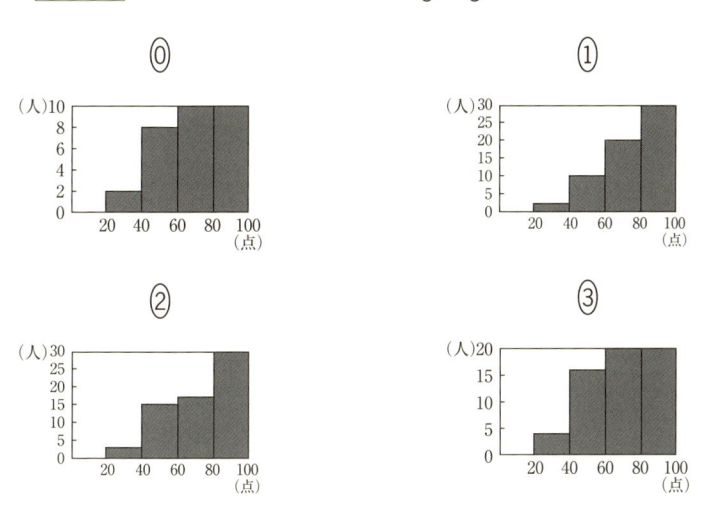

(5) 下の図のうち，C群の英文法と英会話の得点の相関図（散布図）として適切なものは　ヌ　である。ただし，各科目の得点はその科目のC群の平均値を引いた数値とする。　ヌ　に当てはまるものを，次の⓪～③のうちから一つ選べ。

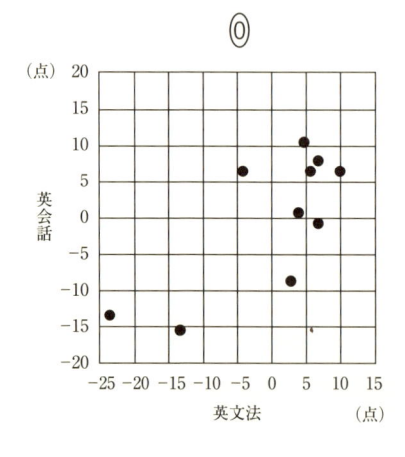

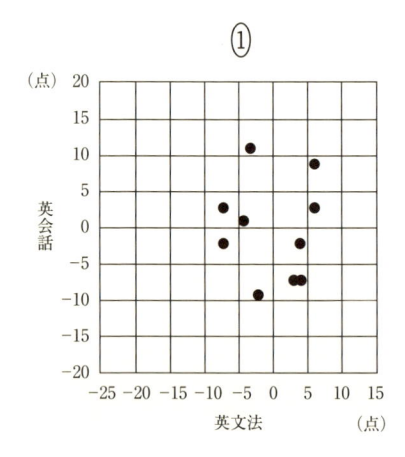

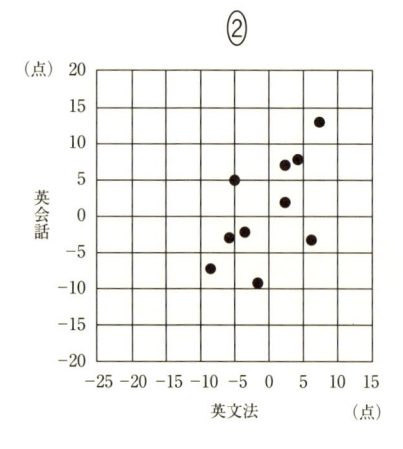

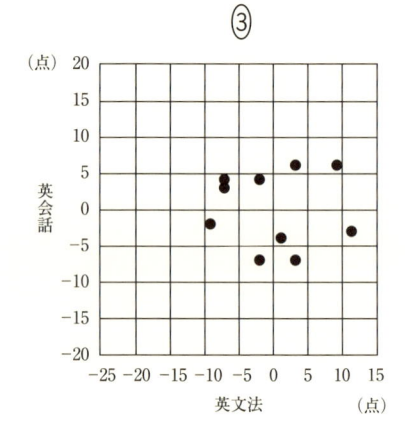

(6) クラス全体の英文法と英会話の得点の相関図は　ネ　である。この相関図において，クラス全体の英文法の得点の平均値を $\bar{x}$，クラス全体の英会話の得点の平均値を $\bar{y}$ とし，点 $(\bar{x}, \bar{y})$ を原点とする座標軸を考えるとき，第1象限にある点と第3象限にある点の個数の和は　ノハ　であり，相関係数は　ヒ　に近い。また，もしも，英会話の得点を記入するときに，1番から30番の順に記入するところを，間違って30番から1番の順に全く逆の順番に誤記入した場合は，クラス全体の英文法と英会話の得点の相関図は　フ　であり，相関係数の値は　ヘ　に近い。ただし，ネ，フについては，当てはまるものを，それぞれ次の⓪〜③のうちから一つずつ選べ。

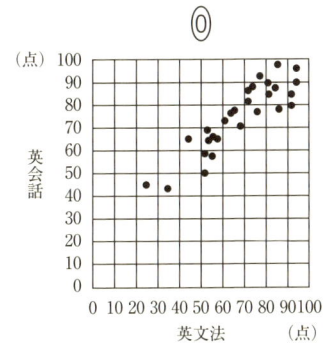

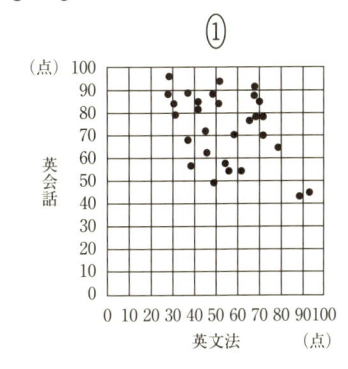

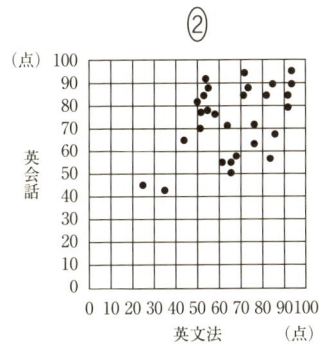

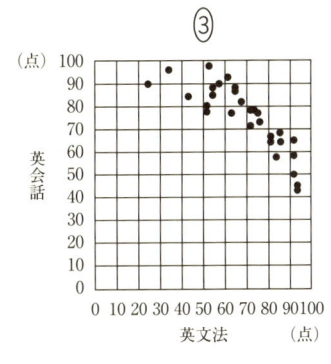

また，ヒ，ヘについては，当てはまるものを，それぞれ次の⓪〜④のうちから一つずつ選べ。

⓪　−0.8　　　①　−0.4　　　②　0　　　③　0.4　　　④　0.9

解　説

21年度 追試験

> **レビュー**
> ボリュームがあるセット。(6)は表からではなく散布図で考えよう。

主なテクニック　3 , 7 , 12 , 16 , 24 , 28 , 41

(1) 資料は英文法の点数の小さい順から並べられているので，英文法の得点の中央値は 15 番と 16 番の点数の平均であり，$(68+72) \div 2 = \underline{70.0}$(点)　16
アイ．ウ

A 群の英文法の平均は，
$$(25+35+44+51+52+53+54+55+55+58) \div 10 = 482 \div 10 = \underline{48.2}(点)$$
エオ．カ

(2) 仮平均の考え方で平均を求めよという問題。
C 群の英文法の得点から仮平均 87 を引いた値を 21 番から並べると，
$$-6,\ -6,\ -3,\ -2,\ -1,\ 4,\ 5,\ 5,\ 7,\ 7$$

これらを全部足すと，10。平均は，$10 \div 10 = \underline{1.0}$(点)
キ．ク

C 群の英文法の平均点は，仮平均に上の平均を足して，$87+1=\underline{88.0}$(点)　3
ケコ．サ

偏差，偏差の平方を書き並べると，

偏差	-7	-7	-4	-3	-2	3	4	4	6	6
偏差の平方	49	49	16	9	4	9	16	16	36	36

偏差平方の和は，240。分散は $240 \div 10 = \underline{24.00}$　28
シス．セソ

A 群，B 群，C 群の人数が等しいので，クラス全体の平均は，
{(A 群の平均)+(B 群の平均)+(C 群の平均)} ÷ 3 で計算できるので，
$(48.2+69.6+88.0) \div 3 = 205.8 \div 3 = \underline{68.6}$(点)　7
タチ．ツ

(3) 英文法が 40 点台と 50 点台の人数は 8 人，I = $\underline{8}$
テ
60 点台と 70 点台の人数は 10 人，J = 10
80 点以上の人は 10 人，K = 10
度数分布表の階級値から平均値を計算すると，
$(30 \times 2 + 50 \times 8 + 70 \times 10 + 90 \times 10) \div 30 = 2060 \div 30 = 68.66\cdots$
→ 68.7(点)　12

度数分布表から計算した平均値と得点表から計算した平均値の差は，
$$68.7 - 68.6 = \boxed{0.1}(点)$$
_{ト, ナ}

(4) 40点未満が2(人)，60点未満が2+8=10(人)，80点未満が10+10=20(人)，なので，正しい累積度数分布表のヒストグラムは①　_ニ

(5) 英文法の最高得点は，平均を引いて 94-88=6(点)
これが2個ある①が正解。

(6) 英文法=94，英会話=90 があるのは，⓪，②
⓪には英文法=85，英会話=98 があるので，こちらが正解。　24
_ネ
英文法の平均は 68.6(点)
英会話の平均は (58.5+80.4+87)÷3 = 225.9÷3 = 75.3(点)
これを⓪の散布図に直線で書き込むと下図のようになる。

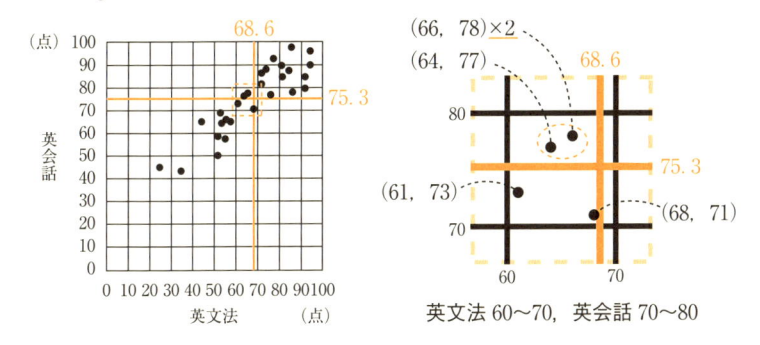

英文法 60～70，英会話 70～80

第2象限と第4象限の方が少ないので，これを数えて全体から引くことにする。(英文法60～70, 英会話70～80)のマス目の中を調べると，赤丸のところには，(64, 77), (66, 78), (66, 78)の3個がある。第2象限，第4象限には3個しかない。第1象限，第3象限には，30-3=$\boxed{27}$(個)ある。
_{ノ, ハ}

英文法の点数が高いほど，英会話の点数が高い傾向がみられるので，相関係数は正。

分布は直線に近いので④の0.9が正解。
_ヒ

英会話の順位を逆順にすると，英文法ができるほど英会話ができないことになるので，英文法の得点と英会話の得点は負の相関がある。グラフは③になる。相関係数は負で，相関が強いので-0.8の⓪である。　41
_フ_ヘ

159

過去問

20年度 追試験

四つの組で同じ 100 点満点のテストを行ったところ，各組の成績は次のような結果となった。ただし，表の数値はすべて正確な値であり，四捨五入されていないものとする。

組	人数	平均値	中央値	標準偏差
A	20	54.0	49.0	20.0
B	30	64.0	70.0	15.0
C	30	70.0	72.0	10.0
D	20	60.0	63.0	24.0

以下，小数の形で解答する場合は，指定された桁数の一つ下の桁を四捨五入し，解答せよ。途中で割り切れた場合は，指定された桁まで ⓪ にマークすること。

(1) 各組の点数に基づいて，0 点以上 10 点未満，10 点以上 20 点未満というように階級の幅 10 点のヒストグラムを作ったところ，A〜D の各組のヒストグラムが，それぞれ下の四つのうちのどれか一つとなった。ただし，満点は最後の階級に含めることとする。このとき，C 組は ア ，D 組は イ である。 ア ， イ に当てはまるものを，次の ⓪〜③ のうちから一つずつ選べ。

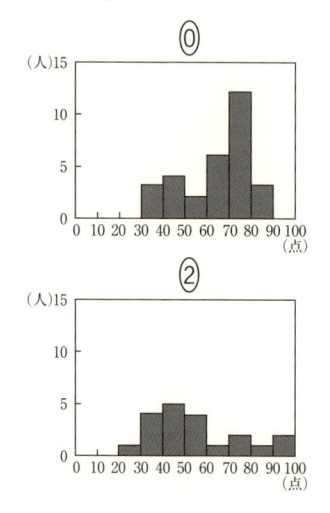

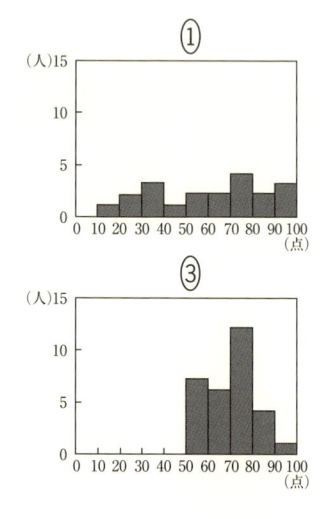

(2) A組には40点未満の生徒が5人いて，その点数は29, 30, 33, 36, 38であった。この5人にそれぞれに対応した課題を与え，その結果を加味してこの5人全員について，最終的な評価を40点にした。そのほかの15人はそのままテストの点数を最終評価とした。このときA組の最終評価の点数の平均値は，ウエ．オ 点となる。

(3) A組のテストの点数を高い方から並べると，第10位と第11位の点数の差は4点であった。さて，この組には欠席していた生徒が一人いたので，この生徒に後日同じテストを行ったところ，テストの点数は75点であった。この生徒を含めたA組の21人のテストの点数の中央値は カキ 点となる。

(4) B組にもう一度テストを行ったところ，2回目のテストの結果は

　　　平均値：78.0点，中央値：79.0点，標準偏差：5.0点

となった。ただし，上の数値はすべて正確な値であり，四捨五入されていないものとする。

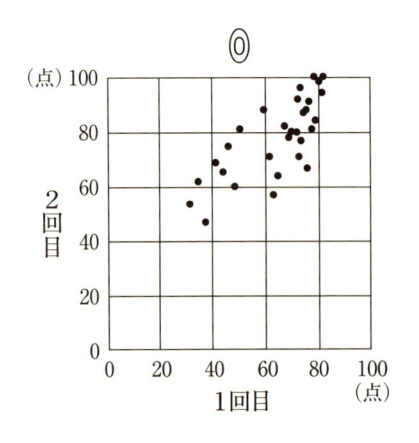

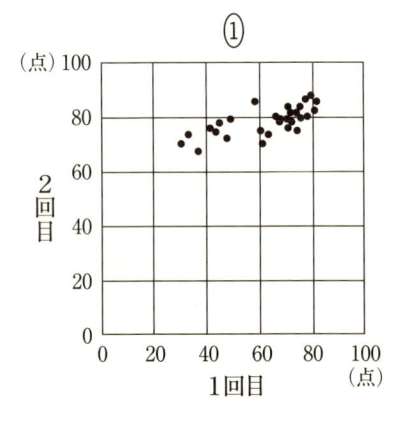

1回目のテストの点数と2回目のテストの点数の相関図（散布図）として適当なものは ク である。 ク に当てはまるものを，次の⓪～③のうちから一つ選べ。

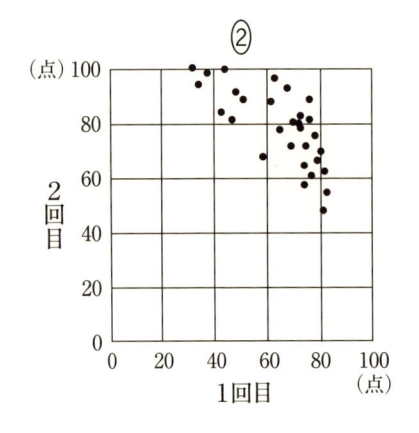

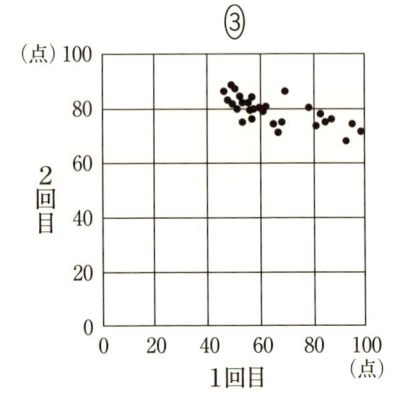

(5) C組とD組を合わせて50人のデータとするとき，点数の平均値は ケコ . サ 点である。次に，50人全体の分散を求めてみよう。

一般に，n個のデータ $x_1, x_2, \cdots, x_n$ の平均値 $\bar{x}$ と分散 s^2 について

$$s^2 = \frac{1}{n}(x_1^2 + x_2^2 + \cdots + x_n^2) - \bar{x}^2$$

という関係が成り立つ。すなわち，(2乗の平均) - (平均の2乗)によって分散を求めることができる。

これを使うと，C組の30人の点数をそれぞれ2乗したものの平均値は シスセソ . タ ，またD組の20人の点数をそれぞれ2乗したものの平均値は チツテト . ナ となる。したがって，50人全体の点数の分散は ニヌネ . ノ である。

解　説

20年度 追試験

> **レビュー**
> 平均値，分散，中央値からヒストグラムを選ばせる(1)はセンター試験らしいテーマ。最後の空欄を埋めるには手数が多い。理解を試す良問。

主なテクニック　5 , 8 , 16 , 24 , 29 , 35

(1) Cの組は平均点が一番高く，標準偏差が一番小さい。標準偏差が小さいので平均点の近くに集まって分布していて，山が高くなっているグラフである。C組を表すヒストグラムは③である。
　　　　　　　　　　　　　　ア

A，Dの組は標準偏差が大きいので，ヒストグラムは①か②である。平均点の低いAの方が②，平均点の高いDの方が①である。　29
　　　　　　　　　　　　　　　　　　　　　　イ

(2) 評価を40点にすることによる合計点の増加は，

$$(40-29)+(40-30)+(40-33)+(40-36)+(40-38)=34（点）$$

これを20人で均すので，平均点の増加分は，$34÷20=1.7$

よって，最終評価の点数の平均値は，$54+1.7=\underline{55.7}$（点）　5
　　　　　　　　　　　　　　　　　　　　　　　ウエ.オ

(3) 右図のように考えて，

第10位は，$49+2=51$（点），

第11位は，$49-2=47$（点）

欠席者は第10位以前に加わるので，

第10位の人(51点)は第11位に順位が落ちる。
　　　　　　　　　　　　　　　　　　カキ
人数が21人のときの中央値は第11位なので，$\underline{51}$（点）　16

(4) 1回目と2回目の標準偏差を比べると，2回目は1回目に比べて小さくなっているので，横方向の散らばりよりも，縦方向の散らばりが小さくなっている①か③に絞られる。

1回目の平均値が中央値よりも小さいので，1回目のヒストグラムを描いたならば左に裾が伸びている①を選ぶ。　24
　　　　　　　　　　　　　ク

常識的に考えて，1回目のテストの結果と2回目のテストの結果に負の相関関係があるとは思えない。この判断基準によって①を選んでもよいだろう。

(5) CとDを合わせた平均は，CとDの人数比が
2:3 なので，
$$\frac{2\cdot 60+3\cdot 70}{2+3}=\underline{66.0}\text{(点)} \quad \boxed{8}$$
　　　　　　　　　ケコ.サ

60 　ア　 70
　 ③　　②

別解　平均は 60 と 70 を 3:2 に内分するところなので，
$$ア=(70-60)\times\frac{3}{3+2}=6$$
平均点は，$60+6=\underline{66.0}\text{(点)}$
　　　　　　　　　ケコ.サ

C, D の分散は，それぞれ $10^2=100, 24^2=576$
また，(分散)＝(2乗の平均)－(平均)^2 なので，
C: (2乗の平均)＝(分散)＋(平均)$^2=100+70^2=\underline{5000.0}$ シスセソ.タ
D: (2乗の平均)＝(分散)＋(平均)$^2=576+60^2=\underline{4176.0}$ チツテト.ナ

35 の一発公式を用いてみると，
$$\frac{3\cdot 100+2\cdot 576}{3+2}+\frac{3\cdot 2}{(3+2)^2}(70-60)^2$$
$$=100+(576-100)\times\frac{2}{3+2}+\frac{3\cdot 2}{(3+2)^2}(70-60)^2$$
$$=100+476\times 0.4+24$$
$$=100+190.4+24=\underline{314.4}\quad \text{ニヌネ.ノ}$$

普通の解法

C, D を合わせた 2 乗和は，
$$5000\times 30+4176\times 20=150000+83520=233520$$
C, D を合わせた 2 乗の平均は，$233520\div 50=4670.4$
C, D を合わせた分散は，
$$(\text{分散})=(\text{2乗の平均})-(\text{平均})^2=4670.4-66^2=\underline{314.4}\quad \text{ニヌネ.ノ}$$

165

過去問

19年度 追試験

5人の高校生の身長を測定したが，何らかの理由によりそのうち1人のデータを紛失してしまい，残った4人のデータは次のようであった．

　　　174.4　168.8　172.4　173.2（単位は cm）

この4人のデータの平均値と分散を求める計算を簡単にするため，平均値に近いと思われる値として 172.0 cm を設定し，次のように計算を進める．

上のデータを $x_i (i=1, \cdots, 4)$ とし，それらから 172.0 を引いたものをそれぞれ $y_i (i=1, \cdots, 4)$ とおく．すなわち $y_i = x_i - 172.0 (i=1, \cdots, 4)$ である．また，$x_i (i=1, \cdots, 4)$ の平均値と分散をそれぞれ $\bar{x}$，s_x^2 で表し，$y_i (i=1, \cdots, 4)$ の平均値と分散をそれぞれ $\bar{y}$，s_y^2 で表す．

以下，小数の形で解答する場合は，指定された桁数の一つ下の桁を四捨五入し，解答せよ．途中で割り切れた場合は，指定された桁まで⓪にマークすること．

(1)
$$\bar{y} = \boxed{ア}.\boxed{イ}, \quad s_y^2 = \boxed{ウ}.\boxed{エオカ}$$
である．したがって
$$\bar{x} = \boxed{キクケ}.\boxed{コ}, \quad s_x^2 = \boxed{サ}.\boxed{シスセ}$$
である．

(2) 紛失したデータを x_5 とし，新たに $y'_i (i=1, \cdots, 5)$ を $y'_i = x_i - 172.0$ とおくと，$y'_i (i=1, \cdots, 5)$ の平均値 $\overline{y'}$ は，$\overline{y}$ と y'_5 を用いて ソ と表される。ソ に当てはまるものを，次の⓪〜④のうちから一つ選べ。

⓪ $\dfrac{\overline{y} + y'_5}{5}$　　　① $\dfrac{4\overline{y} + y'_5}{5}$　　　② $\overline{y} + \dfrac{y'_5}{5}$

③ $\dfrac{5\overline{y} + y'_5}{4}$　　　④ $\dfrac{4}{5}\overline{y} + y'_5$

　5人全員の身長の平均値が，はじめの4人の平均値よりもちょうど0.6 cm だけ大きいことがわかったとすると，x_5 は タチツ ． テ cm である。また，このとき，5人全員の身長の分散は ト ． ナニヌ である。

(3) データ $z_i (i=1, \cdots, n)$ に対して，その平均値に近いと思われる値 a を設定することに関する次の記述のうち，**誤っているものは** ネ である。ネ に当てはまるものを，次の⓪〜③のうちから一つ選べ。

⓪ $z_i - a (i=1, \cdots, n)$ の平均値が0ならば，a はデータ $z_i (i=1, \cdots, n)$ の平均値に等しい。

① a を適切に定めることにより，$z_i - a (i=1, \cdots, n)$ の合計の絶対値をデータ $z_i (i=1, \cdots, n)$ の合計の絶対値以下にすることができる。

② すべてのデータが正の場合には，a を適切に定めることにより，各 $z_i - a$ の絶対値をデータ z_i より小さくすることができる。

③ a を適切に定めることにより，$z_i - a (i=1, \cdots, n)$ の分散をデータ $z_i (i=1, \cdots, n)$ の分散よりも小さくすることができる。

解 説　　　　　　　　　　　　19年度 追試験

レビュー

仮平均がテーマ。(2)で一人加えたときの分散を求めるところがヤマだろう。仮平均が設定されているので頭が混線してしまう人も多いと思われる。一発公式の威力を感じてほしい設問だ。

主なテクニック　3 , 28 , 30 , 38

(1) y について，

x	174.4	168.8	172.4	173.2
$y = x - 172$	2.4	-3.2	0.4	1.2

y の平均は，$\bar{y} = \{2.4 + (-3.2) + 0.4 + 1.2\} \div 4 = \boxed{0.2}$ **ア.イ**

y の平方和は，

$$2.4^2 + 3.2^2 + 0.4^2 + 1.2^2 = 0.4^2 \times (6^2 + 8^2 + 1^2 + 3^2)$$
$$= 0.4^2 \times (36 + 64 + 1 + 9) = 0.4^2 \times 110$$

y の平方和の平均は，

$$\overline{y^2} = 0.4^2 \times 110 \div 4 = 0.04 \times 110 = 4.4$$

y の分散は，$s_y^2 = \overline{y^2} - (\bar{y})^2 = 4.4 - 0.2^2 = \boxed{4.360}$ **ウ.エオカ**　28

x の平均は，仮平均に y の平均を足したもので，

$$\bar{x} = 172 + \bar{y} = 172 + 0.2 = \boxed{172.2}$$ **キクケ.コ**　3

一般に，変量 x の分散と，変量 $x + a$ (a は定数) の分散は等しいので，

$$s_x^2 = s_y^2 = \boxed{4.360}$$ **サ.シスセ**　30

(2) $i = 1$ から 4 までの y_i' の合計は，$4\bar{y}$

$i = 1$ から 5 までの y_i' の合計は，$4\bar{y} + y_5'$

y' の平均は，$\overline{y'} = \dfrac{4\bar{y} + y_5'}{5}$　**①** **ソ**

平均値を 0.6 cm あげるためには，x_5 は元の平均値より $0.6 \times 5 = 3$ (cm) 高くなければならない。

よって，$x_5 = 172.2 + 3 = \boxed{175.2}$ **タチツ.テ**

168

y' の分散は，一人を加えたときの分散の公式で，

$$s_{y'}^2 = \frac{4}{4+1} \times 4.36 + \frac{4 \cdot 1}{(4+1)^2} \times 3^2 = 0.8 \times 4.36 + 0.16 \times 9 = 3.488 + 1.44$$
$$= \boxed{4.928} \quad \text{ト．ナニヌ} \qquad \boxed{38}$$

普通の解法

y' の平均は，$\overline{y'} = 0.2 + 0.6 = 0.8$

$y'_5 = 175.2 - 172 = 3.2$ なので，y' の平方和は

$$4\overline{y}^2 + 3.2^2 = 4 \times 4.4 + 3.2^2 = 17.6 + 10.24 = 27.84$$

y' の平方和の平均は，$\overline{y'^2} = 27.84 \div 5 = 5.568$

y' の分散は，$s_{y'}^2 = \overline{y'^2} - (\overline{y'})^2 = 5.568 - 0.8^2 = 5.568 - 0.64 = \boxed{4.928}$ ト．ナニヌ

(3) ②については判断が難しい。明らかな誤りの③を見つければよい。

数学の問題文としては稀な「平均値に近いと思われる値 a」という文学的表現が用いられている。あいまいなので，②ではこの条件を都合よく解釈して解答する。

⓪：正しい。$z-a$ の平均は，$\overline{z}-a$。これが 0 なので，$\overline{z}-a=0$ ∴ $\overline{z}=a$

①：正しい。$z_i - a$ の合計の絶対値は $\left|\sum_{i=1}^{n} z_i - na\right|$，$z_i$ の合計の絶対値は $\left|\sum_{i=1}^{n} z_i\right|$

$a = \overline{z}$ のとき $\left|\sum_{i=1}^{n} z_i - na\right| = \left|\sum_{i=1}^{n} z_i - n\overline{z}\right| = 0$ なので，$\left|\sum_{i=1}^{n} z_i - na\right| \leq \left|\sum_{i=1}^{n} z_i\right|$

②：正しい。a として z_i の最小値を取って，a を平均値に近いと思い込めばよい。

③：誤り。z の分散と $z-a$ の分散はつねに等しい。

誤っているものは ③ ネ

補足 ②で例えば，$z_i = i (1 \leq i \leq 99)$ のとき，平均値は 50 である。$z_1 > |z_1 - a|$ であるためには，$0 < a < 2$ でなければならない。2 が 50 に近いと思われない値であると判断すると，この選択肢は誤りになる。

過去問

18年度 追試験

A組4人の選手とB組3人の選手の100m走のタイムを測定した。A組4人の選手のタイムは，それぞれ12.5，12.0，14.0，13.5（単位は秒）であった。また，B組3人の選手のタイムの平均値はちょうど14.0秒，分散はちょうど1.50であった。

以下，計算結果の小数表示では，指定された桁数の一つ下の桁を四捨五入し，解答せよ。途中で割り切れた場合は，指定された桁まで⓪にマークすること。

(1) A組とB組を合わせた7人の選手のタイムを変量 x とする。変量 y を $y = x - 14.0$ としたとき，変量 y の平均値は アイ ． ウエ 秒であり，もとの変量 x の平均値は オカ ． キク 秒である。また，変量 y の分散は ケ ． コサ であり，もとの変量 x の分散は シ ． スセ である。

(2) B組3人の選手の中の1人の選手のタイムは，ちょうど14.0秒であることがわかったとする．このとき，他の2人の選手のタイムは，速く走った方から順に，　ソタ　．　チ　秒と　ツテ　．　ト　秒である．

さらに，B組3人の選手の体重が，速く走った選手から順に，57.0，54.0，60.0(単位はkg)であるとき，選手の体重と100m走のタイムの相関係数は　ナ　．　ニヌ　となる．

解説

18年度 追試験

レビュー

(1)の2つのグループを合わせての分散を求める設問で一発公式が使える。(1)，(2)もソロバン的要素のない良問。

主なテクニック　3 , 28 , 35 , 39

(1) A組について

x	12.5	12.0	14.0	13.5
$y = x - 14$	-1.5	-2	0	-0.5
$y^2 = (x-14)^2$	2.25	4	0	0.25

y の平均を計算するには，B組の3人を0として考えればよい。

y の平均は，$\bar{y} = \{(-1.5) + (-2) + 0 + (-0.5) + 0 \times 3\} \div 7 = -\dfrac{4}{7}$

$= -0.571\cdots \to \boxed{-0.57}$ アイ．ウエ

x の平均は，仮平均14に y の平均を足して，

$$\bar{x} = 14 + \bar{y} = 14 - \dfrac{4}{7} = 13 + \dfrac{3}{7} = 13.428\cdots \to \boxed{13.43}(秒) \quad \boxed{3}$$

オカ．キク

A組の y の分散を求め，次にB組と合併して分散を求めよう。

A組の y の分散は，Aに関する y の平均を $\overline{y_A}$，平方和の平均を $\overline{y_A^2}$ とすると，

$\overline{y_A} = \{(-1.5) + (-2) + 0 + (-0.5)\} \div 4 = (-4) \div 4 = -1$

$\overline{y_A^2} = (2.25 + 4 + 0 + 0.25) \div 4 = \dfrac{13}{8}$

$s_{y_A}^2 = \overline{y_A^2} - (\overline{y_A})^2 = \dfrac{13}{8} - 1 = \dfrac{5}{8} \quad \boxed{28}$

A組とB組の人数比が4:3，B組は平均 $\overline{y_B} = 0$，分散が $s_{y_B}^2 = 1.5$ なので，
A，Bを合わせた全体での y の分散は，

$$s_y^2 = \dfrac{4s_{y_A}^2 + 3s_{y_B}^2}{4+3} + \dfrac{4 \cdot 3}{(4+3)^2}(\overline{y_A} - \overline{y_B})^2 = \dfrac{4 \cdot \dfrac{5}{8} + 3 \cdot 1.5}{7} + \dfrac{4 \cdot 3}{(4+3)^2}(-1)^2$$

$= 1 + \dfrac{12}{49} = \dfrac{61}{49} = 1.244\cdots \to \boxed{1.24}$ ケ．コサ　$\boxed{35}$

仮平均を用いて計算した分散は，元の変量の分散に等しいので，$s_x^2 = \boxed{1.24}$
シ.スセ

普通の解法

y の平均が $-\dfrac{4}{7}$ で偏差の2乗を計算すると煩雑になりそうなので，$s_y^2 = \overline{y^2} - (\overline{y})^2$ を用いる。y の平方和を計算するとき，B組の3人の平方和が必要なので，これから計算する。

B組の x の分散が 1.5 なので，$y = x - 14$ の分散も 1.5
B組の3人の y の平均は 0 なので，B組の3人の y の平方の平均は，
$$1.5 + 0^2 = 1.5$$
B組の3人の y の平方和は，1.5×3
A，Bを合わせた y の平方和は，
$$1.5^2 + 2^2 + 0^2 + 0.5^2 + 1.5 \times 3 = 2.25 + 4 + 0.25 + 4.5 = 11$$
A，Bを合わせた y の平方和の平均は，$\dfrac{11}{7}$

y の分散は，$s_y^2 = \overline{y^2} - (\overline{y})^2 = \dfrac{11}{7} - \left(-\dfrac{4}{7}\right)^2 = \dfrac{77-16}{49} = \dfrac{61}{49} = 1.244\cdots \to \boxed{1.24}$
ケ.コサ

(2) B組の平均が 14 なので，3人は $14-a$，14，$14+a$ ($a>0$) とおくことができる。

このとき分散は，$\{(-a)^2 + 0^2 + a^2\} \div 3 = \dfrac{2a^2}{3}$ と計算できるので，
$$\dfrac{2}{3}a^2 = 1.5 \quad \therefore \quad a = 1.5$$

速く走った方から，$14 - a = 14 - 1.5 = \boxed{12.5}$(秒)，$14 + a = 14 + 1.5 = \boxed{15.5}$(秒)
ソタ.チ　　　　　　　　　　　　　　ツテ.ト

体重の平均は $(57 + 54 + 60) \div 3 = 57$ で，偏差をまとめると，

速さの偏差(x)	-1.5	0	1.5
体重の偏差(z)	0	-3	3
偏差積	0	0	4.5

偏差積の平均は，$s_{xz} = 4.5 \div 3 = 1.5$
$$s_z^2 = \{0^2 + (-3)^2 + 3^2\} \div 3 = 6 \quad \therefore \quad s_z = \sqrt{6}$$
$$r = \dfrac{s_{xz}}{s_x s_z} = \dfrac{1.5}{\sqrt{1.5}\sqrt{6}} = \dfrac{1.5}{\sqrt{1.5 \times 6}} = \dfrac{1.5}{\sqrt{9}} = \boxed{0.50} \quad \boxed{39}$$
ナ.ニヌ

解説

▶ 解答一覧

年度	問題番号(配点)	解答記号	正解	配点
27年度 試作問題		ア	③	
		イ	②	
		ウ	⑤	
		エオ.カ	84.7	
		キクケ.コ	331.2	
		0.サシ	0.67	
		ス	④	
26年度 本試験	第5問 (20)	アイ	14	1
		ウエ.オカ	10.00	2
		キク	32	1
		ケ	4	2
		コサ	18	1
		シス	14	1
		セ	⓪	2
		ソタ.チ	15.0	2
		ツ	5	2
		テ	8	2
		ト	④	2
		ナ	①	2
25年度 本試験	第5問 (20)	ア.イ	7.0	1
		ウ.エオ	4.00	2
		カ.キ	7.0	1
		クケ	16	1
		コ	2	1
		サ,シ	9, 7	2
		ス	②	2
		セ.ソタチ	0.200	2

174

年度	問題番号（配点）	解答記号	正　解	配点
		ツテ．ト	12.4	1
		ナニ．ヌネノ	−3.000	3
		ハ	①	2
		ヒ．フヘ	4.84	2
24年度 本試験	第5問 (20)	ア	5	1
		イ	8	1
		ウ．エ	5.0	1
		オ．カキ	1.60	2
		ク	5	1
		ケ．コサシ	0.625	3
		スセソ	282	1
		タ	8	1
		チツ	42	1
		テ，ト，ナ	4, 2, 2	2
		ニ．ヌ	5.1	2
		ネ．ノ	5.0	2
		ハ	5	1
		ヒ	3	1
23年度 本試験	第5問 (20)	アイ．ウ	32.0	2
		$\dfrac{エ}{オ}$, $\dfrac{カ}{キ}$	$\dfrac{2}{3}$, $\dfrac{1}{3}$	2
		ク．ケ	7.0	1
		コサ．シス	16.00	1
		セ．ソ	4.0	2
		タ	0	1
		チ	7	1
		ツテ	26	1
		トナ	47	1

解説

年度	問題番号(配点)	解答記号	正 解	配点
		ニヌ	42	1
		ネノ	40	1
		ハ	②	2
		ヒ	⓪	2
		フ, ヘ	3, 4	2
22年度 本試験	第5問(20)	アイ.ウ	45.0	2
		エオ.カ	44.0	1
		キク.ケ	45.5	1
		コサシ	300	2
		ス.セ	6.0	2
		ソタ	12	2
		チツ	19	1
		テト.ナ	39.5	1
		ニヌ	47	1
		ネノ	40	2
		ハ	①	2
		ヒ	②	1
		フ	①	2
21年度 本試験	第5問(20)	アイ.ウ	48.0	2
		エオ	36	2
		カ.キク	0.28	2
		ケ	8	2
		コサ	62	1
		シス.セ	52.5	1
		ソ	5	2
		タ	⓪	2
		チ	①	2

176

年度	問題番号 (配点)	解答記号	正 解	配点
		ツ	②	2
		テ	①	1
		ト	⓪	1
20年度 本試験	第5問 (20)	ア.イ	5.0	1
		ウ.エ	5.0	1
		オカ.キ	−8.0	1
		クケ.コ	10.5	2
		サシ.ス	16.3	2
		セ.ソ	1.0	2
		タ	①	1
		チ	②	2
		ツ	①	2
		テト.ナ	10.3	2
		ニ	①	2
		ヌ	③	2
19年度 本試験	第5問 (20)	アイ.ウ	59.0	1
		エオカキ	1180	1
		クケ.コ	77.2	2
		サシス.セ	120.0	2
		ソ	②	2
		タ	③	3
		チ	①	2
		ツテ.ト	52.8	2
		ナニ.ヌ	56.8	2
		ネ	⓪	1
		ノ	②	2

解 説

年度	問題番号 (配点)	解答記号	正　解	配点
18年度 本試験	第5問 (20)	ア.イ	0.4	2
		$y-$ウ	$y-8$	2
		$\dfrac{\sqrt{エ}}{オ}y$	$\dfrac{\sqrt{5}}{5}y$	3
		カ.キク	0.45	3
		ケ.コサ	0.45	3
		シ	②	3
		ス	④	2
		セ	⑤	2
26年度 追試験	第5問 (20)	アイ.ウエ	19.00	2
		オ.カキク	0.036	2
		ケ.コサ	1.30	2
		シ	②	2
		ス.セソタ	0.500	2
		チ	④	1
		ツテ.トナ	20.50	3
		ニ	⓪	2
		ヌネ.ノハ	38.50	2
		ヒ.フヘ	7.00	2
25年度 追試験	第5問 (20)	アイ	70	1
		ウ.エ	7.0	1
		オカ.キク	16.00	2
		ケ	③	2
		コ.サシス	0.833	3
		セソ	65	2
		$\dfrac{タ}{チ}$	$\dfrac{4}{5}$	2
		ツ.テト	3.20	1
		ナ.ニヌ	2.80	1
		ネ	5	2
		ノ.ハヒ	2.60	1
		フ	②	2

年度	問題番号 （配点）	解答記号	正　解	配点
24年度 追試験	第5問 （20）	ア.イ	3.5	1
		ウ.エ	2.8	1
		オ.カキ	1.01	2
		ク	5	1
		ケ	2	1
		コ	②	1
		サ.シ	1.5	1
		ス.セ	0.7	1
		ソ	④	1
		タ	②	1
		チ	⑤	2
		ツ	3	1
		テ	2	1
		トナ	45	2
		ニヌ	10	1
		ネ.ノ	0.0	1
		ハ	②	1
23年度 追試験	第5問 （20）	ア.イウ	1.30	2
		エオ.カキ	23.30	1
		ク	6	1
		ケ	⓪	3
		コサ.シ	57.9	2
		ス.セ	3.7	2
		ソタ.チ	27.1	1
		ツテ.ト	30.8	1
		ナ	②	1
		ニ	⓪	1
		ヌ	③	2
		ネ	⓪	3

解説

179

解説

年度	問題番号 (配点)	解答記号	正　解	配点
22年度 追試験	第5問 (20)	アイ.ウ	50.0	2
		エオ.カ	59.0	2
		キク.ケ	52.0	1
		コサ.シ	61.0	1
		ス	⓪	2
		セソタ	117	1
		チツ	77	1
		テト	40	1
		ナニ.ヌ	13.0	2
		ネ	③	2
		ノ	③	2
		ハ	②	2
		ヒ	⓪	1
21年度 追試験	第5問 (20)	アイ.ウ	70.0	1
		エオ.カ	48.2	2
		キ.ク	1.0	1
		ケコ.サ	88.0	1
		シス.セソ	24.00	2
		タチ.ツ	68.6	2
		テ	8	1
		ト.ナ	0.1	2
		ニ	①	1
		ヌ	①	1
		ネ	⓪	1
		ノハ	27	2
		ヒ	④	1
		フ	③	1
		ヘ	⓪	1

年度	問題番号 (配点)	解答記号	正　解	配点
20年度 追試験	第5問 (20)	ア	③	2
		イ	①	2
		ウエ．オ	55．7	3
		カキ	51	2
		ク	①	3
		ケコ．サ	66．0	2
		シスセソ．タ	5000．0	2
		チツテト．ナ	4176．0	2
		ニヌネ．ノ	314．4	2
19年度 追試験	第5問 (20)	ア．イ	0．2	2
		ウ．エオカ	4．360	2
		キクケ．コ	172．2	2
		サ．シスセ	4．360	2
		ソ	①	3
		タチツ．テ	175．2	3
		ト．ナニヌ	4．928	3
		ネ	③	3
18年度 追試験	第5問 (20)	アイ．ウエ	−0．57	3
		オカ．キク	13．43	2
		ケ．コサ	1．24	3
		シ．スセ	1．24	3
		ソタ．チ	12．5	2
		ツテ．ト	15．5	2
		ナ．ニヌ	0．50	5

第 2 部

確率分布と統計的な推測

確率分布と統計的な推測
～テクニック編～

● 指数べき，コンビネーション

　計算が早くできる人は暗記力もあるそうだ。ぼくの周りにいる計算力がある人は，べき乗やコンビネーションの値などを覚えるともなく知っていたりする。

　確率の計算でよく出てくる，べき乗，コンビネーションの値は慣れ親しんでおきたい。覚えようとするのではなく，たくさん計算しているうちに覚えてしまったというのが理想であるが……。

1 指数べき
次を計算せよ。
(1) 2^5, 2^6, 2^7, 2^8, 2^9, 2^{10}
(2) 3^3, 3^4, 3^5, 3^6, 3^7
(3) 5^3, 5^4, 5^5, 5^6
(4) 6^3, 6^4, 7^3

(1) $2^3 = 8$, $2^4 = 16$, $2^5 = 32$, $2^6 = 64$, $2^7 = 128$, $2^8 = 256$, $2^9 = 512$, $2^{10} = 1024$
(2) $3^3 = 27$, $3^4 = 81$, $3^5 = 243$, $3^6 = 729$, $3^7 = 2187$
(3) $5^3 = 125$, $5^4 = 625$, $5^5 = 3125$, $5^6 = 15625$
(4) $6^3 = 216$, $6^4 = 1296$, $7^3 = 343$

2 コンビネーション
次を計算せよ。
(1) $_4C_2$, $_5C_2$, $_6C_2$, $_7C_2$, $_8C_2$
(2) $_5C_3$, $_6C_3$, $_7C_3$, $_8C_3$, $_9C_3$, $_{10}C_3$
(3) $_6C_4$, $_7C_4$, $_8C_4$, $_9C_4$, $_{10}C_4$
(4) $_9C_5$, $_{10}C_5$

(1) $_4C_2 = 6$, $_5C_2 = 10$, $_6C_2 = 15$, $_7C_2 = 21$, $_8C_2 = 28$

(2) $_5C_3 = 10$, $_6C_3 = 20$, $_7C_3 = 35$, $_8C_3 = 56$, $_9C_3 = \boxed{84}$, $_{10}C_3 = 120$
　　　　　　　　　　　　　　　　　　　　　　　　$7×12$

(3) $_6C_4 = 15$, $_7C_4 = 35$, $_8C_4 = 70$, $_9C_4 = \boxed{126}$, $_{10}C_4 = 210$
　　　　　　　　　　　　　　　　　　　　$9×14$

(4) $_9C_5 = 126$, $_{10}C_5 = \boxed{252}$
　　　　　　　　　　$14×18$

約分するとき，
アカ字の積の形も
重要

● くじ引きの対等性

　10本中3本があたりのくじを順に引いていく。引いたくじは元に戻さないものとする。このとき，1番目に引いてあたりが出る確率は $\dfrac{3}{10}$ である。2番目に引いてあたりが出る確率も $\dfrac{3}{10}$ である。3番目に引いたくじが当たる確率も $\dfrac{3}{10}$。あたりが出る確率はくじを引く順番によらず同じなのである。

　このことは，確率の全事象を10本のくじを全部引く場合に設定して，k番目で当たりが出る確率を計算することからわかる。

　問題の設定が「くじを2本引く」となっていても，10本全部を引くようにして考えるのである。2本目までを引いた時点で当たっているか当たっていないかの結果は出ているのだから，そのあと何本のくじを引こうが2本目で当たる確率は決定してしまっているのである。2本引くときに2番目であたりが出る確率と，10本のくじを引くときに2番目であたりが出る確率は等しい。

　10本のくじに1から10までの番号を付けて，1から3までがあたりくじであるとしよう。全部のくじを順に引いていくとき，引き方は10!(通り)である。つまり，全事象として1から10までの順列を考えるのである。

　k番目に引いたくじが当たる確率を求めてみよう。

　k番目に引いたあたりは1から3までの3通りの場合がある。残り2本のあたりくじと7本のはずれくじが作る順列は9!(通り)なので，k番目に引いたくじが当たる確率は，$\dfrac{3 \times 9!}{10!} = \dfrac{3}{10}$ となる。引く順番によらず，くじが当たる確率は同じである。

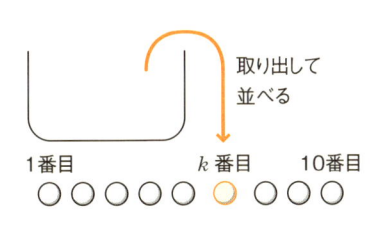

3 くじ引きの対等性

10本のうち1本があたりのくじを，引いたくじは戻さず順に引いていく。このとき，4本目までにあたりが出る確率を求めよ。

くじ引きの対等性より，何本目でもあたりが出る確率は $\dfrac{1}{10}$ なので，
1本目から4本目までにあたりが出る確率は，$\dfrac{1}{10}+\dfrac{1}{10}+\dfrac{1}{10}+\dfrac{1}{10}=\dfrac{2}{5}$
また，似ているが次のように考えてもよい。
あたりくじが1本目から10本目までのどこで出るかは対等である。
よって，1本目から4本目までで出る確率は，$\dfrac{4}{10}=\dfrac{2}{5}$

4 くじ引きの対等性

10本のうち3本があたりのくじを，引いたくじは戻さず，順に5本引いていく。このとき，3本目がはずれで，5本目があたりである確率を求めよ。

くじ引きの対等性より，1本目がはずれで2本目があたりである確率に等しい。
1本目が外れる確率は $\dfrac{7}{10}$ である。すると，残りはあたり3本，はずれ6本になっている。
2本目が当たる確率は，$\dfrac{3}{9}=\dfrac{1}{3}$
よって，1本目がはずれ，2本目が当たる確率は，$\dfrac{7}{10}\times\dfrac{1}{3}=\dfrac{7}{30}$

◯ 余事象

事象 A に対して，「A が起こらない」事象を A の余事象といい，$\overline{A}$ で表す。
このとき，A の確率と $\overline{A}$ の確率には，
$$P(A)=1-P(\overline{A})$$

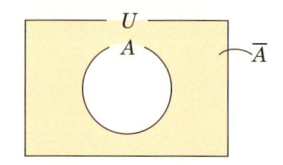

という関係がある。

A の確率を求めるとき，A の根元事象の個数を数え上げることが困難・煩雑である場合，$\overline{A}$ の確率を求めて上の式を用いて $P(A)$ を求める方が楽な場合がある。

余事象を用いて確率を求めるパターンを確認しておこう。

> **5 余事象：余事象が小さい**
> 　大中小3個のさいころを投げて，出た目の積が150未満になる確率を求めよ。

積が150以上になることは，3個の目がすべて大きくなければならず，それほど起こりそうにないことだと感覚的に分かるだろう。根元事象の個数が少ない「積が150以上の場合」を数えた方が得である。

積が150未満になる事象を A とする。$\overline{A}$ は積が150以上になる事象である。

積が150以上になる3個の数は，(5, 5, 6)，(5, 6, 6)，(6, 6, 6) なので，大中小の目の出方は，$3+3+1=7$（通り）

求める確率は，$P(A) = 1 - P(\overline{A}) = 1 - \dfrac{7}{216} = \dfrac{209}{216}$

> **6 余事象：少なくとも**
> 　大中小3個のさいころを投げて，少なくとも1個，3の目が出る確率を求めよ。

「少なくとも」という言葉があるときは，余事象を用いて計算すると簡単に計算できる場合が多い。

少なくとも1個，3の目が出る事象を A とすると，$\overline{A}$ はすべて3以外の目が出る事象である。大中小のさいころの目すべてに3以外の目が出る場合は，$5^3 = 125$（通り）

求める確率は，$P(A) = 1 - P(\overline{A}) = 1 - \dfrac{125}{216} = \dfrac{91}{216}$

7 余事象：倍数

大中小3個のさいころを投げて，出た目の積が3の倍数である確率を求めよ。

大中小3個のさいころの出た目をそれぞれ a, b, c とする。
　abc が3の倍数である
　　⇔　a, b, c のうち少なくとも一つが3の倍数である　……①
と言いかえることができるので，余事象を用いると簡単に計算できる。
　abc が3の倍数である事象を A とすると，$\overline{A}$ は abc が3の倍数でない事象であり，①の否定なので，「a, b, c がすべて3の倍数でない」事象と言いかえられる。
　1つのさいころに関して3の倍数が出ない確率は，$\dfrac{2}{3}$ であり，求める確率は，
$$P(A) = 1 - P(\overline{A}) = 1 - \left(\dfrac{2}{3}\right)^3 = \dfrac{19}{27}$$

8 余事象：最大

大中小3個のさいころを投げて，出た目の最大が3以上である確率を求めよ。

出た目の最大が3以上である事象を A とする。
　出た目の最大が3以上　⇔　少なくとも1個，3以上の目が出る。……②
と言いかえることができる。$\overline{A}$ は出た目の最大が2以下の事象であり，②の否定なので，「出た目がすべて2以下」と言いかえられる。
　求める確率は，$P(A) = 1 - P(\overline{A}) = 1 - \left(\dfrac{2}{6}\right)^3 = \dfrac{26}{27}$

9 差事象：最大

大中小3個のさいころを投げて，出た目のうち最大のものが5となる確率を求めよ。

出た目の最大が 5 以下である事象を A，出た目の最大が 4 以下である事象を B とする。

　　出た目の最大が 5 以下　⇔　出た目がすべて 5 以下

と言いかえられるから，$P(A) = \left(\dfrac{5}{6}\right)^3$。同様にして，$P(B) = \left(\dfrac{4}{6}\right)^3$。

出た目の最大が 5 であるときは，A（出た目の最大が 5 以下）であり，B でない（出た目の最大が 4 以下ではない）場合なので，求める確率は，

$$P(A) - P(B) = \left(\dfrac{5}{6}\right)^3 - \left(\dfrac{4}{6}\right)^3 = \dfrac{61}{216}$$

　上でいくつか余事象を用いるパターンを紹介した。しかし，センター数学で余事象を用いなければならない多くのときは，期待値（後述）を計算するときである。確率変数 X の期待値を求めるときは，すべての X の値についてそれに対応する確率を求めておかなければならないが，センター数学では少ない時間で処理できるように，確率変数 X の取りうる値の個数を小さい値に設定してある（ほとんど 5 以下）。しかも，期待値を求める前の設問で確率分布の表をほぼ埋めてあるような設定になっていて，最後の確率を余事象で求めるというパターンがよくある。過去問で確かめておいてほしい。

地と図

　右の図は心理学で有名な「ルビンの壺」である。

　白いところを意識すると，黒い「地」に白い壺の「図」が描かれているように見えるだろう。

　次に，黒いところを意識すると，白いところを「地」として，2 人の女性が横向きになって向き合っている「図」が黒で描かれていると見ることができる。

　白に着目して壺の絵と見ていたものを，残りの黒に着目して 2 人の女性の絵として見るのである。センター試験の確率や統計の問題でもこのような「地」と「図」を入れ替えて認識することが必要な問題が結構出ている。本番では誘導が付いているので，その誘導に乗ることができる

189

ように鍛えておこう。12 年追試, 10 年追試などもぜひ解いてほしい。

10 地と図

4 枚の 100 円玉と 5 枚の 50 円玉を同時に投げたとき，表の出た 100 円玉の枚数よりも表の出た 50 円玉の枚数の方が多い確率を求めよ。

表の出た 100 円玉の枚数よりも表の出た 50 円玉の枚数が多い事象を A,
裏の出た 100 円玉の枚数よりも裏の出た 50 円玉の枚数が多い事象を B とすると，表と裏の対等性より，$P(A) = P(B)$ である。

ここで，100 円玉の表の枚数を a，50 円玉の表の枚数を b とすると，事象 A は $a < b$ となる事象である。

$$a < b \iff 4-a > 4-b \iff 4-a \geq 5-b$$

であり，事象 A は，100 円玉の裏の枚数が 50 円玉の裏の枚数以上である事象，すなわち事象 $\overline{B}$ と一致する。よって，$P(A) = P(\overline{B})$ である。

$$2P(A) = P(B) + P(\overline{B}) = 1 \quad \therefore \quad P(A) = \frac{1}{2}$$

反復試行

試行を何回も繰り返すことを反復試行という。
次のような問題を考えてみよう。

11 反復試行

さいころを 5 回振って，ちょうど 3 回だけ 2 以下の目が出る確率を求めよ。

反復試行の公式を説明するつもりで解説してみる。

2 以下の目の出る事象を A とすると，A が起こる確率は，$P(A) = \dfrac{2}{6} = \dfrac{1}{3}$

2 以下の目が出ない事象を B とすると，B が起こる確率は，余事象の考え方を用いて，$P(B) = 1 - P(A) = 1 - \dfrac{1}{3} = \dfrac{2}{3}$

例えば，5回の目が$AAABB$の順に出る確率は，$\left(\dfrac{1}{3}\right)^3\left(\dfrac{2}{3}\right)^2$

Aが3回，Bが2回起こる場合は他にもあり，それらは5回のうちどこで3回Aが起こるかを考えて，${}_5C_3$(通り)ある。

よって，5回中3回Aが起こる確率は，${}_5C_3\left(\dfrac{1}{3}\right)^3\left(\dfrac{2}{3}\right)^2 = \dfrac{40}{243}$

反復試行の確率は次のようにまとめることができる。

反復試行の確率

1回の試行で事象Aが起こる確率をpとする。n回の試行のうち，Aがk回起こる確率は，

$${}_nC_k p^k (1-p)^{n-k}$$

● 条件付き確率

条件付き確率は難しいと思っている人がいるので基本から説明しておこう。

1から10までの数が書かれた10個の玉を箱の中に入れて無作為に1個取り出す試行を考える。取り出した玉に書かれた数が7以下である事象をA，偶数である事象をBとする。

事象Aが起こっているとき，事象Bが起こる確率を求めよう。

事象Aが起こっているので取り出した玉に書かれた数は1から7の7通りである。

このうち事象Bが起こっているのは，偶数である2，4，6の場合の3通りなので，事象Aが起こっているとき，事象Bが起こる確率は，$\dfrac{3}{7}$と計算することができる。

このように事象Aが起こっているときに事象Bが起こる確率を，事象Aの

もとでの条件付き確率といい，$P_A(B)$と表す。つまり，$P_A(B) = \dfrac{3}{7}$である。

ちなみに単に事象Bが起こる確率は，1から10の10通りのうちで偶数2，4，6，8，10が出る場合なので，$P(B) = \dfrac{5}{10} = \dfrac{1}{2}$である。

普通の確率を計算するときは分母に試行によるすべての場合の個数(10)を取るが，条件付き確率ではこのうち条件を満たすものだけに制限して数えた個数(7)を分母にしている。

この例のように，A, Bが同じ試行に関する事象であれば，$n(A)$で事象Aに含まれる根元事象の個数を表すものとして，条件付き確率は，

$$P_A(B) = \dfrac{n(A \cap B)}{n(A)} \quad \cdots\cdots ①$$

と計算する。

この条件付き確率を用いると，A, Bを組み合わせた事象$A \cap B$ (AかつBが起こる事象)の確率$P(A \cap B)$は，

$$P(A \cap B) = P(A) P_A(B)$$

と計算できる。これを乗法公式という。$P(A) \neq 0$であれば，これを割り算の形にして，

$$P_A(B) = \dfrac{P(A \cap B)}{P(A)} \quad \cdots\cdots ②$$

とする。

問題によって，個数の比である①と確率の比である②をうまく使い分けよう。

12 条件付き確率：個数の比で

ジョーカーを抜いた52枚のトランプカードがある。この中から1枚取り出すとき，ハートが出る事象をA, 5以下のカード(エースは1とする)が出る事象をBとする。このとき，事象Aが起こるもとでの，事象Bが起こる条件付き確率$P_A(B)$を求めよ。

$n(A) = 13$, $n(A \cap B) = 5$なので，$P_A(B) = \dfrac{n(A \cap B)}{n(A)} = \dfrac{5}{13}$

分数の比による公式$P_A(B) = \dfrac{P(A \cap B)}{P(A)}$を用いても求まるが，上のように個数の比で求めたい。

上の例では，事象 A, B が1つの試行に関する結果についてのものであったが，事象 A, B が別々の試行に関する結果である場合を考えよう。

　例えば，さいころを投げて出た目が5以下である事象を A とし，次に1から10が書かれた10枚のカードを箱の中に入れて，箱から1枚を選んで偶数が出る事象を B とする。常識的に考えて，さいころを投げて出た目の結果が，次に取り出すカードの数に影響を与えることはない。このとき，事象 A と事象 B は独立であるという。

　「さいころを投げた後，カードを選ぶ」という一連の試行を考えるとき，A かつ B となる事象 $A \cap B$ の確率は，
$$P(A \cap B) = P(A)P(B) = \frac{5}{6} \cdot \frac{5}{10} = \frac{5}{12}$$
と計算できる。つまり，事象 A, B が独立であるときは，
$$P(A \cap B) = P(A)P(B) \quad \cdots\cdots ③$$
という公式で $P(A \cap B)$ を計算することができる。これは感覚的にもわかっている人が多いだろう。

　一方，条件付き確率を用いた公式は，$P(A \cap B) = P(A)P_A(B)$ となるので，③と見比べると

　事象 A, B が独立のとき，
$$P(B) = P_A(B) \quad \cdots\cdots ④$$
が成り立つ。つまり，事象 A が起こっているもとでの事象 B が起こる確率は，事象 A と B が独立のとき，単に事象 B の確率を求めるだけでよいのである。

13 条件付き確率：独立

　大中小3個のさいころを投げて，大中の目の最大公約数が2のとき，小の目が4となる条件付き確率を求めよ。

　大中の目の出方と小の目の出方は独立である。問題の条件付き確率は，単に小の目が4となる確率に等しい。よって，答えは，$\frac{1}{6}$

　2つの事象 A, B が独立でない場合であっても，条件付き確率が簡単に求められる場合がある。事象 A が事象 B より先に起こる場合である。このとき，

193

事象 A が起こったことで，事象 B の確率を計算するために不確定な要素がなくなってしまう場合は，①，②の公式を意識せず条件付き確率を求めることができる。次の例で確かめてもらいたい。

> **14 条件付き確率：条件確定**
> 1から10までの数が書かれた10枚のカードを箱に入れて，1枚カードを取り出し，そのカードを戻さないで2枚目のカードを取り出す。1枚目のカードの数が偶数である事象を A，2枚目のカードの数が偶数である事象を B とする。$P_A(B)$ を求めよ。

1枚目が偶数であると，残りの9枚には，偶数が4枚，奇数が5枚である。1枚目のカードの数が偶数であるとき，2枚目のカードの数が偶数である条件付き確率は，

$$P_A(B) = \frac{4}{9}$$

このように公式を使わないで解くのがうまい。

一応，公式(p.192 の①)を使って解いてみよう。

10枚中5枚が偶数なので，$P(A) = \frac{5}{10} = \frac{1}{2}$

初めの2枚の取り出し方は，$10 \times 9 = 90$(通り)　この2枚の取り出し方のうち，2枚とも偶数である場合は，$5 \times 4 = 20$(通り)　よって，$P(A \cap B) = \frac{20}{90} = \frac{2}{9}$

求める条件付き確率は，$P_A(B) = \dfrac{P(A \cap B)}{P(A)} = \dfrac{\left(\frac{2}{9}\right)}{\left(\frac{1}{2}\right)} = \dfrac{4}{9}$

> **15 条件付き確率：条件確定**
> 3個のさいころを投げ，出た目の積に等しい枚数のコインを投げる。積が6のとき，表のコインの枚数が2枚となる条件付き確率を求めよ。

設問に答えるだけであれば，3個のさいころを投げ，出た目の積が6になるような確率を求める必要はない。積によって投げるコインの枚数が決定したの

だから，単に6枚のコインを投げて2枚の表が出る確率を計算すればよい。出た目の積が6になる事象を A，表が2枚出る事象を B とすると，6枚のコインのうち表になる2枚がどれかを考えて，

$$P_A(B) = \frac{{}_6C_2}{2^6} = \frac{15}{64}$$

事象の独立の判定

異なる2つの試行に関する2つの事象が独立であるか否かは，問題文から常識的に判断してよく，独立な場合の条件付き確率は $P_A(B) = P(B)$ のようにして計算すればよい。

しかし，正式には「事象 A と事象 B が独立である」ことの定義は，次のように p.193 の③の式が成り立つことを言うのである。

事象 A と B が独立である $\Leftrightarrow$ $P(A \cap B) = P(A)P(B)$

2つの事象が独立であるかは，右の式が成立するかどうか調べて判定する。

定義にそって独立を判定するのであれば上を確かめることになるが，条件付き確率については，つねに乗法公式 $P(A \cap B) = P(A)P_A(B)$ が成り立っているので，

$$P_A(B) = P(B)$$

が成り立つかどうかで，事象 A と B の独立性を判定できることが分かる。

16 事象が独立であることの判定

大小2個のさいころを投げる。出た目の和が7となる事象を A，出た目の和が6の事象を B，大の出た目が偶数である事象を C とする。A と C，B と C は独立であるか判定せよ。

$P(C) = \dfrac{3}{6} = \dfrac{1}{2}$ であり，これと $P_A(C)$，$P_B(C)$ を比べる。

A は大小のさいころの目が，

(1, 6), (2, 5), (3, 4), (4, 3), (5, 2), (6, 1)

のときで，このうち大の目が偶数であるのは，

(2, 5), (4, 3), (6, 1)

なので，$P_A(C) = \dfrac{3}{6} = \dfrac{1}{2}$　$P(C) = P_A(C)$なので，AとCは独立。

Bは大小のさいころの目が，

$$(1, 5), (2, 4), (3, 3), (4, 2), (5, 1)$$

のときで，このうち大の目が偶数であるのは，

$$(2, 4), (4, 2)$$

なので，$P_B(C) = \dfrac{2}{5}$　$P(C) \neq P_B(C)$なので，BとCは独立でない。

期待値

変数の値を決めると，それに対応する確率が定まるものを確率変数という。

例えば，3枚のコインを投げて表が出た枚数をXとすると，Xは確率変数である。

$X=1$のとき，つまり3枚中表が1枚出る確率は，反復試行の公式を用いて，${}_3C_1 \left(\dfrac{1}{2}\right)^3 = \dfrac{3}{8}$となる。$X$を1と定めるとそれに対応する確率$\dfrac{3}{8}$が定まるわけである。

このとき，$P(X=1) = \dfrac{3}{8}$と表す。

Xが取りうる値は0, 1, 2, 3の4通りである。これらに対応する確率を調べて表にすると次のようになる。

X	0	1	2	3
P	$\dfrac{1}{8}$	$\dfrac{3}{8}$	$\dfrac{3}{8}$	$\dfrac{1}{8}$

これをXの分布表という。全事象の確率は1なので，分布表に書かれた確率をすべて足すと1になる。

確率変数Xの分布表から，Xの値と確率Pの積を取り，その和を取ったものを期待値といい，$E(X)$で表す。上の例では，

$$E(X) = 0 \cdot \dfrac{1}{8} + 1 \cdot \dfrac{3}{8} + 2 \cdot \dfrac{3}{8} + 3 \cdot \dfrac{1}{8} = \dfrac{12}{8} = \dfrac{3}{2}$$

と計算する。

> **17** 期待値
> 2個のさいころを投げたとき，大きい方の目を X とする。X の期待値 $E(X)$ を求めよ。

$X=k$ となる場合の数は，

(2個とも k 以下の場合の数) − (2個とも $k-1$ 以下の場合の数)

なので，$k^2-(k-1)^2=2k-1$(通り)

X の分布表を作ると，

X	1	2	3	4	5	6
P	$\dfrac{1}{36}$	$\dfrac{3}{36}$	$\dfrac{5}{36}$	$\dfrac{7}{36}$	$\dfrac{9}{36}$	$\dfrac{11}{36}$

よって，期待値は，

$$E(X)=1\cdot\dfrac{1}{36}+2\cdot\dfrac{3}{36}+3\cdot\dfrac{5}{36}+4\cdot\dfrac{7}{36}+5\cdot\dfrac{9}{36}+6\cdot\dfrac{11}{36}=\dfrac{161}{36}$$

確率変数 X をもとにして新しい確率変数を作ることができる。例えば，$X+3$，$2X-1$，X^2，$\log X$，…など X の式であれば何でもよい。

例えば，$P(X=2)=\dfrac{2}{5}$ であれば，$X=2$ のときの確率が $\dfrac{2}{5}$ なので，確率変数 $X+3$ については，$X+3=2+3=5$ となる確率が $\dfrac{2}{5}$ であり，$P(X+3=5)=\dfrac{2}{5}$ となる。

確率変数 X の式で表された確率変数についても X と同様に期待値を求めることができる。問題で確認しておこう。

> **18** 期待値：X の式
> さいころの出た目を X とするとき，X^2 の期待値 $E(X^2)$ を求めよ。

X，X^2 の分布表を作ると次のようになる。

X	1	2	3	4	5	6
X^2	1	4	9	16	25	36
P	$\dfrac{1}{6}$	$\dfrac{1}{6}$	$\dfrac{1}{6}$	$\dfrac{1}{6}$	$\dfrac{1}{6}$	$\dfrac{1}{6}$

この表をもとにして確率変数 X^2 の期待値を計算すると，
$$E(X^2) = 1\cdot\frac{1}{6} + 4\cdot\frac{1}{6} + 9\cdot\frac{1}{6} + 16\cdot\frac{1}{6} + 25\cdot\frac{1}{6} + 36\cdot\frac{1}{6} = \frac{91}{6}$$

期待値は平均と呼ぶこともある。これは統計の平均に対応しているからである。

統計の平均と対応付けるには次のように考える。

いま変量 x を持つ資料があるとする。この資料の中から1個を取り出しその変量に書かれた数を確率変数 X とおくことにする。すると，資料の平均 $\bar{x}$ と確率変数の期待値 $E(X)$ は等しくなる。

なぜなら，サイズ n の資料の変量が $x_1, x_2, \cdots, x_n$ であるとき，k 番目の資料を取り出す確率は $\dfrac{1}{n}$ であり，X の期待値を計算すると，
$$E(X) = x_1\cdot\frac{1}{n} + x_2\cdot\frac{1}{n} + \cdots + x_n\cdot\frac{1}{n} = \frac{x_1+x_2+\cdots+x_n}{n} = \bar{x}$$
と $\bar{x}$ に等しくなるからである。

よって，確率変数の期待値でも，「データの分析」での平均についての公式と類似の公式が成り立つ。

> **一様分布の公式**
>
> 確率変数 X は，n 項の等差数列 $a_1, a_2, \cdots, a_n$ の値をとり，これらについて等確率すなわち，$P(X=a_i) = \dfrac{1}{n}$ ($1 \leqq i \leqq n$) である。このとき，
> $$E(X) = \frac{a_1+a_n}{2} \quad (\text{初項と終項の平均})$$

これが成り立つことは感覚的にも納得がいくし，次の問題の解答を文字式で書けばそれが証明である。「データの分析」のところの公式を思い出すつもり

で解いてみよう。

19 期待値：一様分布

7, 10, 13, 16, 19, 22, 25, 28 が等しい確率で出るルーレットがある。このルーレットを回したとき，出た番号を X とする。X の期待値 $E(X)$ を求めよ。

このルーレットの番号は初項 7，公差 3 の等差数列になっている。これらが等確率で出るので，X の期待値は 7 と 28 の平均を取って，$E(X) = \dfrac{7+28}{2} = 17.5$ と計算してよい。

真面目に計算してみよう。各目が出る確率は，$\dfrac{1}{8}$ なので，

$$E(X) = 7 \cdot \dfrac{1}{8} + 10 \cdot \dfrac{1}{8} + 13 \cdot \dfrac{1}{8} + 16 \cdot \dfrac{1}{8} + 19 \cdot \dfrac{1}{8} + 22 \cdot \dfrac{1}{8} + 25 \cdot \dfrac{1}{8} + 28 \cdot \dfrac{1}{8}$$

$$= \dfrac{1}{8} \times (7 + 10 + 13 + 16 + 19 + 22 + 25 + 28)$$

$$= \dfrac{1}{8} \times \underline{\dfrac{1}{2}(7+28) \times 8} = \dfrac{7+28}{2} = 17.5$$

↑等差数列の和の公式

データの分析では，変量 x から作った変量 $y = ax + b$（a，b は定数）について平均を取ると，

$$\bar{y} = a\bar{x} + b$$

という関係式があった。確率変数の期待値に関しても同様の公式が成り立つ。

1次式の期待値

確率変数 X に関して，新しい確率変数 Y を，$Y = aX + b$（a，b は定数）となるようにとると，

$$E(Y) = aE(X) + b$$

が成り立つ。

問題で確認しておこう。

20 期待値：Xの1次式

確率変数 X の期待値が3のとき，$Y=2X-1$ と表される確率変数 Y の期待値を求めよ。

$$E(Y) = E(2X-1) = 2E(X) - 1 = 2 \cdot 3 - 1 = 5$$

2つの確率変数を組み合わせて新しく確率変数を作ることを考えよう。

例えば，大小2個のさいころを同時に振ることを考える。出た目の和を確率変数 X とおくことにして，X の期待値 $E(X)$ を求めよう。

$6 \times 6 = 36$（通り）をすべて調べて分布表を作ると，下表のようになる。

大\小	1	2	3	4	5	6
1	2	3	4	5	6	7
2	3	4	5	6	7	8
3	4	5	6	7	8	9
4	5	6	7	8	9	10
5	6	7	8	9	10	11
6	7	8	9	10	11	12

これをもとに X の期待値を計算すると，

$$E(X) = 2 \cdot \frac{1}{36} + 3 \cdot \frac{2}{36} + 4 \cdot \frac{3}{36} + 5 \cdot \frac{4}{36} + 6 \cdot \frac{5}{36} + 7 \cdot \frac{6}{36}$$
$$+ 8 \cdot \frac{5}{36} + 9 \cdot \frac{4}{36} + 10 \cdot \frac{3}{36} + 11 \cdot \frac{2}{36} + 12 \cdot \frac{1}{36} = \frac{252}{36} = 7$$

となる。なかなか骨の折れる計算である。

しかし，これは公式を用いるともっと簡単に計算できる。

大の出た目の数を確率変数 X_1，小の出た目の数を確率変数 X_2 とおく。すると，確率変数の間には，$X = X_1 + X_2$ という関係が成り立つ。このとき，X，X_1，X_2 の間には，

$$E(X) = E(X_1) + E(X_2)$$

という式が成り立つのである。

大の目は小の目と独立に決まるので，X_1 の期待値は，1個のさいころを投げたときの出た目の期待値に等しく，$E(X_1) = \dfrac{1+6}{2} = \dfrac{7}{2}$（一様分布の期待値の公式を用いた）となる。

同様に，$E(X_2) = \dfrac{7}{2}$ となる。これらを用いると，X の期待値 $E(X)$ は，
$$E(X) = E(X_1) + E(X_2) = \frac{7}{2} + \frac{7}{2} = 7$$
と計算できる。X の期待値は，さいころ1個を振って出た目の期待値の2倍になるのである。

和の期待値は期待値の和

確率変数 X, Y について，
$$E(X+Y) = E(X) + E(Y)$$

「大の目は小の目と独立に決まる」と書いたが，これを正確に説明しておこう。事象 A, B の独立（事象の独立）と同様に，確率変数 X, Y の独立（確率変数の独立）は次のように定義される。

確率変数 X, Y は独立である
$\iff$ すべての a, b について，$P(X=a, Y=b) = P(X=a)P(Y=b)$
　が成り立つ。

大小2個のさいころを投げる例では，
$$P(X_1=2, X_2=3) = \frac{1}{36}, \ P(X_1=2) = \frac{6}{36} = \frac{1}{6}, \ P(X_2=3) = \frac{6}{36} = \frac{1}{6}$$
なので，$P(X_1=2, X_2=3) = P(X_1=2)P(X_2=3)$ が成り立つ。

2, 3を他の数字にしても同様な式が成り立つので，確率変数 X_1, X_2 は独立である。

上の期待値の和の公式は2つの確率変数が独立でない場合でも成り立つところが応用の効くところである。次の問題がその場合である。

201

> **21** 期待値：和の公式
>
> 　1から10までの数が書かれた10枚のカードが箱の中に入れてある。この中から1枚のカードを取り出し、そのカードを箱の中に戻さないでもう1枚のカードを取り出す。取り出されたカードに書かれた数の和を確率変数 X とおく。このとき，X の期待値 $E(X)$ を求めよ。

初めに取り出したカードに書かれた数を確率変数 X_1，次に取り出したカードに書かれた数を確率変数 X_2 とおく。すると，$X=X_1+X_2$ が成り立つ。
1枚目のカードは1から10までの中から1枚選ぶので X_1 の期待値は，
$$E(X_1) = \frac{1+10}{2} = \frac{11}{2}$$
くじ引きの対等性より，2枚目のカードの期待値も $E(X_2) = \dfrac{11}{2}$
よって，X の期待値 $E(X)$ は，
$$E(X) = E(X_1+X_2) = E(X_1) + E(X_2) = \frac{11}{2} + \frac{11}{2} = 11$$

この問題では，X_1 と X_2 は独立ではないことも確かめておこう。
例えば，$P(X_1=1) = \dfrac{1}{10}$，$P(X_2=1) = \dfrac{1}{10}$，$P(X_1=1, X_2=1) = 0$ から，
$P(X_1=1, X_2=1) \neq P(X_1=1)P(X_2=1)$ なので，X_1 と X_2 は独立ではない。
期待値の和の公式は，確率変数が独立でない場合でも成り立つのである。

上で紹介した期待値の公式は確率変数が2個の場合であったが，確率変数が3個以上でも2個の場合の公式を繰り返し用いて，同様の式が成り立つ。
$$E(X+Y+Z) = E(X) + E(Y) + E(Z)$$
$$E(X_1+X_2+\cdots+X_n) = E(X_1) + E(X_2) + \cdots + E(X_n)$$
また，確率変数の1次式についての期待値の公式と合わせると，
$$E(aX+bY+c) = aE(X) + bE(Y) + c$$
が成り立つ。

22 期待値：和の公式

1から10までの数が書かれた10枚のカードが箱の中に入れてある。この中から1枚ずつ順にカードを取り出し，6枚のカードを取り出す。ただし，取り出したカードは戻さないものとする。このとき，

(3枚目のカードの数) − (5枚目のカードの数) × 2
+ (6枚目のカードの数) × 3

を確率変数 X とおく。このとき，X の期待値 $E(X)$ を求めよ。

3枚目のカードの数を確率変数 X_1，5枚目のカードの数を確率変数 X_2，6枚目のカードの数を確率変数 X_3 とすると，くじ引きの対等性より，

$$E(X_1) = E(X_2) = E(X_3) = \frac{11}{2}$$

$X = X_1 - 2X_2 + 3X_3$ なので，

$$E(X) = E(X_1 - 2X_2 + 3X_3) = E(X_1) - 2E(X_2) + 3E(X_3)$$
$$= \frac{11}{2} - 2 \cdot \frac{11}{2} + 3 \cdot \frac{11}{2} = 11$$

ダミー変数

反復試行の期待値を確率変数の和の公式を応用して導いてみよう。

例えば，さいころを振って，1か2が出る事象を A とする。さいころを4回振って A が起こる回数を X とする。X は反復試行の分布に従う。

確率変数 X_1 を，1回目で A が起こったときには1の値をとり，1回目で A が起こらなかったときは0の値を取るような確率変数と定める。

ここでちょっと違和感を持つ人がいるかもしれない。いままでの確率変数の例は，さいころの目やカードに書かれた数という目に見えるものであったからだ。しかし，確率変数は目に見えるものだけとは限らない。X の値を決めたときにそれに対応する確率が決まれば，それは確率変数といってよいのである。

上の X_1 の決め方では，$X_1 = 1$ のとき（A が起こるとき）の確率は $\frac{1}{3}$，$X_1 = 0$ のとき（A が起こらない）の確率は $\frac{2}{3}$ となり，分布は

X_1	0	1
P	$\dfrac{2}{3}$	$\dfrac{1}{3}$

となるので，X_1 は立派な確率変数である。

X_1 の期待値を計算しておくと，
$$E(X_1) = 0 \cdot \frac{2}{3} + 1 \cdot \frac{1}{3} = \frac{1}{3}$$

X_2, X_3, X_4 もそれぞれ 2 回目，3 回目，4 回目の目の出方によって同様に定めるものとする。すると，X, X_1, X_2, X_3, X_4 の間には，
$$X = X_1 + X_2 + X_3 + X_4$$
という関係が成り立つ。

例で確かめてみよう。例えば，1 回目と 3 回目で A が起こり，2 回目と 4 回目で A が起こらない場合はどうだろう。X は 2 であり，X_1 から X_4 の確率変数は，$X_1 = 1$，$X_2 = 0$，$X_3 = 1$，$X_4 = 0$ となる。$X_1 + X_2 + X_3 + X_4 = 1 + 0 + 1 + 0 = 2$ となり X の値 2 に等しい。A が起こった回数分だけ X_1 から X_4 の中に 1 があるので，X_1 から X_4 までの和は A が起こった回数に等しくなるのだ。

X の期待値は，
$$E(X) = E(X_1 + X_2 + X_3 + X_4) = E(X_1) + E(X_2) + E(X_3) + E(X_4)$$
$$= \frac{1}{3} + \frac{1}{3} + \frac{1}{3} + \frac{1}{3} = \frac{1}{3} \times 4 = \frac{4}{3}$$

となる。$P(X=1)$，$P(X=2)$ などを計算すると煩雑になる期待値の計算であっても，和の期待値の公式を用いると期待値が簡単に計算できる。$\dfrac{1}{3} \to p$，$4 \to n$ とすると，反復試行の期待値の公式は，次のようにまとめられる。

反復試行の期待値

1 回の試行で事象 A が起こる確率を p とする。n 回の試行で事象 A が起こる回数を X とすると，X の期待値 $E(X)$ は，
$$E(X) = np$$
と表される。

このような X_1 から X_4 のように事象が起こると起こらないとで 1 と 0 の値を取るような確率変数をダミー変数という。ダミー変数は反復試行の期待値を求める場合以外にも幅広い応用がある。

23 期待値：反復試行
さいころを 6 回投げて，5 の目が出る回数を確率変数 X とおく。X の期待値を求めよ。

さいころを 1 回投げて 5 の目が出る事象を A とする。$P(A) = \dfrac{1}{6}$

X は 6 回中に A が起こる回数を表しているので，反復試行の期待値の公式を用いて，

$$E(X) = 6 \times \dfrac{1}{6} = 1$$

ダミー変数の練習をしておこう。

24 期待値：ダミー変数
袋の中に赤玉が 3 個，白玉が 7 個入っている。この袋の中から 4 個の玉を取り出すとき，含まれる赤玉の個数を確率変数 X とおく。X の期待値を求めよ。

赤玉を赤$_1$, 赤$_2$, 赤$_3$ と名付ける。赤$_k$ が取り出されるとき 1 の値をとり，取り出されないとき 0 の値をとる確率変数を X_k とする。

赤$_k$ が取り出される確率は，$\dfrac{4}{10} = \dfrac{2}{5}$（くじ引きの対等性）なので，$X_k$ の期待値は，

$$E(X_k) = 0 \cdot \dfrac{3}{5} + 1 \cdot \dfrac{2}{5} = \dfrac{2}{5}$$

$X = X_1 + X_2 + X_3$ なので，X の期待値は，

$$E(X) = E(X_1 + X_2 + X_3) = E(X_1) + E(X_2) + E(X_3)$$
$$= \dfrac{2}{5} + \dfrac{2}{5} + \dfrac{2}{5} = \dfrac{6}{5}$$

別解

k 番目に取り出す玉が赤玉であるとき 1 の値を取り，白玉であるとき 0 の値を取る確率変数を X_k とする。

k 番目で赤玉を取り出す確率はくじ引きの対等性より，$\dfrac{3}{10}$ なので，

$$E(X_k) = 0 \cdot \left(1 - \dfrac{3}{10}\right) + 1 \cdot \dfrac{3}{10} = \dfrac{3}{10}$$

$X = X_1 + X_2 + X_3 + X_4$ なので，X の期待値は，

$$E(X) = E(X_1 + X_2 + X_3 + X_4) = E(X_1) + E(X_2) + E(X_3) + E(X_4)$$
$$= \dfrac{3}{10} + \dfrac{3}{10} + \dfrac{3}{10} + \dfrac{3}{10} = \dfrac{6}{5}$$

---

25 期待値：ダミー変数

箱の中に，赤，青，黒，白の玉がそれぞれ 2 個ずつある。箱の中から同時に 4 個の玉を取り出すとき，色の種類の数を確率変数 X とする。X の期待値を求めよ。

確率変数 X_1 を，4 個の中に赤が含まれるとき $X_1 = 1$，含まれないとき $X_1 = 0$ となるように定める。X_2, X_3, X_4 に関しても，それぞれ青，黒，白について同様に定める。

取り出される 4 個の中に赤が含まれない確率は，$\dfrac{{}_6C_4}{{}_8C_4} = \dfrac{15}{70} = \dfrac{3}{14}$ なので，

$$E(X_1) = 0 \cdot \dfrac{3}{14} + 1 \cdot \left(1 - \dfrac{3}{14}\right) = \dfrac{11}{14}$$

$X = X_1 + X_2 + X_3 + X_4$ なので，X の期待値は

$$E(X) = E(X_1 + X_2 + X_3 + X_4) = E(X_1) + E(X_2) + E(X_3) + E(X_4)$$
$$= \dfrac{11}{14} + \dfrac{11}{14} + \dfrac{11}{14} + \dfrac{11}{14} = \dfrac{22}{7}$$

---

26 期待値：ダミー変数

A, B, C の 3 つの文字から無作為に 1 文字選んで左から右へ向かって 1 列に並べていく。6 個並べたとき，「ABC」という連続した 3 文字が出現する回数を X とする。X の期待値を求めよ。なお，同じ文字は何度使ってもよいものとする。

確率変数 X_1 を，ABC が①のように左から1番目から3番目までで出るとき $X_1=1$ となり，そうでないとき $X_1=0$ となるように定める。

① ＡＢＣ※※※
② ※ＡＢＣ※※
③ ※※ＡＢＣ※
④ ※※※ＡＢＣ

①のように ABC が出る確率は，$\dfrac{3^3}{3^6}=\dfrac{1}{27}$ なので，　※※※の並べ方

$$E(X_1)=0\cdot\left(1-\dfrac{1}{27}\right)+1\cdot\dfrac{1}{27}=\dfrac{1}{27}$$

X_2, X_3, X_4 も同様に定める。$X=X_1+X_2+X_3+X_4$ なので，X の期待値は

$$E(X)=E(X_1+X_2+X_3+X_4)=E(X_1)+E(X_2)+E(X_3)+E(X_4)$$
$$=\dfrac{1}{27}+\dfrac{1}{27}+\dfrac{1}{27}+\dfrac{1}{27}=\dfrac{4}{27}$$

> **27 期待値：ダミー変数**
>
> 4人で全員がいちどに手を出すじゃんけんをする。各人は等確率でグー，チョキ，パーを出すものとする。このじゃんけんの勝者の人数を X とする。X の期待値を求めよ。

4人を A, B, C, D とする。確率変数 X_1 を，A が勝者になるとき $X_1=1$，勝者でないとき（引き分けも含む）$X_1=0$ となるように定める。

A がチョキのとき A が勝者になるのは，B, C, D がチョキとパーを出すが，全員チョキではないときであり，B, C, D の手の出し方は $2^3-1=7$（通り）

A が勝者になる確率は，$\dfrac{3\cdot7}{3^4}=\dfrac{7}{27}$ なので，$E(X_1)=0\cdot\left(1-\dfrac{7}{27}\right)+1\cdot\dfrac{7}{27}=\dfrac{7}{27}$

X_2, X_3, X_4 はそれぞれ B, C, D について同様に定める。

$X=X_1+X_2+X_3+X_4$ なので，X の期待値は

$$E(X)=E(X_1+X_2+X_3+X_4)=E(X_1)+E(X_2)+E(X_3)+E(X_4)$$
$$=\dfrac{7}{27}+\dfrac{7}{27}+\dfrac{7}{27}+\dfrac{7}{27}=\dfrac{28}{27}$$

28 期待値：ランダムウォーク

数直線上の原点に点 P がある。さいころを投げて，1 または 2 が出たときは右へ 3 だけ進み，それ以外の場合は左へ 1 だけ進むことにする。さいころを 4 回投げたとき，P がある点の目盛りを X とする。X の期待値を求めよ。

k 回目 $(1 \leq k \leq 4)$ にさいころを投げたとき，その結果によって P が x の正方向に進む距離を確率変数 X_k とすると，X_k は 3 と -1 の 2 つの値を取り，
$$P(X_k = 3) = \frac{1}{3}, \ P(X_k = -1) = \frac{2}{3}$$
期待値は，$E(X_k) = 3 \cdot \frac{1}{3} + (-1) \cdot \frac{2}{3} = \frac{1}{3}$

$X = X_1 + X_2 + X_3 + X_4$ なので，X の期待値は，
$$E(X) = E(X_1 + X_2 + X_3 + X_4) = E(X_1) + E(X_2) + E(X_3) + E(X_4)$$
$$= \frac{1}{3} + \frac{1}{3} + \frac{1}{3} + \frac{1}{3} = \frac{4}{3}$$

● 期待値の公式

2 つの確率変数の積で表される確率変数について，次のような公式が成り立つ。

積の期待値は期待値の積（独立なとき）

独立な確率変数 X, Y について，
$$E(XY) = E(X)E(Y)$$
が成り立つ。

「独立な」という条件は外すことができない。X, Y が独立でない場合は，この式は成り立つとは限らない。適用するときは注意しなければいけない。

29 期待値：確率変数の積

大小 2 個のさいころを投げて出た目の積を確率変数 X とおく。X の期待値を求めよ。

大の出た目の数を確率変数 X_1，小の出た目の数を確率変数 X_2 とすると，
$$E(X_1) = E(X_2) = \frac{1+6}{2} = \frac{7}{2}.$$
X_1 と X_2 は独立で，$X = X_1 X_2$ なので，
$$E(X) = E(X_1 X_2) = E(X_1) E(X_2) = \frac{7}{2} \times \frac{7}{2} = \frac{49}{4}$$

試行の結果によって状況が枝分かれしていくときの期待値については，教科書にはないが頻出である。問題で確認しておきたい。

30 期待値：分割

さいころを投げて 2 以下の目が出るとき，1 から 8 までのカードの中から 1 枚カードを引き，3 以上の目が出るときは，1 から 5 までのカードの中からカードを 1 枚引くものとする。このとき，カードに書かれた数を確率変数 X として X の期待値を求めよ。

さいころを投げて 2 以下の目が出る事象を A，3 以上の目が出る事象を B とする。

A が起こるもとでの X の期待値を $E_A(X)$［正確には条件付き期待値］とすると，A が起こるもとでは，1 から 8 までのカードから 1 枚選ぶので，X の期待値は，$E_A(X) = \dfrac{1+8}{2}$

B が起こるもとでの X の期待値を $E_B(X)$ とすると，B が起こるもとでは，1 から 5 までのカードから 1 枚選ぶので，X の期待値は，$E_B(X) = \dfrac{1+5}{2}$

このとき，X の期待値は，
$$E(X) = P(A) E_A(X) + P(B) E_B(X) = \frac{1}{3} \cdot \frac{1+8}{2} + \frac{2}{3} \cdot \frac{1+5}{2} = \frac{7}{2}$$
と計算できる。

これは次のようにまとめることができる。

> **枝分かれの期待値**
>
> 事象 A が起こるとき，この条件のもとでの X の期待値を $E_A(X)$，事象 A が起こらないとき，この条件のもとでの X の期待値を $E_{\overline{A}}(X)$ とする。このとき，
> $$E(X) = P(A)E_A(X) + P(\overline{A})E_{\overline{A}}(X)$$
> が成り立つ。

もっと枝分かれがあっても同じことである。問題で確認しておきたい。

31 期待値：分割

さいころを投げて，出た目の枚数だけコインを投げるとき，表が出る枚数を確率変数 X とする。X の期待値を求めよ。

コインを k 枚投げるとき，表が出る枚数 X の期待値を $E_k(X)$ とすると，反復試行の期待値の公式より，$E_k(X) = \dfrac{k}{2}$ である。

よって，X の期待値は，
$$\begin{aligned}
E(X) &= P(\text{目が}1)E_1(X) + P(\text{目が}2)E_2(X) + \cdots\cdots + P(\text{目が}6)E_6(X) \\
&= \frac{1}{6}\cdot\frac{1}{2} + \frac{1}{6}\cdot\frac{2}{2} + \frac{1}{6}\cdot\frac{3}{2} + \frac{1}{6}\cdot\frac{4}{2} + \frac{1}{6}\cdot\frac{5}{2} + \frac{1}{6}\cdot\frac{6}{2} = \frac{7}{4}
\end{aligned}$$

頻出の期待値として，最大値，最小値の期待値を紹介しておこう。

32 期待値：最大・最小

1から8までの数が書かれた8枚のカードがある。この中から同時に2枚取り出すとき，カードに書かれている数の大きい方を X，小さい方を Y とする。X, Y の期待値を求めよ。

初めに裏技による解き方を示してしまおう。

取り出す2枚が1〜8のうち，どこらへんにあるかを考える。

取り出す2枚は，平均的には右図の⑤⑩のところにあると考えられる。

アカ破線で囲まれた部分のカードの枚数は，8枚から大小2枚を取ったあと均等に割り振られると考えて，

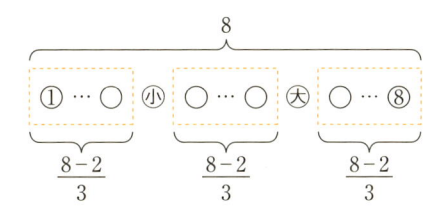

$$\frac{8-2}{3}=2（枚）$$

Xの期待値は，$2+1+2+1=6$
Yの期待値は，$2+1=3$ と考えられる。

注意
非復元抽出の場合しか使えない

本当にそうなるか確かめてみよう。

確かめ 全事象は${}_8C_2=28$（通り） $X=k$ となる場合は，1枚はk，もう1枚は1から$k-1$までの$k-1$通りが考えられるので，$X=k$ となる確率は，$\dfrac{k-1}{28}$

よって，$E(X)=\displaystyle\sum_{k=2}^{8}\left(k\times\dfrac{k-1}{28}\right)=\dfrac{1}{28}\sum_{k=2}^{8}k(k-1)=\dfrac{1}{28}\sum_{k=1}^{8}k(k-1)=\dfrac{1}{28}\times\dfrac{9\cdot 8\cdot 7}{3}=6$

Yの方は各自に任せる。

なお，この公式は非復元抽出の場合しか用いることができないことに注意しよう。

まとめると，次のようになる。

最大・最小の期待値（非復元抽出）

1からnまでの数が書かれたカードがn枚ある。この中から同時に2枚取り出すとき，カードに書かれている数の大きい方をX，小さい方をYとする。

このとき，
$$E(X)=2\times\dfrac{n-2}{3}+2=\dfrac{2n+2}{3}, \quad E(Y)=\dfrac{n-2}{3}+1=\dfrac{n+1}{3}$$

くじ引きの対等性を用いると，この公式を用いて次のような問題をさばくこともできる。

> **33** 期待値：出るまで取り出す
> 　箱の中に 6 個の白玉と 2 個の赤玉が入っている。この箱から 1 回ずつ，取り出した玉は戻さず，順に玉を取り出すとき，2 個目の赤玉が取り出されたときまでに，箱から取り出した玉の個数を X とする。このとき，X の期待値を求めよ。

　次のように，前問で 3 と 7 のカードを取り出すことと，この問題で 3 番目と 7 番目で赤玉を取り出すことを対応させて考えれば，前問の最大値の期待値を求める問題と同じであることが分かる。

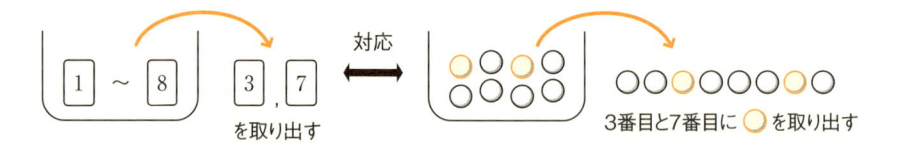

　計算でも確かめてみる。
　玉を全部取り出すときのことを考える。2 個の赤玉が何番目で出るかを考え，全事象を $_8C_2$ とする。2 個目の赤玉が k 番目に取り出されるとき，1 個目の赤玉は 1 番目から $k-1$ 番目まで取り出される場合があり，2 個目の赤玉が k 番目に取り出される確率は，$\dfrac{k-1}{28}$

　前問の 確かめ と同じ計算をして，$E(X)=6$

分散

　データの分析では，資料に対して分散を計算した。確率変数にも分散がある。計算方法はデータの分析のところで習った分散とほぼ同じである。偏差の 2 乗を確率変数として期待値を取ればよい。
　例えば，3 枚のコインを投げて表が出た枚数を確率変数 X とする。すると，

X の分布は

X	0	1	2	3
P	$\frac{1}{8}$	$\frac{3}{8}$	$\frac{3}{8}$	$\frac{1}{8}$

となる。期待値は，$E(X) = 0 \cdot \frac{1}{8} + 1 \cdot \frac{3}{8} + 2 \cdot \frac{3}{8} + 3 \cdot \frac{1}{8} = \frac{12}{8} = \frac{3}{2}$ であった。

X の分散を $V(X)$ と表すと，$V(X)$ は，
$$V(X) = \left(0 - \frac{3}{2}\right)^2 \cdot \frac{1}{8} + \left(1 - \frac{3}{2}\right)^2 \cdot \frac{3}{8} + \left(2 - \frac{3}{2}\right)^2 \cdot \frac{3}{8} + \left(3 - \frac{3}{2}\right)^2 \cdot \frac{1}{8} = \frac{3}{4}$$
と計算する。波線の部分は偏差の 2 乗を表している。

X の期待値を m とおき，偏差の 2 乗を確率変数 $(X-m)^2$ とすると，$V(X)$ は確率変数 $(X-m)^2$ の期待値となっている。実際，この確率変数の分布は，

$(X-m)^2$	$\left(0-\frac{3}{2}\right)^2$	$\left(1-\frac{3}{2}\right)^2$	$\left(2-\frac{3}{2}\right)^2$	$\left(3-\frac{3}{2}\right)^2$
P	$\frac{1}{8}$	$\frac{3}{8}$	$\frac{3}{8}$	$\frac{1}{8}$

となるので，期待値は，
$$E((X-m)^2) = \left(0-\frac{3}{2}\right)^2 \cdot \frac{1}{8} + \left(1-\frac{3}{2}\right)^2 \cdot \frac{3}{8} + \left(2-\frac{3}{2}\right)^2 \cdot \frac{3}{8} + \left(3-\frac{3}{2}\right)^2 \cdot \frac{1}{8} = \frac{3}{4}$$
と計算できる。$V(X) = E((X-m)^2)$ が成り立っている。

データの分析での平均が確率変数の期待値に対応していたように，データの分析での分散は確率変数の分散に対応している。それゆえ同じ用語を用いているのである。

実際に確かめてみよう。

いま変量 x を持つ資料があるとする。この資料の中から 1 個を取り出しその変量に書かれた数を確率変数 X とおくことにする。すると，資料の分散 s^2 と確率変数の分散 $V(X)$ は等しくなる。

なぜなら，サイズ n の資料の変量が $x_1, x_2, \cdots, x_n$ であり，k 番目の資料を取り出す確率を $\frac{1}{n}$ とする。$\bar{x} = E(X)$（これを m とおく）が成り立つ。

X の分散 $V(X)$ は，

$$V(X) = (x_1-m)^2 \cdot \frac{1}{n} + (x_2-m)^2 \cdot \frac{1}{n} + \cdots + (x_n-m)^2 \cdot \frac{1}{n}$$
$$= \frac{(x_1-m)^2 + (x_2-m)^2 + \cdots + (x_n-m)^2}{n} = s^2$$

となる。

それゆえ，確率変数の分散でもデータの分析での分散と同様の式が成り立つ。

データの分析では，変量 x から作った変量 $y = ax+b$（a, b は定数）の分散 $s_y{}^2$ と変量 x の分散 $s_x{}^2$ の間には，

$$s_y{}^2 = a^2 s_x{}^2$$

という関係式があった。確率変数でも同様の式が成り立つ。

1次式の確率変数の分散

確率変数 X に関して，新しい確率変数 Y を，$Y = aX+b$（a, b は定数）となるようにとると，分散の間に，

$$V(Y) = a^2 V(X)$$

という関係式が成り立つ。

試行問題でも扱われている。確認してみよう。

34 分散：X の1次式

確率変数 X の分散が 3 のとき，$Y = 2X-1$ と表される確率変数 Y の分散を求めよ。

$$V(Y) = V(2X-1) = 2^2 V(X) = 2^2 \cdot 3 = 12$$

データの分析では，分散の公式 $s^2 = \overline{x^2} - (\overline{x})^2$ があった。確率変数でこれに対応するのが，次の公式である。

分散の公式

確率変数 X について次が成り立つ。
$$V(X) = E(X^2) - \{E(X)\}^2$$

　前半の「データの分析」では分散を計算するときは，定義式を使う方がよいのか，公式を使う方がよいのか，状況によって適切な方を選ぶべしというアドバイスをした。
　確率変数の分散にも統計の分散と同様の公式が存在し，計算するときは同様の観点が有効である。

35 分散：公式

6つの面に 1, 3, 4, 5, 7, 9 と書かれたさいころがある。このさいころを投げて出た目を確率変数 X とする。X の分散を求めよ。

$$E(X) = 1 \cdot \frac{1}{6} + 3 \cdot \frac{1}{6} + 4 \cdot \frac{1}{6} + 5 \cdot \frac{1}{6} + 7 \cdot \frac{1}{6} + 9 \cdot \frac{1}{6} = \frac{1+3+4+5+7+9}{6} = \frac{29}{6}$$

偏差は分母が6の分数になり，分子が大きくなりそうなので，2乗が計算しやすい公式の方で計算することにする。

$$E(X^2) = 1^2 \cdot \frac{1}{6} + 3^2 \cdot \frac{1}{6} + 4^2 \cdot \frac{1}{6} + 5^2 \cdot \frac{1}{6} + 7^2 \cdot \frac{1}{6} + 9^2 \cdot \frac{1}{6}$$
$$= \frac{1+9+16+25+49+81}{6} = \frac{181}{6}$$
$$V(X) = E(X^2) - \{E(X)\}^2 = \frac{181}{6} - \left(\frac{29}{6}\right)^2 = \frac{1086-841}{36} = \frac{245}{36}$$

　「データの分析」と同様に，一様分布（離散型）の分散は公式として覚えておきたい。

一様分布の分散

$1, 2, \cdots, n$ が等しい確率になる確率変数 X, すなわち
$$P(X=k) = \frac{1}{n} \quad (1 \leq k \leq n)$$
となる確率変数の分散は, $V(X) = \dfrac{(n-1)(n+1)}{12}$

p.47 と同じように計算できる。

36 分散：一様分布

4, 7, 10, 13, 16, 19, 22 の 7 個の値を取り, これらに等しい確率を与える確率変数 X の分散を求めよ。

分布が等差数列になっていることに着目しよう。

確率変数 Y を, 1, 2, 3, 4, 5, 6, 7 の値のときに等しい確率を与える確率変数とすると, $X = 3Y + 1$ と表される。

Y の分散は公式を用いて, $V(Y) = \dfrac{(7-1)(7+1)}{12} = 4$

X の分散は, $V(X) = V(3Y+1) = 3^2 V(Y) = 9 \cdot 4 = 36$

和の分散は分散の和（独立なとき）

2 つの確率変数 X, Y が独立なとき,
$$V(X+Y) = V(X) + V(Y)$$
が成り立つ。

期待値 E のときと違って, 独立でないと成り立たない式なので注意が必要である。

37 分散：和の公式

大小2個のさいころを投げるとき，出た目の和を確率変数 X とおく。このとき X の分散を求めよ。

大のさいころの目を確率変数 X_1，小のさいころの目を確率変数 X_2 とする。一様分布の公式により，$V(X_1) = V(X_2) = \dfrac{(6-1)(6+1)}{12} = \dfrac{35}{12}$

$X = X_1 + X_2$ が成り立ち，X_1, X_2 は独立なので $V(X) = V(X_1 + X_2) = V(X_1) + V(X_2)$

$= \dfrac{35}{12} + \dfrac{35}{12} = \dfrac{35}{6}$

$V(X+Y) = V(X) + V(Y)$ の公式を用いると，反復試行のときの分散の公式を簡単に求めることができる。問題の中で説明しよう。

38 分散：反復試行

さいころを振って，1か2が出る事象を A とする。さいころを4回振って A が起こる回数を X とする。X の分散を求めよ。

確率変数 X_k を，k 回目で A が起こったときには1の値を取り，k 回目で A が起こらなかったときは0の値を取るような確率変数と定める。

X_1, X_1^2 の期待値を計算しておくと，

$$E(X_1) = 0 \cdot \dfrac{2}{3} + 1 \cdot \dfrac{1}{3} = \dfrac{1}{3}, \quad E(X_1^2) = 0^2 \cdot \dfrac{2}{3} + 1^2 \cdot \dfrac{1}{3} = \dfrac{1}{3}$$

X_1 の分散は，$V(X_1) = E(X_1^2) - \{E(X_1)\}^2 = \dfrac{1}{3} - \left(\dfrac{1}{3}\right)^2 = \dfrac{1}{3}\left(1 - \dfrac{1}{3}\right)$

$X = X_1 + X_2 + X_3 + X_4$ であり，X_1, X_2, X_3, X_4 は互いに独立なので，

$$V(X) = V(X_1 + X_2 + X_3 + X_4) = V(X_1) + V(X_2) + V(X_3) + V(X_4)$$

$$= \dfrac{1}{3}\left(1 - \dfrac{1}{3}\right) + \dfrac{1}{3}\left(1 - \dfrac{1}{3}\right) + \dfrac{1}{3}\left(1 - \dfrac{1}{3}\right) + \dfrac{1}{3}\left(1 - \dfrac{1}{3}\right)$$

$$= 4 \cdot \underset{n\ \ p\ \ (1-p)}{\dfrac{1}{3}\left(1 - \dfrac{1}{3}\right)} = \dfrac{8}{9}$$

反復試行の分散は，次のようになる。

反復試行の分散

1回の試行で事象 A が起こる確率を p とする。n 回の試行で事象 A が起こる回数を X とすると，X の分散 $V(X)$ は，
$$V(X) = np(1-p)$$
と表される。

一般に，X, Y が独立であっても，$V(XY) \neq V(X)V(Y)$ である。$V(XY)$ を求めるにはどうしたらよいだろうか。工夫してみよう。

39 分散：工夫

大小2個のさいころを投げるとき，出た目の積を確率変数 X とおく。さいころ1個を投げて出た目の平均を m，分散を v とするとき，X の分散を求めよ。

大のさいころの目を確率変数 X_1，小のさいころの目を確率変数 X_2 とする。
$E(X_1) = E(X_2) = m$, $V(X_1) = V(X_2) = v$ となる。
$X = X_1 X_2$ なので，
$$V(X) = V(X_1 X_2) = E((X_1 X_2)^2) - \{E(X_1 X_2)\}^2 = E(X_1^2 X_2^2) - \{E(X_1)E(X_2)\}^2$$
$$[X_1 と X_2 は独立なので，X_1^2 と X_2^2 は独立]$$
$$= E(X_1^2)E(X_2^2) - \{E(X_1)E(X_2)\}^2 \quad \cdots\cdots ①$$
ここで，$V(X_1) = E(X_1^2) - \{E(X_1)\}^2$ より，
$$E(X_1^2) = V(X_1) + \{E(X_1)\}^2 = v + m^2 \quad 同様に，E(X_2^2) = v + m^2$$
これらを①に代入して，
$$V(X) = (v + m^2)^2 - (m^2)^2 = v^2 + 2vm^2$$
$m = \dfrac{7}{2}$, $v = \dfrac{35}{12}$ を代入してみると，$\dfrac{11515}{144}$ である。およそ80で，標準偏差はおよそ9。積は1から36までを取りうるからまあ妥当な数字ではある。こういう検討は本番のときも大事である。

二項分布

反復試行のところで計算したように,

「さいころを5回振って,ちょうど3回だけ2以下の目が出る確率」は,
$_5C_3\left(\frac{1}{3}\right)^3\left(\frac{2}{3}\right)^2 = \frac{40}{243}$ と計算できた。

さいころを5回振って,2以下の目が出る回数を確率変数 X とおくと, X の分布は反復試行の確率の公式を用いて,

X	0	1	2	3	4	5
P	$\left(\frac{2}{3}\right)^5$	$_5C_1\left(\frac{1}{3}\right)^1\left(\frac{2}{3}\right)^4$	$_5C_2\left(\frac{1}{3}\right)^2\left(\frac{2}{3}\right)^3$	$_5C_3\left(\frac{1}{3}\right)^3\left(\frac{2}{3}\right)^2$	$_5C_4\left(\frac{1}{3}\right)^4\left(\frac{2}{3}\right)$	$\left(\frac{1}{3}\right)^5$

となる。ここに現れる式は, $\left(\frac{1}{3}+\frac{2}{3}\right)^5$ を二項定理を用いて展開したときの項なので,この X の確率分布を二項分布という。試行の回数(5)と2以下の目が出る確率 $\left(\frac{1}{3}\right)$ を用いて, X は二項分布 $B\left(5, \frac{1}{3}\right)$ に従うという。

1回の試行で事象 A が起こる確率を p とするとき, n 回のうち, A が k 回起こる確率は, $_nC_k p^k(1-p)^{n-k}$ であった。これをモデルにして,二項分布は次のように定まる。期待値,分散については前に計算している。

二項分布 $B(n, p)$

確率変数 X が, $0 \leq k \leq n$ を満たす整数 k に対して,
$$P(X=k) = {}_nC_k p^k(1-p)^{n-k}$$
を満たすとき, X は二項分布 $B(n, p)$ に従っているという。このとき,
$$E(X) = np, \quad V(X) = np(1-p)$$

二項分布の期待値・分散は,反復試行の期待値・分散としてすでに問題で扱ったが,上のようにまとめたので確認しておこう。

40 二項分布

A，Bが試合をすると，Aが勝つ確率が$\frac{2}{3}$である。30回続けて試合を行うとき，Aの勝つ回数をXとする。Xの期待値と分散を求めよ。

公式を用いて，
$E(X) = 30 \times \frac{2}{3} = 20$, $V(X) = 30 \times \frac{2}{3} \times \left(1 - \frac{2}{3}\right) = \frac{20}{3}$

連続型確率変数

例えば，身長のデータを取ることを考えよう。資料のサイズを大きくして，階級幅を細かく取っていくと，ヒストグラムの各柱の上辺の中点をつないだ折れ線は曲線に近づいていくことが予想される。

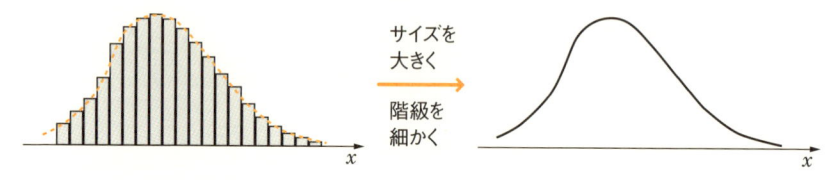

いま，曲線に見えるヒストグラムを持つ資料から，1つの個体を取りその変量を確率変数Xとする。曲線の式が$y = f(x)$で表され，ヒストグラムの面積（曲線とx軸で囲まれた部分の面積）が1のとき，Xがα以上β以下になる確率は，ほぼ下の網目部の面積に等しくなる。

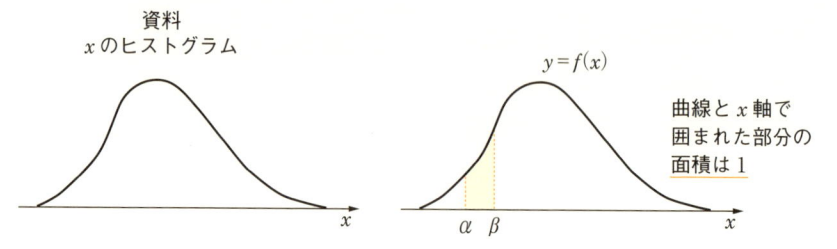

そこで，変数Xが$\alpha \leq X \leq \beta$となる確率が，関数$f(x)$を用いて

$$P(\alpha \leq X \leq \beta) = \int_{\alpha}^{\beta} f(x)\,dx$$

で表されるようなものを連続型確率変数といい，$f(x)$を確率密度関数という。

いままで紹介してきたように，確率変数 X の分布が表で与えられ，X の値に対して確率が定まるものを<u>離散型確率変数</u>という。"離散"とは連続の対立概念で，"とびとびの"という意味である。

離散型の確率変数の分布は表で与えられたが，連続型の確率変数の分布は確率密度関数 $f(x)$ で与えられる。

連続型確率変数 X が，$a \leq X \leq b$ の範囲で定義され，確率密度関数が $f(x)$ のとき，ヒストグラムの面積が 1 なので，

$$\int_a^b f(x)\,dx = 1$$

が成り立つ。逆に，0 以上の値をとる関数 $f(x)$ が上の式を満たせば，$f(x)$ は確率変数を定める。

41 確率密度関数

$f(x) = a(x^2 - 2)$ $(-\sqrt{2} \leq x \leq \sqrt{2})$ が確率密度関数になっているとき，a を求めよ。

$$\int_{-\sqrt{2}}^{\sqrt{2}} f(x)\,dx = \int_{-\sqrt{2}}^{\sqrt{2}} a(x^2 - 2)\,dx = \int_{-\sqrt{2}}^{\sqrt{2}} a(x + \sqrt{2})(x - \sqrt{2})\,dx$$
$$= -\frac{a}{6} \{\sqrt{2} - (-\sqrt{2})\}^3 = -\frac{8\sqrt{2}}{3} a$$

これが 1 に等しいので，$a = -\dfrac{3}{16}\sqrt{2}$

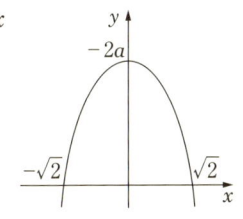

連続型確率変数の期待値・分散

離散型の確率変数 X の期待値・分散は，$E(X) = \sum x_i p_i$, $V(X) = \sum (x_i - m)^2 p_i$ と表される。これらの式で $p_i = \dfrac{1}{n}$ として n を大きくしていくと，期待値・分散は区分求積法により積分で表すことができる。これが連続型の確率変数の期待値・分散の公式になる。

連続型確率変数の期待値・分散

連続型確率変数 X が $\alpha \leq X \leq \beta$ で定義されているとき，確率密度関数を $f(x)$ とすると，

$$E(X) = \int_\alpha^\beta x f(x)\,dx \qquad V(X) = \int_\alpha^\beta (x-m)^2 f(x)\,dx$$

（$m = E(X)$）

公式は上の通り。しかし，分散をこの通り計算すると，$(x-m)^2$ を展開して3つの項が出てくるので煩雑になることが予想される。

そこで，$V(X) = E(X^2) - \{E(X)\}^2$ を活用しよう。連続型確率変数の場合でもこの公式が成り立つのである。

42 連続型確率変数の期待値，分散

確率変数 X の確率密度関数 $f(x)$ が $0 \leq x \leq 2$ で定義され，

$$f(x) = \begin{cases} x & (0 \leq x \leq 1) \\ -x+2 & (1 \leq x \leq 2) \end{cases}$$

と表されるとき，X の期待値と分散を求めよ。

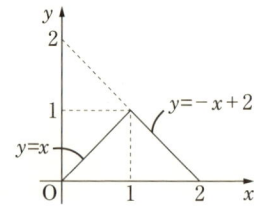

$y = f(x)$ のグラフを描くと，右図のようになる。

対称性から，期待値は 1 であることが予想できる。念のため期待値も計算すると，

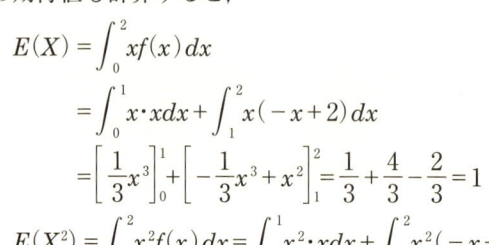

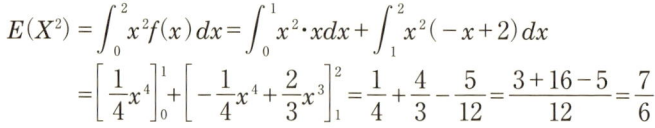

$$E(X) = \int_0^2 x f(x)\,dx$$
$$= \int_0^1 x \cdot x\,dx + \int_1^2 x(-x+2)\,dx$$
$$= \left[\frac{1}{3}x^3\right]_0^1 + \left[-\frac{1}{3}x^3 + x^2\right]_1^2 = \frac{1}{3} + \frac{4}{3} - \frac{2}{3} = 1$$

$$E(X^2) = \int_0^2 x^2 f(x)\,dx = \int_0^1 x^2 \cdot x\,dx + \int_1^2 x^2(-x+2)\,dx$$
$$= \left[\frac{1}{4}x^4\right]_0^1 + \left[-\frac{1}{4}x^4 + \frac{2}{3}x^3\right]_1^2 = \frac{1}{4} + \frac{4}{3} - \frac{5}{12} = \frac{3+16-5}{12} = \frac{7}{6}$$

よって，公式を用いて，$V(X) = E(X^2) - \{E(X)\}^2 = \dfrac{7}{6} - 1^2 = \dfrac{1}{6}$

連続型確率変数でも，離散型確率変数のときの期待値・分散の公式が成り立つ。
$$E(aX+b) = aE(X) + b, \quad V(aX+b) = a^2 V(X)$$
期待値・分散を求めるときは活用したい。

$a=1$のとき，$V(X+b) = V(X)$なので，$y = f(x)$のグラフをx方向に移動させたグラフを持つ関数について分散を求めてもよいのである。

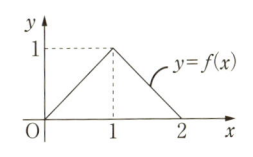

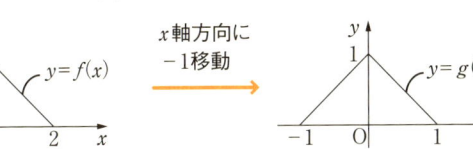

上の問題であれば，$f(x)$をx方向に-1だけ平行移動した関数
$$g(x) = \begin{cases} x+1 & (-1 \leq x \leq 0) \\ -x+1 & (0 \leq x \leq 1) \end{cases} \quad \begin{array}{l} g(x) = g(-x)\text{なので} \\ g(x)\text{は偶関数である} \end{array}$$
の分散を求めてもよい。確率密度関数$g(x)$の平均は0であり，
$$V(X) = \int_0^2 (x-1)^2 f(x)\,dx = \int_{-1}^1 (x-0)^2 g(x)\,dx = 2\int_0^1 x^2 g(x)\,dx$$
$$= 2\int_0^1 x^2(-x+1)\,dx = 2\left[-\frac{1}{4}x^4 + \frac{1}{3}x^3\right]_0^1 = \frac{1}{6}$$
$x^2 g(x)$は偶関数なので

● 一様分布

確率密度関数$f(x)$が
$$f(x) = \begin{cases} \dfrac{1}{b-a} & (a \leq x \leq b) \\ 0 & (x<a \text{ または } b<x) \end{cases}$$

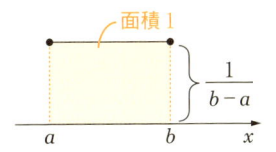

のようになる確率変数Xの分布を一様分布という。Xが一様分布のとき，Xの期待値，分散を公式にしておきたい。

期待値は，a, bの平均$\dfrac{a+b}{2}$と予想できる。分散はいくつになるだろうか。

$$E(X) = \int_a^b x \cdot \frac{1}{b-a}\,dx = \frac{1}{b-a}\left[\frac{1}{2}x^2\right]_a^b = \frac{b^2-a^2}{2(b-a)} = \frac{a+b}{2}$$

$$E(X^2) = \int_a^b x^2 \cdot \frac{1}{b-a}\,dx = \frac{1}{b-a}\left[\frac{1}{3}x^3\right]_a^b = \frac{b^3-a^3}{3(b-a)} = \frac{a^2+ab+b^2}{3}$$

$$V(X) = E(X^2) - \{E(X)\}^2 = \frac{a^2+ab+b^2}{3} - \left(\frac{a+b}{2}\right)^2$$

223

$$= \frac{4a^2 + 4ab + 4b^2 - 3a^2 - 6ab - 3b^2}{12} = \frac{(b-a)^2}{12}$$

43 一様分布（連続型）

午前8時30分から8時45分までの間にちょうど1台のバスが来るバス停がある。交通事情によってバス停にバスが到着する時刻は不定で30分から45分まで一様に分布しているという。バスの到着時刻を午前8時X分とするとき，確率変数Xの期待値，分散を求めよ。

Xの確率密度関数$f(x)$は，

$$f(x) = \begin{cases} \dfrac{1}{15} & (30 \leq x \leq 45) \\ 0 & (x < 30 \text{ または } 45 < x) \end{cases}$$

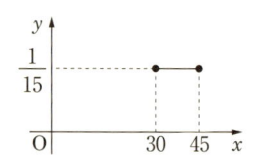

と表される。

$$E(X) = \frac{30+45}{2} = 37.5 \qquad V(X) = \frac{(45-30)^2}{12} = \frac{75}{4} = 18.75$$

正規分布

確率変数Xの確率密度関数が，

$$f(x) = \frac{1}{\sqrt{2\pi}\,\sigma} e^{-\frac{(x-\mu)^2}{2\sigma^2}}$$ で表されるとき，

グラフは右図のような釣鐘型になり，

$$E(X) = \mu \qquad V(X) = \sigma^2$$

となる。このような分布を正規分布という。

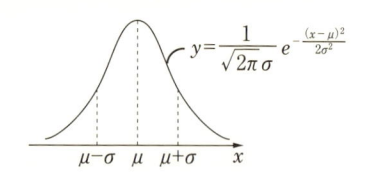

観測誤差，身長など，多くの統計資料に見られる分布なので，統計学では特に重要な分布である。

平均μと分散σ^2が与えられると，確率密度関数の式が決定されるので，正規分布は1通りに定まる。平均μ，分散σ^2を持つ正規分布を$N(\mu, \sigma^2)$と表す。平均0，分散1（標準偏差1）の正規分布$N(0, 1)$を標準正規分布という。

一般に，平均μ，分散σ^2を持つ確率変数Yから，確率変数$\dfrac{Y-\mu}{\sigma}$を作り，これの期待値・分散を計算すると，

$$E\left(\frac{Y-\mu}{\sigma}\right) = \frac{1}{\sigma}E(Y-\mu) = \frac{1}{\sigma}(E(Y)-\mu) = \frac{1}{\sigma}(\mu-\mu) = 0$$
$$V\left(\frac{Y-\mu}{\sigma}\right) = \frac{1}{\sigma^2}V(Y-\mu) = \frac{1}{\sigma^2}V(Y) = \frac{1}{\sigma^2}\sigma^2 = 1$$

こうして平均0，分散1の確率変数を作ることができる．Yから$\frac{Y-\mu}{\sigma}$を作ることを**標準化**という．

正規分布$N(\mu, \sigma^2)$の従う確率変数Xを標準化して作った確率変数$\frac{X-\mu}{\sigma}$は標準正規分布$N(0, 1)$に従う．

標準正規分布$N(0, 1)$の場合，その確率密度関数$y = \frac{1}{\sqrt{2\pi}}e^{-\frac{x^2}{2}}$と$x$軸で挟まれる部分の面積についてはよく調べられていて，下左図のアカ網目部の面積が正規分布表にまとめられている．

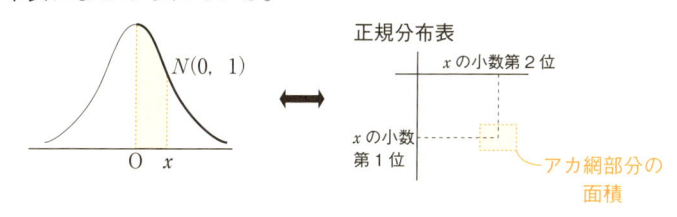

確率密度関数のグラフとx軸で挟まれた部分の面積は確率を表すのだから，正規分布表を調べることで，正規分布に従う確率変数の確率分布がわかることになる．

正規分布表が与えられて，その使い方を問う問題も十分にありうる．

44 正規分布の確率

Zが標準正規分布に従うとき，次の確率の値を正規分布表(p.318)を用いて求めよ．

(1) $P(0 \leq Z \leq 1.53)$　　(2) $P(-1.75 \leq Z \leq 1.35)$
(3) $P(1.82 \leq Z)$

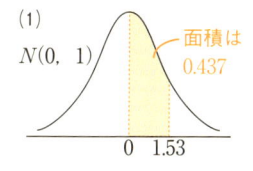

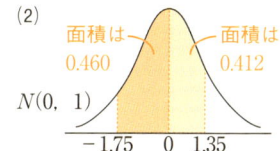

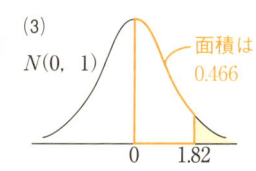

正規分布表を調べて，
(1)　$P(0≦Z≦1.53)=0.437$
(2)　$P(0≦Z≦1.75)=0.460$，$P(0≦Z≦1.35)=0.412$
　　対称性より，$P(-1.75≦Z≦0)=0.460$
　　　　$P(-1.75≦Z≦1.35)=0.460+0.412=0.872$
(3)　$P(0≦Z≦1.82)=0.466$
　　対称性より $P(0≦Z)=0.5$ なので，
　　　　$P(1.82≦Z)=P(0≦Z)-P(0≦Z≦1.82)=0.5-0.466=0.034$
　なお，a が定数のとき，$P(Z=a)=0$ であるから，$P(0≦Z≦a)=P(0≦Z<a)$ である。確率密度関数が連続のときは，「≦」と「<」の違いにナーバスにならなくてよい。

　正規分布の平均とは X が正規分布に従うときの X の期待値のことである。期待値と言わずに平均という言葉を用いるのは，資料の分布を正規分布に見立てることが多いからである。
　例えば，あるテストをした結果，平均が60，標準偏差が10であるとすれば，テストの点数の分布が $N(60, 10^2)$ に従っていると見立てる。
　これをもとにして，X が正規分布 $N(μ, σ^2)$ に従うとき，$P(X≧a)$ の値を計算することができる。
　問題を通して確認しよう。

45 正規分布で近似
　500人に対してあるテストをした結果，平均が55，分散が324であったとする。このとき，82点以上の人はおよそ何人いると考えられるか。テストの結果が正規分布で近似できるとして答えよ。必要であれば，正規分布表を用いてよい。

　テストの分布は正規分布 $N(55, 18^2)$ に従うものと仮定する。すなわち，500人のうちから1人選んで，その点数を確率変数 X とすると，X は $N(55, 18^2)$ に従うと考えるわけである。

よって，$\dfrac{X-55}{18}$ は標準正規分布 $N(0, 1)$ に従う。

$X=82$ のとき，$\dfrac{82-55}{18}=1.5$

p.318 の正規分布表より，$P(0 \leqq Z \leqq 1.5) = 0.433$ なので，

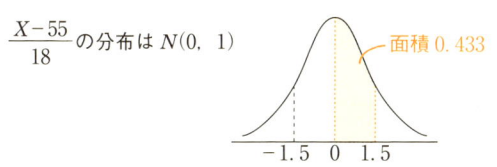

$\dfrac{X-55}{18}$ の分布は $N(0, 1)$　　面積 0.433

つまり，55 点から 82 点までの人が全体の 0.433。平均点の 55 点以下の人は全体の半分なので，82 点以上の人の人数は，

$$500 \times (1 - 0.433 - 0.5) = 33.5$$

からおよそ 34 人と予想できる。

46 正規分布で近似

1000 人に対してあるテストをした結果，85 点以上が 36 人，25 点以下が 36 人いたという。このとき，このテストの標準偏差は何点であると考えられるか。テストの結果が正規分布で近似できるとして答えよ。必要であれば，正規分布表を用いてよい。

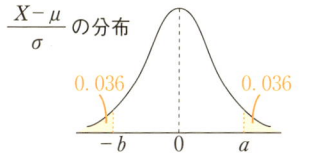

1000 人のテストの結果が，平均 μ，分散 σ^2 の正規分布 $N(\mu, \sigma^2)$ に従うものとする。

$\dfrac{X-\mu}{\sigma}$ の分布　0.036　0.036　$-b$　0　a

36 人の割合は $36 \div 1000 = 0.036$

つまり，1000 人の中から 1 人を選んで，その点数を確率変数 X とすると，X は $N(\mu, \sigma^2)$ に従い，$\dfrac{X-\mu}{\sigma}$ は $N(0, 1)$ に従う。

$85 \leqq X \iff \dfrac{85-\mu}{\sigma} \leqq \dfrac{X-\mu}{\sigma}$　　ここで $a=\dfrac{85-\mu}{\sigma}$ とおく。

同様に

$X \leqq 25 \iff \dfrac{X-\mu}{\sigma} \leqq \dfrac{25-\mu}{\sigma}$　　ここで $-b=\dfrac{25-\mu}{\sigma}$ とおく。

すると，

$$P(85 \leq X) = P(a \leq \frac{X-\mu}{\sigma}) = 0.036, \quad P(X \leq 25) = P(\frac{X-\mu}{\sigma} \leq -b) = 0.036$$

対称性から，$a = b$，

$$\frac{85-\mu}{\sigma} = a, \quad \frac{25-\mu}{\sigma} = -a \quad \therefore \quad \mu + a\sigma = 85, \quad \mu - a\sigma = 25$$

これより，$\mu = (85 + 25) \div 2 = 55$

$$P(a \leq \frac{X-55}{\sigma}) = 0.036 \quad \therefore \quad P(0 \leq \frac{X-55}{\sigma} \leq a) = 0.5 - 0.036 = 0.464$$

正規分布表を用いて，$a = 1.8$ と求まる．

$$\frac{85-55}{\sigma} = 1.8 \quad \therefore \quad \sigma = 30 \div 1.8 = 16.7$$

X が正規分布 $N(\mu, \sigma^2)$ に従うとき，X を標準化した $\frac{X-\mu}{\sigma}$ が標準正規分布 $N(0, 1)$ に従うとして考えているが，次のように標準化を経由しないで，直接 X の分布を求められるようにしておきたい．

正規分布の確率

標準正規分布に従う Z について，$P(0 \leq Z \leq a) = b$ のとき，
正規分布 $N(\mu, \sigma^2)$ に従う X について，

$$P(\mu \leq X \leq \mu + a\sigma) = b$$

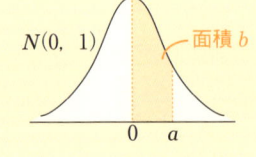

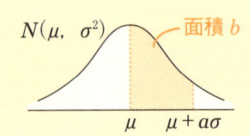

正規分布は二項分布の極限

二項分布で回数を多くしていくとき，分布が正規分布に近づいていくことが証明されている．例で述べてみよう．

赤玉1個，白玉2個が入っている箱から1個の玉を取り出し，色を調べてか

ら元に戻す。これを n 回くりかえすとき，赤玉が出る回数を X とする。

1回につき赤玉が出る確率は，$\frac{1}{3}$ なので，X は二項分布 $B\left(n, \frac{1}{3}\right)$ に従う。

このとき，期待値は $\frac{n}{3}$，分散は $n \times \frac{1}{3} \times \left(1 - \frac{1}{3}\right) = \frac{2n}{9}$ である。

n が大きくなるに従って，$B\left(n, \frac{1}{3}\right)$ は，正規分布 $N\left(\frac{n}{3}, \frac{2n}{9}\right)$ に近づいていく。

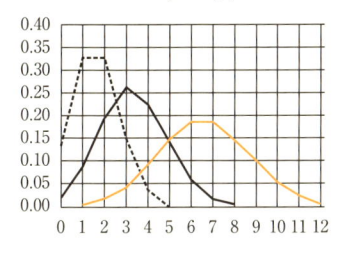

まとめると次のようになる。

二項分布を正規分布で近似

二項分布 $B(n, p)$ に従う確率変数 X がある。n が大きくなるとき，X は $N(np, np(1-p))$ に近づいていく。

「近づいていく」の意味があいまいだが，n が大きいときは二項分布の代わりに，正規分布で分布を考えてよいということである。

47 二項分布を正規分布で近似

さいころを450回振るとき，3の倍数が出る回数が170回以上になるおよその確率を求めよ。必要であれば，正規分布表を用いてよい。

3の倍数が出る回数を確率変数 X とすると，X は二項分布 $B\left(450, \frac{1}{3}\right)$ に従う。

公式より，$E(X) = 450 \times \frac{1}{3} = 150$，$V(X) = 450 \times \frac{1}{3} \times \left(1 - \frac{1}{3}\right) = 100$ である。

X が従う二項分布 $B\left(450, \frac{1}{3}\right)$ は，$N(150, 10^2)$ で近似できる。

よって，$\frac{X - 150}{10}$ は $N(0, 1)$ に従う。

$X=170$ のとき，$\dfrac{X-150}{10} = \dfrac{170-150}{10} = 2$

p.318 の正規分布表より，$P(0 \leqq Z \leqq 2) = 0.477$ である。
$P(Z \geqq 2) = 0.5 - 0.477 = 0.023$ なので，
$$P\left(\dfrac{X-150}{10} \geqq 2\right) = 0.023 \quad \text{←この行を書かないで済むように}$$
$\therefore \quad P(X \geqq 150 + 2 \times 10) = 0.023 \quad \therefore \quad P(X \geqq 170) = 0.023$

● 母集団と標本

資料のサイズが大きく，すべての値を調べるのが困難である場合，資料の一部を取り出して変量を調べ資料の平均や分散を予想するのが推定である。

このとき元の資料を**母集団**，取り出した一部の資料を**標本**という。

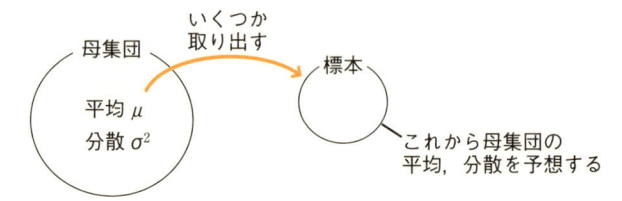

取り出した標本から母集団の性質を推定するためには，標本が母集団の性質をよく反映するように標本となる個体を取り出さなければならない。このとき重要なことは，母集団から取り出す各個体が等確率で選ばれるようにすることである。このような抽出法を**無作為抽出**，こうして取り出された標本を**無作為標本**という。

無作為抽出を行うには，乱数表や乱数さいを用いる。これらの代わりにコンピュータを用いても，無作為抽出に近いことが可能である。

母集団から n 個の標本を抽出するとき，1個の個体を抽出するたびにもとに戻し，これを n 回繰り返して選ぶことを**復元抽出**という。一方，1度抽出した個体をもとに戻さずに n 個の標本を選ぶことを**非復元抽出**という。問題文の中に復元抽出や非復元抽出という言葉が使われるかもしれないので違いを明確にしておこう。

復元抽出の場合は取り出したものに関する確率変数が独立であるが，非復元

抽出の場合には独立にはならないときがある。ただし，標本のサイズに対して母集団のサイズが十分に大きいときは，非復元抽出であっても復元抽出と同じように考えることができる。すなわち，確率変数を独立であるとして考えてもよい。特に推定を考える場合は，標本のサイズに対して母集団のサイズが十分に大きいときを考えるので，非復元抽出の確率変数であっても復元抽出の確率変数のように独立であるとしてよい。

母集団の分布が平均 μ，分散 σ^2 の分布に従っているとき，標本から母集団の平均 μ（**母平均**という）を予想してみよう。

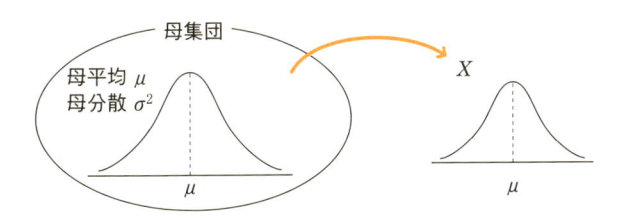

母集団から1個体を取り出したときの変量を確率変数 X としたとき，X は平均 μ，分散 σ^2 の分布に従う。

いま，この母集団から n 個の標本を非復元抽出で選ぶことを考える。取り出した個体の変量を確率変数 X_1, X_2, $\cdots$, X_n とする。これらの期待値・分散は，$E(X_i) = \mu$, $V(X_i) = \sigma^2$ である。母集団のサイズが大きく，それに対して標本のサイズ n が十分に小さいとき，X_1, X_2, $\cdots$, X_n は独立になると考えてよい。

標本の平均 $\overline{X}$ は，$\overline{X} = \dfrac{1}{n}(X_1 + X_2 + \cdots + X_n)$ である。$\overline{X}$ は確率変数で表されているので確率変数である。$\overline{X}$ の期待値，分散を求めておく。

$$E(\overline{X}) = E\left(\frac{1}{n}(X_1 + X_2 + \cdots + X_n)\right) = \frac{1}{n}E(X_1 + X_2 + \cdots + X_n)$$

$$= \frac{1}{n}\{E(X_1) + E(X_2) + \cdots + E(X_n)\} = \frac{1}{n}\{\mu + \mu + \cdots + \mu\} = \mu$$

$$V(\overline{X}) = V\left(\frac{1}{n}(X_1 + X_2 + \cdots + X_n)\right) = \frac{1}{n^2}V(X_1 + X_2 + \cdots + X_n)$$

$$= \frac{1}{n^2}\{V(X_1) + V(X_2) + \cdots + V(X_n)\}$$

$$= \frac{1}{n^2}\{\underbrace{\sigma^2 + \sigma^2 + \cdots + \sigma^2}_{n \text{ コ}}\} = \frac{1}{n^2} \cdot n\sigma^2 = \frac{\sigma^2}{n}$$

X_1, X_2, $\cdots$, X_n は互いに独立であるとしてよい

n が十分に大きいとき，$\overline{X}$ は平均 μ，分散 $\dfrac{\sigma^2}{n}$ の正規分布 $N(\mu, \dfrac{\sigma^2}{n})$ に従うことが知られている。このとき，$\overline{X}$ を標準化した $\dfrac{\overline{X}-\mu}{\left(\dfrac{\sigma}{\sqrt{n}}\right)}$ は標準正規分布に従う。

Z が標準正規分布に従うとき，$P(-1.96 \leqq Z \leqq 1.96) = 0.95$ なので，

$$P\left(-1.96 \leqq \dfrac{\overline{X}-\mu}{\left(\dfrac{\sigma}{\sqrt{n}}\right)} \leqq 1.96\right) = 0.95$$

$$P\left(\mu - 1.96 \times \dfrac{\sigma}{\sqrt{n}} \leqq \overline{X} \leqq \mu + 1.96 \times \dfrac{\sigma}{\sqrt{n}}\right) = 0.95$$

が成り立つ。P の中の式を μ の不等式に書き換えて，

$$P\left(\overline{X} - 1.96 \times \dfrac{\sigma}{\sqrt{n}} \leqq \mu \leqq \overline{X} + 1.96 \times \dfrac{\sigma}{\sqrt{n}}\right) = 0.95$$

これは μ，σ^2 が与えられたときの，確率変数 $\overline{X}$ についての式であるが，いま標本から $\overline{X}$ の値が決まって，μ を予想したいのであるから，μ を確率変数として読み替えてしまうと都合がよい。そんなことが許されるのかって？ 厳密には許されるわけはない。そこでこの式が成り立つとき，信頼度という新しい用語を用いて，

「μ の信頼度 95% の信頼区間は，$\left[\overline{X} - 1.96 \times \dfrac{\sigma}{\sqrt{n}},\ \overline{X} + 1.96 \times \dfrac{\sigma}{\sqrt{n}}\right]$ である」

と表現することにする。

ここまでのことを公式としてまとめると次のようになる。

母平均の推定

標本のサイズを n，標本の平均を $\bar{x}$，母集団の標準偏差を σ とすると，母平均 μ の信頼度 95% の信頼区間は，

$$\left[\bar{x} - 1.96 \times \dfrac{\sigma}{\sqrt{n}},\ \bar{x} + 1.96 \times \dfrac{\sigma}{\sqrt{n}}\right]$$

Z が標準正規分布に従うとき，$P(-1.96 \leqq Z \leqq 1.96) = 0.95$ となるので，信頼度 95% のときには 1.96 を用いるが，信頼度を変えれば，1.96 は異なる数字になる。

信頼度を 97.5% にしたければ，$P(-2.58 \leqq Z \leqq 2.58) = 0.975$ より，1.96 を

2.58 に置き換える。

　σ は母集団の標準偏差であり値が分からないことも多い。そのような場合は，標本の標準偏差で代用して計算する。

> **48 母平均の推定**
>
> 　工場で作られている花火の束から，100 本を抜き出して長さを調べたら，平均が 37.26 cm であった。長さの標準偏差が 6.74 cm であるとわかっているとき，この花火の平均の長さを信頼度 95%で推定せよ。

　上の公式で，$\bar{x}=37.26$，$\sigma=6.74$，$n=100$ として，信頼度 95%の信頼区間は，
$$\left[37.26-1.96\times\frac{6.74}{\sqrt{100}},\ 37.26+1.96\times\frac{6.74}{\sqrt{100}}\right]=[35.94,\ 38.58]$$

母比率の推定

　母集団のうち A の性質を持つものの比率が p であったとする。このとき p の値を**母比率**という。標本の比率から母比率の推定をしてみよう。

　母集団から 1 個の個体を取り出したとき A の性質がある確率は p なので，母集団から n 個を取り出して標本を作るとき，これらの中で A の性質を持つものの個数を X とすると，X は二項分布 $B(n,\ p)$ に従う。よって，X の期待値・分散は，$E(X)=np$，$V(X)=np(1-p)$ である。

　標本の中で A の性質を持つものの比率は $\dfrac{X}{n}$ であり，これの期待値・分散は
$$E\left(\frac{X}{n}\right)=\frac{1}{n}E(X)=\frac{1}{n}\cdot np=p$$
$$V\left(\frac{X}{n}\right)=\frac{1}{n^2}V(X)=\frac{1}{n^2}\cdot np(1-p)=\frac{p(1-p)}{n}$$

となる。

　n が十分に大きいとき，$B(n,\ p)$ は正規分布 $N(np,\ np(1-p))$ と見なしてよいので，X は $N(np,\ np(1-p))$ に従うと考えられる。これから，n が十分に大きいとき，標本の比率 $\dfrac{X}{n}$ は，$N\left(p,\ \dfrac{p(1-p)}{n}\right)$ に従うことが分かる。

つまり，標本の比率 $\dfrac{X}{n}$ の信頼度 95% の信頼区間は，母比率 p を用いて，

$$\left[p - 1.96 \times \sqrt{\dfrac{p(1-p)}{n}},\ p + 1.96 \times \sqrt{\dfrac{p(1-p)}{n}} \right]$$

となる。p は知ることができないので，これを標本の比率 R で置き換えると，次のような公式としてまとめることができる。

母比率の推定

標本のサイズ n が大きいとき，標本比率を R とすると，母比率 p に対する信頼度 95% の信頼区間は，

$$\left[R - 1.96 \times \sqrt{\dfrac{R(1-R)}{n}},\ R + 1.96 \times \sqrt{\dfrac{R(1-R)}{n}} \right]$$

この公式は教科書に載っているので，出題される可能性がある。

49 母比率の推定

ある地域で無作為抽出した 500 人について，A 政党を支持するかを尋ねたところ，150 人が支持すると答えた。この地域の A 政党の支持率 p を信頼度 95% で推定せよ。

上の式で，$R = \dfrac{150}{500} = 0.3$ とすると，p の信頼度 95% の信頼区間は，

$$\left[0.3 - 1.96 \times \sqrt{\dfrac{0.3(1-0.3)}{500}},\ 0.3 + 1.96 \times \sqrt{\dfrac{0.3(1-0.3)}{500}} \right] = [0.260,\ 0.340]$$

第2部 確率分布と統計的な推測

問 題 解 説

過去問は全部解いて本番に臨むのがベストだが，どうしても時間がないという人もいるだろう。そこで推薦問題を挙げておく。ここに挙げていないものについては，本試験から解いていくとよい。

試作問題　　　（期待値の公式，統計的な推測）
14年度本試験　（表で条件が与えられる）
13年度本試験　（枝分かれの期待値）
11年度本試験　（図形に関する確率）
16年度追試験　（反復試行，余事象）
14年度追試験　（事象の独立）
13年度追試験　（場合分けで数え上げ）
12年度追試験　（地と図）
11年度追試験　（ダミー変数）

試作問題　数ⅡB　　27年度

第○問

以下，小数の形で解答する場合，指定された桁数の一つ下の桁を四捨五入し，解答せよ。途中で割り切れた場合，指定された桁まで⓪にマークすること。

(1) 1から5までの数字が，それぞれ1つずつ書かれた5枚のカードが，箱の中に入っている。この箱から，2枚のカードを同時に無作為に抽出するとき，取り出されたカードに書かれている数字の小さい方を S，大きい方を T とする。このとき $P(S=1) = \dfrac{\boxed{ア}}{\boxed{イ}}$，$P(T=4) = \dfrac{\boxed{ウ}}{\boxed{エオ}}$ となる。同様にして S，T の確率分布を求めてからそれぞれの期待値を計算すると，$E(S) = \boxed{カ}$，$E(T) = \boxed{キ}$ となる。したがって，$E(aS-1)$ および $E(bT-1)$ がカードの枚数5と等しくなるためには，$a = \boxed{ク}$，$b = \dfrac{\boxed{ケ}}{\boxed{コ}}$ でなければならない。

(2) 1から5までの数字が，それぞれ1つずつ書かれた何枚かのカードが，箱の中に入っている。1と書かれたカードが入っている割合を p とする。この箱から，カードを無作為に復元抽出する試行を100回行い，そのうち1と書かれたカードが取り出された回数を X とする。

　(i) もし $p = \dfrac{1}{5}$ であるとすれば，確率変数 X は平均 $\boxed{サシ}$，標準偏差 $\boxed{ス}$ の二項分布に従う。ここで，試行回数100は十分大きいと考えられるので，$R = \dfrac{X}{100}$ とおけば，R は近似的に平均 $\dfrac{\boxed{セ}}{\boxed{ソ}}$，標準偏差 $\dfrac{\boxed{タ}}{\boxed{チツ}}$ の正規分布に従う。

(ii) X が 10 であったとき，1 の出る割合 p に対する信頼度 95％の信頼区間は

[ボックス{テ}.ボックス{トナ}, ボックス{ニ}.ボックス{ヌネ}]

と計算できる。ただし，Z を標準正規分布に従う確率変数とするとき，$P(-1.96 \leq Z \leq 1.96) = 0.95$ である。

解 説

27年度 試作問題

> **レビュー**
> 確率変数の問題は，確率を求めるところで苦労させる問題ではなく，この問題のように公式の運用を問う設問があるものと思われる。
> 推定の問題は，公式をそのまま当てはめて答えればよいことが多いのでは？

主なテクニック 20, 23, 32, 38, 49

(1) 5枚の中から2枚を取り出す場合は，$_5C_2 = 10$（通り）

小さい方が $S=1$ のとき，大きい方は2から5までの4通りある。

$$P(S=1) = \frac{4}{10} = \frac{2}{5} \quad \text{アイ}$$

大きい方が $T=4$ のとき，小さい方は1から3までの3通りある。

$$P(T=3) = \frac{3}{10} \quad \text{ウエオ}$$

S, T の確率分布をまとめると，

	1	2	3	4	5
S	$\frac{4}{10}$	$\frac{3}{10}$	$\frac{2}{10}$	$\frac{1}{10}$	0
T	0	$\frac{1}{10}$	$\frac{2}{10}$	$\frac{3}{10}$	$\frac{4}{10}$

$$E(S) = 1 \times \frac{4}{10} + 2 \times \frac{3}{10} + 3 \times \frac{2}{10} + 4 \times \frac{1}{10} = \frac{20}{10} = 2 \quad \text{カ}$$

$$E(T) = 2 \times \frac{1}{10} + 3 \times \frac{2}{10} + 4 \times \frac{3}{10} + 5 \times \frac{4}{10} = \frac{40}{10} = 4 \quad \text{キ}$$

期待値の公式を用いて， 20

$$E(aS-1) = aE(S) - 1 = 2a-1 \qquad E(bT-1) = bE(T) - 1 = 4b-1$$

これらがともに5に等しいので，

$$2a-1 = 5 \quad \therefore \quad a = 3 \quad \text{ク} \qquad 4b-1 = 5 \quad \therefore \quad b = \frac{3}{2} \quad \text{ケコ}$$

補足 $E(S)$, $E(T)$ は 32 の一発公式を用いることができる。

公式で $n=5$ を代入すると，

$$E(S) = \frac{n-2}{3} + 1 = \frac{5-2}{3} + 1 = 2$$

$$E(T) = 2 \times \frac{n-2}{3} + 2 = 2 \times \frac{5-2}{3} + 2 = 4$$

---

(2)(i) 1回の試行で事象 A（1 が出る）は確率 $p = \frac{1}{5}$ で起こる。試行を $n=100$ 回繰り返すときの A が起こる回数を X としているのだから，反復試行の期待値，分散の公式を用いて，

$$E(X) = np = 100 \times \frac{1}{5} = \boxed{20}\ \text{サシ} \qquad \boxed{23}$$

$$V(X) = np(1-p) = 100 \times \frac{1}{5} \times \left(1 - \frac{1}{5}\right) = 16 \qquad \boxed{38}$$

標準偏差は，$\sqrt{V(X)} = \sqrt{16} = \boxed{4}\ \text{ス}$

$$E\left(\frac{X}{100}\right) = \frac{E(X)}{100} = \frac{20}{100} = \boxed{\frac{1}{5}}\ \substack{\text{セ}\\\text{ソ}} \quad V\left(\frac{X}{100}\right) = \frac{V(X)}{100^2} = \frac{16}{100^2}$$

標準偏差は，$\sqrt{V\left(\frac{X}{100}\right)} = \sqrt{\frac{16}{100^2}} = \frac{4}{100} = \boxed{\frac{1}{25}}\ \substack{\text{タ}\\\text{チツ}}$

(ii) 標本中の 1 の割合は，$p_0 = \frac{10}{100} = 0.1$

1 の出る割合 p に対する信頼度数 95% の信頼区間は，

$$\left[p_0 - 1.96 \times \sqrt{\frac{p_0(1-p_0)}{n}},\ p_0 + 1.96 \times \sqrt{\frac{p_0(1-p_0)}{n}} \right] \qquad \boxed{49}$$

$$= \left[0.1 - 1.96 \times \sqrt{\frac{0.1(1-0.1)}{100}},\ 0.1 + 1.96 \times \sqrt{\frac{0.1(1-0.1)}{100}} \right]$$

$$= \left[0.1 - 1.96 \times \frac{0.3}{10},\ 0.1 + 1.96 \times \frac{0.3}{10} \right]$$

$$= [0.1 - 0.0588,\ 0.1 + 0.0588] = [0.0412,\ 0.1588]$$

小数第 3 位を四捨五入して，$[\boxed{0.04},\ \boxed{0.16}]$
テ.トナ 二.ヌネ

MEMO

過去問

18年度 本試験

1個のさいころを4回続けて投げる反復試行を行う。$i=1, 2, \cdots, 6$ それぞれについて、i の目の出た回数を Z_i とする。ただし、4回投げて i の目が一度も出ない場合には、$Z_i=0$ とする。$Z_1, Z_2, \cdots, Z_6$ の値の最大値を X とし、$Z_1, Z_2, \cdots, Z_6$ の値のうち1以上のものの最小値を Y とする。例えば、出た目が 4, 4, 2, 6 のときは、$Z_1=0, Z_2=1, Z_3=0, Z_4=2, Z_5=0, Z_6=1$ であり、$X=2, Y=1$ である。

以下では、$Y=k$ となる確率を $P(Y=k)$ で表す。

(1) $P(Y=4) = \dfrac{\boxed{ア}}{\boxed{イウエ}}$ である。

(2) $P(Y=2) = \dfrac{\boxed{オ}}{\boxed{カキ}}$ である。

(3) $P(Y=k)>0$ となる k は $\boxed{ク}$ 個あり、$P(Y=1) = \dfrac{\boxed{ケコ}}{\boxed{サシ}}$ である。

また、Y の平均は $\dfrac{\boxed{スセ}}{\boxed{ソタ}}$ で、分散は $\dfrac{\boxed{チ}}{\boxed{ツテ}}$ である。

(4) $X \geqq 2$ となる条件のもとで、$Y=1$ となる条件つき確率は $\dfrac{\boxed{トナ}}{\boxed{ニヌ}}$ である。

解 説

18年度 本試験

> **レビュー**
> (2)は引っかかる人も多いだろう。(3)は Y の場合が少ないので余事象で考える。(4)の余事象は気づきにくい。それにしても，計算のボリュームがあって解き切るのは難。

主なテクニック 11 , 12 , 18 , 35

(1) $Y=4$ となるのは，同じ目が続けて4回出るとき。何が出るかで6通りあって，
$$P(Y=4) = 6\left(\frac{1}{6}\right)^4 = \boxed{\frac{1}{216}} \quad \text{アイウエ} \qquad \boxed{11}$$

(2) $Y=2$ となるの目の出方は，順序を無視して○，○，×，×と出るパターンである。○，×の選び方で 6×5 (通り) ○，×が4回中，どこで出るかで $_4C_2 = 6$ (通り)

○と×の入れ替えを考えて全部で，$6 \times 5 \times 6 \div 2 = 6 \times 5 \times 3$ (通り) なので，
$$P(Y=2) = \frac{6 \times 5 \times 3}{6^4} = \boxed{\frac{5}{72}} \quad \text{オカキ}$$

(3) Y の値は1, 2, $\boxed{3}$ 個ある（$Y=3$ は，$3+1=4$ で残りが1だから，3が最小にならずあり得ない）。k が1, 2, 4のとき，$P(Y=k)>0$ である。

ク

$P(Y=1)$ は余事象の考え方を用いて，
$$P(Y=1) = 1 - P(Y=2) - P(Y=4)$$
$$= 1 - \frac{5}{72} - \frac{1}{216} = \frac{216-15-1}{216} = \frac{200}{216} = \boxed{\frac{25}{27}} \quad \text{ケコサシ}$$

よって，Y の期待値，分散は，
$$E(Y) = 1 \times \frac{200}{216} + 2 \times \frac{15}{216} + 4 \times \frac{1}{216} = \frac{234}{216} = \boxed{\frac{13}{12}} \quad \text{スセソタ}$$

$$E(Y^2) = 1^2 \times \frac{200}{216} + 2^2 \times \frac{15}{216} + 4^2 \times \frac{1}{216} = \frac{276}{216} = \frac{23}{18} \qquad \boxed{18}$$

$$V(Y) = E(Y^2) - \{E(Y)\}^2 = \frac{23}{18} - \left(\frac{13}{12}\right)^2 = \frac{23 \times 8 - 13 \times 13}{144} \qquad \boxed{35}$$

$$= \frac{184-169}{144} = \frac{15}{144} = \boxed{\frac{5}{48}} \quad \text{チツテ}$$

(4) $X=1$ となるのは，4回出る目がすべて異なる場合なので，$6\times5\times4\times3$（通り）
$$P(X=1)=\frac{6\times5\times4\times3}{6^4}=\frac{5}{18}$$
余事象の考え方を用いて，
$$P(X\geqq2)=1-P(X=1)=1-\frac{5}{18}=\frac{13}{18}$$
$Y=2$ のときは $X=2$，$Y=4$ のときは $X=4$ なので，
$$P(X\geqq2)=P(X\geqq2,\ Y=1)+P(X\geqq2,\ Y=2)+P(X\geqq2,\ Y=4)$$
$$\frac{13}{18}=P(X\geqq2,\ Y=1)+\frac{5}{72}+\frac{1}{216}$$
$$\therefore\ P(X\geqq2,\ Y=1)=\frac{13}{18}-\frac{5}{72}-\frac{1}{216}=\frac{156-15-1}{216}=\frac{140}{216}=\frac{35}{54}$$
よって，
$$P_{X\geqq2}(Y=1)=\frac{P(X\geqq2,\ Y=1)}{P(X\geqq2)}=\frac{35}{54}\div\frac{13}{18}=\frac{35}{39}\ \text{トナ}\ \text{ニヌ}$$

別解 $X\geqq2$ かつ $Y=1$ となる目の出方は，次の2パターン。

(ア) $X=2,\ Y=1$　　○，○，×，△
(イ) $X=3,\ Y=1$　　○，○，○，×

(ア) ○の数の選び方で6通り，×，△の選び方で $_5C_2=10$（通り）
○がどこに出るかで $_6C_2=6$（通り），×，△の出方で2通りなので，
全部で，$6\times10\times6\times2=720$（通り）

(イ) ○，×の選び方で 6×5（通り）　×がどこに出るかで4通りなので，
全部で，$6\times5\times4=120$（通り）
$X\geqq2$ となる目の出方は，他に
　(ウ) $X=2\ \ Y=2$　　○，○，×，×　　(2)より，$6\times5\times3=90$（通り）
　(エ) $X=4\ \ Y=0$　　○，○，○，○　　6通り
よって，
$$P_{X\geqq2}(Y=1)=\frac{n(X\geqq2,\ Y=1)}{n(X\geqq2)}=\frac{720+120}{720+120+90+6}=\frac{840}{936}=\frac{35}{39}$$

243

過去問

17年度 本試験

さいころを最大5回まで投げ，目の出方に応じてポイントを得る次のゲームをDさんがおこなう。Dさんは最初 a ポイントをもっている。

さいころを投げて，5または6の目が出る事象を A とする。事象 A が初めて起こった時点では1ポイントを得て引き続きゲームを続行し，2度目に事象 A が起これば2ポイントが加算されて合計3ポイントを得て，その時点でゲームを終了する。なお，さいころを5回投げても，事象 A が一度しか起こらない場合には，1度目に得た1ポイントのままで終了する。もし5回投げても事象 A が一度も起こらない場合には，あらかじめ定めた m ポイントが減点されて終了する。ただし，a と m は自然数で，$a \geq m$ とする。

このゲームが終了した時点でのDさんのもつポイント数を確率変数 X とする。

(1) $X = a+1$ となる確率は $\dfrac{\boxed{アイ}}{243}$ である。

(2) ちょうど4回目でゲームが終了する確率は $\dfrac{\boxed{ウ}}{\boxed{エオ}}$ であり，終了する時点が4回目または5回目となる確率は $\dfrac{\boxed{カキ}}{\boxed{クケ}}$ である。

(3) 3回目までに一度も事象 A が起こらない確率は $\dfrac{\boxed{コ}}{\boxed{サシ}}$ である。

また，3回目までに一度も事象 A が起こらないとき，$X > a$ となる条件付き確率は $\dfrac{\boxed{ス}}{\boxed{セ}}$ である。

(4) 確率変数 X の平均（期待値）は

$$E(X) = a + \dfrac{\boxed{ソタチ} - \boxed{ツテ}m}{243}$$

で，$E(X) > a$ となるような最大の自然数 m は $\boxed{トナ}$ である。

解説

17年度 本試験

> **レビュー**
> 少し複雑なルールのゲーム。(3)では条件付き確率と余事象をうまく使えるかがポイント。

主なテクニック 6 , 11 , 13

A(さいころで5か6が出る)が起こる確率は,$\dfrac{1}{3}$

Aが起こらない確率は,$1-\dfrac{1}{3}=\dfrac{2}{3}$

(1) 5回のうちどこかで1度Aが起こり,残りの4回はAが起こらないときの確率を求める。5回のうちのどこでAが起こるかは$_5C_1$通りなので,求める確率は,

$$_5C_1\left(\dfrac{1}{3}\right)\left(\dfrac{2}{3}\right)^4 = \dfrac{80}{243}\ \text{アイ} \quad 11$$

(2) ちょうど4回目で終わるときは,1回目から3回目までに1度目のAが出て,4回目に2度目のAが起こる場合である。1度目のAが1回目から3回目までのどこで起こるかで3通りなので,ちょうど4回目で終わる確率は,

$$3\left(\dfrac{1}{3}\right)^2\left(\dfrac{2}{3}\right)^2 = \dfrac{4}{27}\ \text{ウエオ}$$

ちょうど5回目で終わるときは,

(い) Aが2度起こるときで,Aの2度目が5回目に出るとき

(ろ) Aがちょうど1度起こるとき

(は) Aが1度も起こらないとき

の3通りがある。

(い)は,ちょうど4回目で終わるときと同様に考えて,$4\left(\dfrac{1}{3}\right)^2\left(\dfrac{2}{3}\right)^3 = \dfrac{32}{243}$

(ろ)は,(1)より $\dfrac{80}{243}$

(は)は,$\left(\dfrac{2}{3}\right)^5 = \dfrac{32}{243}$

4回目か5回目で終わる確率は,

$$\dfrac{4}{27}+\dfrac{32}{243}+\dfrac{80}{243}+\dfrac{32}{243} = \dfrac{36+32+80+32}{243} = \dfrac{180}{243} = \dfrac{20}{27}\ \text{カキクケ}$$

245

(3) 3回とも A が起こらない事象を B とすると，$P(B) = \left(\dfrac{2}{3}\right)^3 = \dfrac{8}{27}$ コサシ

$X > a$ である事象を C とする。

3回目までに A が起こらないとき，$X > a$ であるためには，4回目，5回目で少なくとも1度 A が起こらなければならない。

4回目，5回目で少なくとも1度 A が起こる事象を C とする。3回目までに1度も A が起こらない (B) のもとで，C が起こる確率は，確率は余事象の考え方を用いて，

$$P_B(C) = 1 - P_B(\overline{C}) = 1 - \left(\dfrac{2}{3}\right)^2 = \dfrac{5}{9}$$ スセ　6

　　　4回目，5回目で1度も A が起こらない確率

3回目までの試行と4, 5回目の試行は独立なので，3回目までに1度も A が起こらないとき，$X > a$ となる条件付き確率である。

補足 記号を用いて詳しく述べると次のようになる。4回目，5回目で少なくとも1度 A が起こる事象を C とすると，確率は余事象の考え方を用いて，

$$P(C) = 1 - \left(\dfrac{2}{3}\right)^2 = \dfrac{5}{9}$$

条件付き確率の公式を用いて，B と C は独立なので，

$$P_B(C) = \dfrac{P(B \cap C)}{P(B)} = \dfrac{P(B)P(C)}{P(B)} = P(C) = \dfrac{5}{9}$$ スセ　13

---

(4) 得点は次の3通りある。

(に) 得点が $a+1$ (5回目までにちょうど1度 A が起こる)

(ほ) 得点が $a+3$ (5回目までにちょうど2度 A が起こる)

(へ) 得点が $a-m$ (5回目までに A が一度も起こらない)

(に) となる確率は $\dfrac{80}{243}$，(へ) となる確率は，$\dfrac{32}{243}$

余事象の考え方を用いて，(ほ) の確率は，$1 - \dfrac{80}{243} - \dfrac{32}{243} = \dfrac{131}{243}$

期待値は，

$$E(X) = (a+1)\frac{80}{243} + (a+3)\frac{131}{243} + (a-m)\frac{32}{243} = a + \frac{80 + 131 \times 3 - 32m}{243}$$

$$\phantom{E(X) = (a+1)\frac{80}{243} + (a+3)\frac{131}{243} + (a-m)\frac{32}{243}} = a + \frac{\boxed{473} - \boxed{32}m}{243}$$

ソタチ ツテ

[a の係数は全事象の確率なのだから 1，と計算せずに出したい]

$E(X) > a$ となるのは，$473 - 32m > 0$ のときで，これを満たす最大の整数は $473 \div 32 = 14.\cdots$ より，$m = \boxed{14}$ トナ

過去問　16年度 本試験

二つのさいころAとBがあり，各面に1, 2, 3, 4, 5, 6という目が書かれている。これらのさいころについて，Aのさいころの各面には，1, 3, 4, 5, 6, 8の目のシールを貼り，Bのさいころの各面には1, 2, 2, 3, 3, 4の目のシールを貼った。

はじめに硬貨を投げ，次にAとBのさいころを同時に投げる次の試行を行う。
- 硬貨を投げて表が出れば，両方のさいころのシールをすべてはがして二つのさいころを同時に投げる。
- 硬貨を投げて裏が出れば，両方ともシールをはがさずに二つのさいころを同時に投げる。

この試行について次の問いに答えよ。ただし，シールの有無にかかわらず，さいころの各面の出方は同様に確からしいとする。

(1) 二つのさいころの目の和が3の倍数になる場合は，硬貨を投げて表が出たとき　アイ　通りあり，裏が出たとき　ウエ　通りある。したがって，この試行において二つのさいころの目の和が3の倍数になる確率は $\dfrac{オ}{カ}$ である。また，目の和が3の倍数であるという条件のもとで，二つのさいころの目の差が2以下である条件つき確率は $\dfrac{キ}{ク}$ である。

(2) この試行における二つのさいころの目の和を表す確率変数を X とする。

硬貨を投げて表が出たとき，同時に投げた二つのさいころの目の和の平均 (期待値) は ケ であり，その分散は $\dfrac{コサ}{シ}$ である。

硬貨を投げて裏が出たとき，二つのさいころの目の和の平均は ス であり，その分散は $\dfrac{セソ}{タ}$ である。

したがって，この試行における X の平均 $E(X)$ は チ ，分散 $V(X)$ は $\dfrac{ツテ}{ト}$ である。

解 説

16年度 本試験

レビュー

作問者の仕掛けに気付かなければ，時間は膨大にかかってしまう。しかし，センター試験では計算を軽減するためにこのような設定が仕掛けられることは間々ある。
(1)ではA，Bのシールの仕組みを見抜いて解かないと時間が足りなくなるだろう。シールのタネが見抜けたとしても，(2)のシール無しの場合とシール有りの場合の分散は計算するしかない。時間内に解けなくてよい。

主なテクニック 12 , 19 , 21 , 30 , 36 , 37

(1) 2つのシール無しさいころの目の和が□になる場合が何通りあるかを表にすると，

□	2	3	4	5	6	7	8	9	10	11	12
通り	1	2	3	4	5	6	5	4	3	2	1

目の和が3の倍数になるのは，$2+5+4+1=\boxed{12}$（通り）
　　　　　　　　　　　　　　　　　　　　　　アイ

シール有りさいころを投げた場合36通りをすべて調べるのでは時間が足りない。なにかうまい方法がないだろうか。和が3の倍数であるかを問題にしているのだから，さいころの目をmod3で見てみよう。3で割った余りを書くと，

	A(シール有り)	B(シール有り)	シール無し
目	1, 3, 4, 5, 6, 8	1, 2, 2, 3, 3, 4	1, 2, 3, 4, 5, 6
mod3	1, 0, 1, 2, 0, 2	1, 2, 2, 0, 0, 1	1, 2, 0, 1, 2, 0

シールを貼ったさいころであっても，mod3で見たとき，普通のさいころと目の構成が同じなので，裏が出たとき（シール有りさいころを投げるとき），3の倍数になるのは $\boxed{12}$ 通り。
　　　　　　　　　　　　　　　　　　　　　　　　　　　ウエ

シール有りさいころを投げたときも，シール無しさいころを投げたときも目の和が3の倍数になる確率は $\frac{12}{36} = \frac{1}{3}$ なので，硬貨を投げる試行を経た後での確率も $\frac{1}{3}$ オカ である。

補足 硬貨を投げて表が出る事象を C，シール無しさいころで目の和に3の倍数が出る事象を D，シール有りさいころで目の和に3の倍数が出る事象を E とする。

目の和が3の倍数である確率は，
$$P(C)P(D) + P(\overline{C})P(E) = \frac{1}{2} \cdot \frac{1}{3} + \frac{1}{2} \cdot \frac{1}{3} = \frac{1}{3}$$ オカ　30

シール無しのとき，和が3の倍数で差が2以下のときは，
(1, 2), (2, 1), (2, 4), (3, 3), (4, 2), (4, 5), (5, 4), (6, 6)
の8通り。

シール有りのとき，和が3の倍数で差が2以下のときは，
(1, 2), (1, 2), (3, 3), (3, 3), (4, 2), (4, 2), (5, 4)
の7通り。

よって，目の和が3の倍数であるという条件のもとで，2つのさいころの目の差が2以下である条件付き確率は，$\frac{8+7}{12+12} = \frac{15}{24} = \frac{5}{8}$ キク　12

(2) シール無しのさいころを1個投げたときの目の確率変数を Y_1, Y_2，シール無しのさいころを2個投げたときの目の和を確率変数 Y とおく。

シール無しさいころを1個投げたときは1から6の一様分布なので，公式を用いて，
$$E(Y_1) = \frac{1+6}{2} = \frac{7}{2}, \quad V(Y_1) = \frac{1}{12}(6-1)(6+1) = \frac{35}{12}$$

$Y = Y_1 + Y_2$ なので，　19　　　36

$$E(Y) = E(Y_1 + Y_2) = E(Y_1) + E(Y_2) = \frac{7}{2} + \frac{7}{2} = 7 \text{ ケ}　21$$

$$V(Y) = V(Y_1 + Y_2) = V(Y_1) + V(Y_2) = \frac{35}{12} + \frac{35}{12} = \frac{35}{6} \text{ コサシ}　37$$

（∵ Y_1 と Y_2 は独立なので）

251

解説

シール有りのさいころ A を 1 個投げたときの目の確率変数を Z_1,シール有りのさいころ B を 1 個投げたときの目の確率変数を Z_2 とおく。シール有りのさいころ Z_1 について,

$$E(Z_1) = (1+3+4+5+6+8) \times \frac{1}{6} = \frac{9}{2}$$

Z_1 の偏差は,$-\frac{7}{2}, -\frac{3}{2}, -\frac{1}{2}, \frac{1}{2}, \frac{3}{2}, \frac{7}{2}$

$$V(Z_1) = 2\left\{\left(\frac{7}{2}\right)^2 + \left(\frac{3}{2}\right)^2 + \left(\frac{1}{2}\right)^2\right\} \times \frac{1}{6} = \frac{59}{12}$$

Z_2 について,$E(Z_2) = (1+2+2+3+3+4) \times \frac{1}{6} = \frac{5}{2}$

Z_2 の偏差は,$-\frac{3}{2}, -\frac{1}{2}, -\frac{1}{2}, \frac{1}{2}, \frac{1}{2}, \frac{3}{2}$

$$V(Z_2) = \left\{2\left(\frac{3}{2}\right)^2 + 4\left(\frac{1}{2}\right)^4\right\} \times \frac{1}{6} = \frac{11}{12}$$

シール有りのさいころ 2 個を投げたときの目の和を Z とすると,$Z = Z_1 + Z_2$ であり,

$$E(Z) = E(Z_1) + E(Z_2) = 4.5 + 2.5 = \boxed{7}\text{ス} \qquad \boxed{21}$$

$$V(Z) = V(Z_1) + V(Z_2) = \frac{59}{12} + \frac{11}{12} = \frac{\boxed{35}}{\boxed{6}}\begin{smallmatrix}\text{セソ}\\\text{タ}\end{smallmatrix} \qquad \boxed{37} \quad (\because Z_1 \text{ と } Z_2 \text{ は独立なので})$$

表が出ても裏が出ても平均値,分散がともに変わらないので,

$$E(X) = \boxed{7}\begin{smallmatrix}\text{ツテ}\\\text{チ}\end{smallmatrix}, \quad V(X) = \frac{\boxed{35}}{\boxed{6}}\begin{smallmatrix}\text{ツテ}\\\text{ト}\end{smallmatrix}$$

補足 X の平均値を計算するには,分岐する場合の期待値の公式 $\boxed{30}$ を用いて次のようにする。

硬貨を投げて表が出る事象を C とする。表が出たときのさいころの目の和を確率変数 Y,裏が出たときのさいころの目の和を確率変数 Z とする。

$E_C(X) = E(Y)$,$E_{\overline{C}}(X) = E(Z)$ であるから,

$$E(X) = P(C)E_C(X) + P(\overline{C})E_{\overline{C}}(X) = P(C)E(Y) + P(\overline{C})E(Z)$$
$$= \frac{1}{2} \cdot 7 + \frac{1}{2} \cdot 7 = 7$$

過去問

15年度 本試験

1から8までの整数のいずれか一つが書かれたカードが，各数に対して1枚ずつ合計8枚ある。Dさんがカードを引いて，賞金を得るゲームをする。その規則は次のとおりである。

100円のゲーム代を払って，カードを1枚引き，書いてある数がXのとき，$pX+q$円を受け取る。ここで，p, qは正の整数とする。

(1) 確率変数Xの平均（期待値）は $\dfrac{\boxed{ア}}{\boxed{イ}}$ であり，分散は $\dfrac{\boxed{ウエ}}{\boxed{オ}}$ である。

(2) Dさんがカードを1枚引いて受け取る金額からゲーム代を差し引いた金額をY円とする。確率変数Yの平均をNとするとき，Nをpとqを用いて表すと

$$N = \dfrac{\boxed{カ}}{\boxed{キ}}p + q - \boxed{クケコ}$$

である。

(3) $N=0$ を満たす p, q の値の組の総数は $\boxed{サシ}$ である。その中で, p の最小値は $\boxed{ス}$, 最大値は $\boxed{セソ}$ である。

(4) Y の分散は $\dfrac{\boxed{タチ}}{\boxed{ツ}} p^2$ である。したがって, $N=0$ のとき Y の分散の最小値 C は, $p = \boxed{テ}$ のとき起こり, $C = \boxed{トナ}$ である。

解 説

15年度 本試験

レビュー

解きやすいセットである。本来であれば(1)の計算に時間がかかるところであるが，公式を用意している我々にとっては一撃である。確率変数の公式が使えるかを確認する基本的な問題で計算量も少ない。

主なテクニック 19 , 20 , 34 , 36

(1) X は1から8までの一様分布なので，公式を用いて，

$$E(X) = \frac{1+8}{2} = \boxed{\frac{9}{2}}_{\text{アイ}} \qquad V(X) = \frac{(8-1)(8+1)}{12} = \frac{7 \cdot 9}{12} = \boxed{\frac{21}{4}}_{\text{ウエオ}} \quad \boxed{36}$$

(2) $Y = pX + q - 100$ であり， $\boxed{19}$

$$N = E(Y) = E(pX + q - 100) = pE(X) + q - 100 = \boxed{\frac{9}{2}}_{\text{カキ}} p + q - \boxed{100}_{\text{クケコ}} \quad \boxed{20}$$

(3) $N = 0$ より， $\frac{9}{2}p + q - 100 = 0 \quad \therefore \quad q = 100 - \frac{9}{2}p$

右辺が整数となるのは p が2の倍数 $2k$ のときであり，このとき $\frac{9}{2}p = \frac{9}{2} \cdot 2k = 9k$ と9の倍数になる。 $100 \div 9 = 11$ 余り1より， k は1から11までの整数をとることができるので， $N = 0$ を満たす p, q の値の組は $\boxed{11}$ 通り。 p の最小値は $k = 1$ のときで， $p = \boxed{2}_{\text{ス}}$，最大値は， $k = 11$ のときで， $p = \boxed{22}_{\text{サシ セソ}}$

(4) $V(Y) = V(pX + q - 100) = p^2 V(X) = \boxed{\frac{21}{4}}_{\text{タチツ}} p^2 \quad \boxed{34}$

$p = \boxed{2}_{\text{テ}}$ のとき， $V(Y)$ は最小値 $C = \frac{21}{4} \cdot 2^2 = \boxed{21}_{\text{トナ}}$ を取る。

過去問

14年度 本試験

右の表はあるクラスの英語と数学の成績の分布である。生徒数は50人で，成績は1から5までの5段階評価である。たとえば，この表によると英語の成績が4，数学の成績が2の生徒の数は5人である。

このクラス全員の名札50枚をよくまぜて，1枚を取り出し，その名札の生徒の英語の成績を X，数学の成績を Y として確率変数 X，Y を定める。

ただし，同姓同名の生徒はいないものとする。

X \ Y	5	4	3	2	1
5	1	3	1	0	1
4	1	0	7	5	1
3	2	1	0	9	3
2	1	b	6	0	a
1	0	0	1	1	3

(1) $X=4$ となる確率は $\dfrac{ア}{イウ}$ である。

$X=4$ かつ $Y=3$ となる確率は $\dfrac{エ}{オカ}$ である。

$X \geqq 3$ となる確率は $\dfrac{キ}{クケ}$ である。

$X \geqq 3$ という条件のもとで $Y=3$ となる条件つき確率は $\dfrac{コ}{サシ}$

である。

(2) $a+b=\boxed{ス}$ であり，$X=2$ となる確率は $\dfrac{\boxed{セ}}{\boxed{ソ}}$ で

　　X の平均（期待値）は $\dfrac{\boxed{タチ}}{\boxed{ツテ}}$ である。

(3) Y の平均が $\dfrac{133}{50}$ であれば

$$a=\boxed{ト}, \quad b=\boxed{ナ}$$

　　である。

(4) $X=2$ という事象と $Y=4$ という事象が独立であれば

$$a=\boxed{ニ}, \quad b=\boxed{ヌ}$$

　　であり，Y の平均は $\dfrac{\boxed{ネノ}}{\boxed{ハ}}$ である。

解 説

14年度 本試験

> **レビュー**
> 分布が作為的に与えられるという新しいタイプの問題。未知の a, b があるが，条件からすぐに求められる。

主なテクニック 12 , 16

(1) 英語が4点の人は，$1+0+7+5+1=14$（人）なので，

$X=4$ となる確率は，$P(X=4)=\dfrac{14}{50}=\dfrac{7}{25}$ ア イウ

英語が4点で数学が3点の人は，7人なので，

$X=4$ かつ $Y=3$ となる確率は，$P(X=4, Y=3)=\dfrac{7}{50}$ エ オカ

英語が3点（$X=3$）の人は，$2+1+0+9+3=15$（人）
　　　 5点（$X=5$）の人は，$1+3+1+0+1=6$（人）

英語が3点以上（$X≧3$）の人は，$15+14+6=35$（人）なので，

$X≧3$ となる確率は，$P(X≧3)=\dfrac{35}{50}=\dfrac{7}{10}$ キ クケ

英語が3点以上（$X≧3$）である35人中，数学が3点（$Y=3$）の人は $1+7=8$（人）なので，$X≧3$ という条件のもとで $Y=3$ となる条件付き確率は，

$P_{X≧3}(Y=3)=\dfrac{8}{35}$ コ サシ　12

(2) $X=2$ または 1 となる人は，$50-35=15$（人）

$a+b$ はここから，表の $X=2$ または 1 のところで明かされている数を引いて，

$a+b=15-(1+6+1+1+3)=3$ ス ……①

英語が2点（$X=2$）の人は，$a+b+1+6=3+1+6=10$（人）

$X=2$ となる確率は，$P(X=2)=\dfrac{10}{50}=\dfrac{1}{5}$ セ ソ

X の分布は次のようになるので，

X	1	2	3	4	5
P	5	10	15	14	6

258

X の平均値は，$E(X) = \dfrac{1 \times 5 + 2 \times 10 + 3 \times 15 + 4 \times 14 + 5 \times 6}{50} = \dfrac{156}{50} = \dfrac{\boxed{78}}{\boxed{25}}$ タチ／ツテ

(3) Y の分布は，

Y	1	2	3	4	5
P	$a+8$	15	15	$b+4$	5

これをもとに Y の平均を計算すると，

$$E(Y) = \dfrac{1 \times (a+8) + 2 \times 15 + 3 \times 15 + 4 \times (b+4) + 5 \times 5}{50}$$

$$= \dfrac{124 + a + 4b}{50} \quad \cdots\cdots ②$$

これが $\dfrac{133}{50}$ なので，

$124 + a + 4b = 133 \qquad \therefore \quad a + 4b = 9 \quad \cdots\cdots ③$

③ − ① より，$3b = 6 \qquad \therefore \quad b = \boxed{2}, \quad a = \boxed{1}$
　　　　　　　　　　　　　　　　　　　　ナ　　　　ト

(4) $P_{X=2}(Y=4) = \dfrac{b}{10}$, $P(Y=4) = \dfrac{b+4}{50}$ ここで，

　　$X = 2$ である事象と $Y = 4$ である事象が独立である　16

　　　$\iff P_{X=2}(Y=4) = P(Y=4)$

なので，$\dfrac{b}{10} = \dfrac{b+4}{50} \qquad \therefore \quad 5b = b + 4 \qquad \therefore \quad b = \boxed{1}, \quad a = \boxed{2}$
　　　　　　　　　　　　　　　　　　　　　　　　　　　　　　　　　　ヌ　　　　ニ

このときの Y の平均は②を用いて，

$E(Y) = \dfrac{124 + a + 4b}{50} = \dfrac{124 + 2 + 4 \times 1}{50} = \dfrac{130}{50} = \dfrac{\boxed{13}}{\boxed{5}}$ ネノ／ハ

過去問

13年度 本試験

1枚の硬貨を3回投げ、表が出た回数を X とする。次にさいころを X 回振る。（たとえば $X=2$ ならば、さいころを2回振ることになる。）そうして、1または2の目が出た回数を Y とする。ただし、$X=0$ の場合は、$Y=0$ ときめる。

(1) $X=2$ のとき、Y の取り得る値は、$\boxed{\text{ア}}$ 通りである。

(2) $X=2$ となる確率は $\dfrac{\boxed{\text{イ}}}{\boxed{\text{ウ}}}$ である。

$X=2$ という条件のもとで、$Y=1$ となる条件つき確率は $\dfrac{\boxed{\text{エ}}}{\boxed{\text{オ}}}$ である。

したがって、$X=2$, $Y=1$ となる確率は $\dfrac{\boxed{\text{カ}}}{\boxed{\text{キ}}}$ である。

同様にして

$X=1$, $Y=1$ となる確率は $\dfrac{1}{8}$ であり

$X=3$, $Y=1$ となる確率は $\dfrac{1}{18}$ である。

したがって、$Y=1$ となる確率は $\dfrac{\boxed{\text{クケ}}}{\boxed{\text{コサ}}}$ である。

(3) (2)と同様に計算すると

$Y=2$ となる確率は $\dfrac{5}{72}$ であり

$Y=3$ となる確率は $\dfrac{1}{216}$ である。

したがって，$Y=0$ となる確率は $\dfrac{\boxed{シスセ}}{\boxed{ソタチ}}$ である。

(4) Y の平均（期待値）は $\dfrac{\boxed{ツ}}{\boxed{テ}}$ である。

(5) $Y=0$ という条件のもとで，$X=2$ となる条件つき確率は $\dfrac{\boxed{トナ}}{\boxed{ニヌネ}}$ である。

解 説

13年度 本試験

> **レビュー**
> 硬貨を投げる反復試行の結果で枝分かれをしてさいころの反復試行を行うという凝った設定。枝分かれの期待値の公式が使える。

主なテクニック 11 , 12 , 14 , 15 , 31

(1) $X=2$ のとき，さいころを2回振る。2回中，1または2の目が出る回数は0回，1回，2回の<u>3</u>通り。
　　　　　　　　　　　　　　　　　　　　　　　　　ア

(2) 1枚の硬貨を3回投げるとき，目の出方は，$2^3=8$(通り)
　　表が2回のとき，裏の1回がどこに出るかと考えて，3(通り)
　　$X=2$ となる確率は，$P(X=2)=\dfrac{3}{8}$　イ／ウ

補足 コインを投げる反復試行である。表が出る確率が $\dfrac{1}{2}$，裏が出る確率が $\dfrac{1}{2}$ なので，表が2回($X=2$)となる確率は，$P(X=2)={}_3C_2\left(\dfrac{1}{2}\right)^2\left(\dfrac{1}{2}\right)=\dfrac{3}{8}$

硬貨を投げると，さいころの個数が決まるので，X が与えられたときの条件付き確率は，さいころの個数を決めて確率を計算すればよい。$X=2$ という条件のもと，$Y=1$ となる条件付き確率は，さいころを2回投げて，1または2が出る事象(Aとおく，$P(A)=\dfrac{2}{6}=\dfrac{1}{3}$，$P(\overline{A})=\dfrac{4}{6}=\dfrac{2}{3}$) が1度だけ起こる確率に等しい。2回のうち A がどちらで起きるかで2通りあるので，

$$P_{X=2}(Y=1)=2\left(\dfrac{1}{3}\right)\left(\dfrac{2}{3}\right)=\dfrac{4}{9}$$　エ／オ　　11

$$P(X=2,Y=1)=P(X=2)P_{X=2}(Y=1)=\dfrac{3}{8}\cdot\dfrac{4}{9}=\dfrac{1}{6}$$　カ／キ　　14 , 15

$Y=1$ となるのは，$X=1$，$X=2$，$X=3$ の3通りの場合が考えられるので，

$$P(Y)=P(X=1,Y=1)+P(X=2,Y=1)+P(X=3,Y=1)=\dfrac{1}{8}+\dfrac{1}{6}+\dfrac{1}{18}$$

$$=\dfrac{25}{72}$$　クケ／コサ

(3) $Y=0$ となる事象は，$Y=1$ または 2 または 3 となる事象の余事象なので，
$$P(Y=0) = 1 - P(Y=1) - P(Y=2) - P(Y=3)$$
$$= 1 - \frac{25}{72} - \frac{5}{72} - \frac{1}{216} = \frac{216-75-15-1}{216} = \boxed{\frac{125}{216}} \text{ シスセ} \atop \text{ソタチ}$$

(4) Y の平均値は，
$$E(Y) = 1 \times \frac{25}{72} + 2 \times \frac{5}{72} + 3 \times \frac{1}{216} = \frac{75+30+3}{216} = \boxed{\frac{1}{2}} \text{ ツ} \atop \text{テ}$$

別解 X の分布が，

X	0	1	2	3
P	$\frac{1}{8}$	$\frac{3}{8}$	$\frac{3}{8}$	$\frac{1}{8}$

さいころを k 回投げて A が起こる回数の期待値は $\frac{k}{3}$ なので，$E_{X=k}(Y) = \frac{k}{3}$
Y の期待値は，
$$E(Y) = P(X=0)E_{X=0}(Y) + P(X=1)E_{X=1}(Y) + P(X=2)E_{X=2}(Y)$$
$$+ P(X=3)E_{X=3}(Y)$$
$$= \frac{1}{8} \cdot 0 + \frac{3}{8} \cdot \frac{1}{3} + \frac{3}{8} \cdot \frac{2}{3} + \frac{1}{8} \cdot \frac{3}{3} = \frac{1}{2}$$

実は，この計算さえもまともにする必要はない。なぜなら，X の分布の対称性と，$E_{X=k}(Y)$ の一様性に着目すれば，$0, \frac{1}{3}, \frac{2}{3}, \frac{3}{3}=1$ の中央値 $\frac{1}{2}$ になることは当然だからである。

(5) $X=2$，$Y=0$ となる確率は，
$$P(X=2, Y=0) = P(X=2)P_{X=2}(Y=0) = \frac{3}{8} \cdot \left(\frac{2}{3}\right)^2 = \frac{1}{6}$$

これより，
$$P_{Y=0}(X=2) = \frac{P(X=2, Y=0)}{P(Y=0)} = \frac{1}{6} \div \frac{125}{216} = \boxed{\frac{36}{125}} \text{ トナ} \atop \text{ニヌネ}$$

263

過去問

12年度 本試験

　赤い玉が2個，青い玉が3個，白い玉が5個ある。これらの10個の玉を袋に入れてよくかきまぜ，その中から4個をとり出す。とり出したものに同じ色の玉が2個あるごとに，これを1組としてまとめる。まとめられた組に対して，赤は1組につき5点，青は1組につき3点，白は1組につき1点が与えられる。このときの得点の合計を X とする。

(1) X は ア 通りの値をとり，その最大値は イ ，最小値は ウ である。

(2) Xが最大値をとる確率は $\dfrac{エ}{オカ}$ である。

(3) Xが最小値をとる確率は $\dfrac{キク}{ケコ}$ である。

また，Xが最小値をとるという条件の下で，3色の玉がとり出される条件つき確率は $\dfrac{サ}{シス}$ である。

解 説

12年度 本試験

> **レビュー**
> 初めに(1)を慎重に数え上げておけばあとが楽。間違いも少なくなる。しかし、短い時間ですべてを書き出すのは慣れていないと難しいのではないだろうか。

主なテクニック　2 , 12

(1) 取り出した4個の中には，少なくとも1色，2個あるものがある。
　　赤を○，青を△，白を×とすると，

(2,1,1)タイプ ワンペア
　○○△×　5点
　○△△×　3点
　○△××　1点

(2,2)タイプ ツーペア
　○○△△　5+3=8点
　○○××　5+1=6点
　△△××　3+1=4点

(3,1)タイプ
　○△△△　3点
　△△△×　3点
　○×××　1点
　△×××　1点

(4)タイプ ツーペア
　××××　1+1=2点

X は 1, 2, 3, 4, 5, 6, 8 の **7** 通りの値を取る。最大値は **8**，最小値は **1**
　　　　　　　　　　　　　　　ア　　　　　　　　　　　イ　　　　　　ウ

(2) 10個から4個を取り出す場合の数は，$_{10}C_4 = \dfrac{10 \times 9 \times 8 \times 7}{4 \times 3 \times 2 \times 1} = 210$（通り）　2

　　8点は○○△△のときで，赤玉2個の中から2個の赤玉を選ぶ選び方は1通り，青玉3個の中から2個を選ぶ選び方は3通りなので，全部で $1 \times 3 = 3$（通り）

　　X が最大となる確率は，$P(X=8) = \dfrac{3}{210} = \dfrac{1}{70}$　エオカ

(3) 1点は，○△××，○×××，△×××の場合である。
　○△××　赤玉の選び方2通り，青玉の選び方3通り，白玉の選び方 $_5C_2 = 10$ 通りなので，全部で $2 \times 3 \times 10 = 60$（通り）
　○×××　赤玉の選び方が2通り，白玉の選び方が $_5C_3 = 10$ 通りなので，全部で $2 \times 10 = 20$（通り）
　△×××　青玉の選び方が3通り，白玉の選び方が $_5C_3 = 10$ 通りなので，

全部で $3 \times 10 = 30$(通り)

よって，1点($X=1$)になるのは，$60+20+30=110$(通り)

X が最小となる確率は，$P(X=1) = \dfrac{110}{210} = \dfrac{\boxed{11}}{\boxed{21}}\dfrac{キク}{ケコ}$

○△××，○×××，△×××のうち，3色が取り出されるのは，○△××の60通りなので，X が最小値をとるという条件のもとで，3色が取り出される条件付き確率は，$\dfrac{60}{110} = \dfrac{\boxed{6}}{\boxed{11}}\dfrac{サ}{シス}$ 🈔

過去問

11年度 本試験

座標平面上に9個の点

$P_1(0, 2)$　　　$P_2(1, 2)$　　　$P_3(2, 2)$

$P_4(0, 1)$　　　$P_5(1, 1)$　　　$P_6(2, 1)$

$P_7(0, 0)$　　　$P_8(1, 0)$　　　$P_9(2, 0)$

をとる。袋の中に P_1, P_2, $\cdots$, P_9 と書かれた9個の玉が入っている。

この袋から2個の玉を取り出すとき，取り出した2個の玉に書かれている2点に対し，その距離の2乗を X とする。

(1) $X=1$ となる確率は $\dfrac{\text{ア}}{\text{イ}}$ である。

(2) $X=5$ となる確率は $\dfrac{\text{ウ}}{\text{エ}}$ である。

(3) $X=8$ となる確率は $\dfrac{\text{オ}}{\text{カキ}}$ である。

(4) 確率変数 X は ク 通りの値をとり，その平均（期待値）は ケ であり，分散は コ である。

解 説

11年度 本試験

> **レビュー**
> 苦手な人が多い図形と絡めた問題。数え落としがないか，期待値を計算する前には和をとって全事象になっていることを確かめておきたい。

主なテクニック 17

9個の中から2個の玉を取り出す取り出し方は，$_9C_2 = \dfrac{9 \times 8}{2} = 36$（通り）

(1) $X=1$ となるのは，ヨコに隣り合った2点，タテに隣り合った2点の組を数え上げて，12通り。$X=1$ となる確率は，$\dfrac{12}{36} = \dfrac{1}{3}$ **ア / イ**

(2) $X=5$ となるのは，直角を挟んで1, 2の辺を持つ三角形の斜辺の2乗なので，図のように8通り。$X=5$ となる確率は，$\dfrac{8}{36} = \dfrac{2}{9}$ **ウ / エ**

(3) $X=8$ となるのは，図のように2通り。$X=8$ となる確率は，$\dfrac{2}{36} = \dfrac{1}{18}$ **オ / カキ**

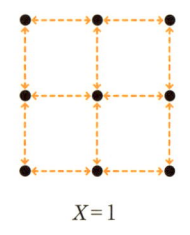

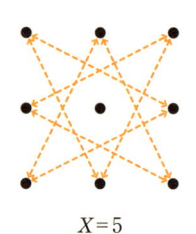

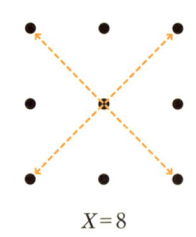

$X=1$ $\quad$ $X=5$ $\quad$ $X=8$

(4) (1)～(3)以外に，下左図のように $X=2$ になるときと，下右図のように $X=4$ になる2通りがあるので，**5** 通り。**ク**

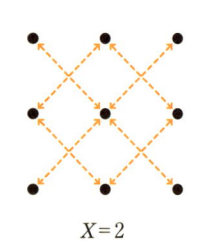

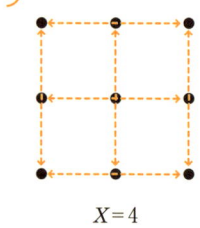

$X=2$ $\quad$ $X=4$

表にまとめると，

X	1	2	4	5	8	計
取り出し方	12	8	6	8	2	36

$$E(X) = \frac{1 \times 12 + 2 \times 8 + 4 \times 6 + 5 \times 8 + 8 \times 2}{36} = \frac{12 + 16 + 24 + 40 + 16}{36}$$

$$= \frac{108}{36} = \boxed{3} \ ケ$$

偏差と場合の数の表は，

$X-3$	-2	-1	1	2	5
取り出し方	12	8	6	8	2

$$V(X) = \frac{2^2 \times 12 + 1^2 \times 8 + 1^2 \times 6 + 2^2 \times 8 + 5^2 \times 2}{36} = \frac{48 + 8 + 6 + 32 + 50}{36}$$

$$= \frac{144}{36} = \boxed{4} \ コ$$

p.212, 213

過去問 10年度 本試験

[1] 円いテーブルのまわりに 12 個の席がある。そこに二人が座るとき，その二人の間にある席の数のうち少ない方を X として確率変数 X を定める。ただし，二人の間にある席の数が同数の場合には，その数を X とする。このとき

$$P(X=0) = \frac{2}{11}, \quad P(X=1) = \frac{2}{11}, \quad P(X=5) = \frac{1}{11}$$

である。

期待値（平均）は $E(X) = \dfrac{25}{11}$ であり，分散は $V(X) = \dfrac{310}{121}$ である。

〔2〕a, b を 4 以上の整数とし，a 個の席のある円いテーブルと b 個の席のある円いテーブルがある。そこに二人が座るとき，二人がそれぞれ確率 $\frac{1}{2}$ でどちらかのテーブルを選んで座るものとする。二人が同じテーブルでとなりあって座る確率を $p(a, b)$ とする。

いつ $p(a, b) = \frac{1}{14}$ となるかを調べてみよう。$p(a, b) = \frac{1}{14}$ を変形すると
$$(a - \boxed{ト})(b - \boxed{ナ}) = \boxed{ニヌ}$$
となる。

したがって，$a = b$ ならば $a = \boxed{ネノ}$ のとき，$p(a, b) = \frac{1}{14}$ となる。また，$a > b$ ならば $a = \boxed{ハヒ}$，$b = \boxed{フ}$ のとき，$p(a, b) = \frac{1}{14}$ となる。

解説

10年度 本試験

> **レビュー**
> 〔2〕は途中から整数の問題になってしまっているへんてこりんな問題。特に，平成 10 年には整数の単元がなかったので違和感がある。

主なテクニック 35

円いテーブルの周りには，1 から 12 の番号が付いた 12 個の席があるとする。

12 個の席から 2 個の席を選んで 2 人が座ると考えて，全事象は，

$$_{12}C_2 = \frac{12 \times 11}{2 \times 1} = 66 (通り)$$

〔1〕 隣どうしの席の組は，席の間の選び方が 12 通りあるので，

$$P(X=0) = \frac{12}{66} = \boxed{\frac{2}{11}} \begin{array}{l}\text{ア}\\\text{イウ}\end{array}$$

1 つ飛びの席の選び方は飛ばされる席の選び方が 12 通りあるので，

$$P(X=1) = \frac{12}{66} = \boxed{\frac{2}{11}} \begin{array}{l}\text{エ}\\\text{オカ}\end{array}$$

同様に，$P(X=2) = \frac{12}{66} = \frac{2}{11}$，$P(X=3) = \frac{12}{66} = \frac{2}{11}$，$P(X=4) = \frac{12}{66} = \frac{2}{11}$

ただし，$X=5$ のときは，2 つの席は向かい合うように取るしかないので，

選び方は $12 \div 2 = 6$ (通り) であり，$P(X=5) = \frac{6}{66} = \boxed{\frac{1}{11}} \begin{array}{l}\text{キ}\\\text{クケ}\end{array}$

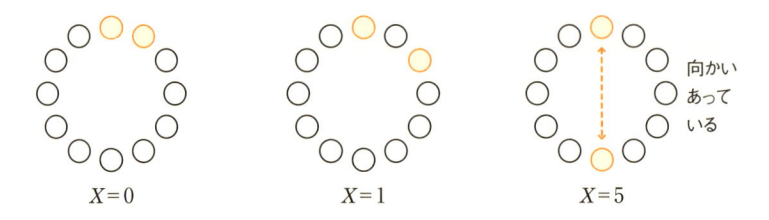

$X=0$　　　$X=1$　　　$X=5$　　向かいあっている

よって，

$$E(X) = 0 \cdot \frac{2}{11} + 1 \cdot \frac{2}{11} + 2 \cdot \frac{2}{11} + 3 \cdot \frac{2}{11} + 4 \cdot \frac{2}{11} + 5 \cdot \frac{1}{11} = \boxed{\frac{25}{11}} \begin{array}{l}\text{コサ}\\\text{シス}\end{array}$$

$$E(X^2) = 0^2 \cdot \frac{2}{11} + 1^2 \cdot \frac{2}{11} + 2^2 \cdot \frac{2}{11} + 3^2 \cdot \frac{2}{11} + 4^2 \cdot \frac{2}{11} + 5^2 \cdot \frac{1}{11} = \frac{85}{11}$$

274

$$V(X) = E(X^2) - \{E(X)\}^2 = \frac{85}{11} - \left(\frac{25}{11}\right)^2 = \frac{85 \times 11 - 25 \times 25}{121} = \frac{935 - 625}{121}$$
$$= \frac{310}{121} \quad \text{セソタ/チツテ}$$

〔2〕 a 個の席のある円いテーブルで 2 人が隣り合う確率は,

$$\frac{a}{{}_aC_2} = \frac{2a}{a(a-1)} = \frac{2}{a-1}$$

b 個の場合の確率は, $\dfrac{2}{b-1}$

2 人が a 個の席のあるテーブルを選ぶ確率は, $\dfrac{1}{2} \times \dfrac{1}{2} = \dfrac{1}{4}$

同様に b 個の席のあるテーブルを選ぶ確率も $\dfrac{1}{4}$ であり,

$$p(a, b) = \frac{1}{4} \times \frac{2}{a-1} + \frac{1}{4} \times \frac{2}{b-1} = \frac{1}{2}\left(\frac{1}{a-1} + \frac{1}{b-1}\right)$$

$p(a, b) = \dfrac{1}{14}$ より,

$$\frac{1}{2}\left(\frac{1}{a-1} + \frac{1}{b-1}\right) = \frac{1}{14} \quad \therefore \quad 7(a-1) + 7(b-1) = (a-1)(b-1)$$

$(a-1)(b-1) - 7(a-1) - 7(b-1) = 0$

$\therefore \quad ab - 8a - 8b + 15 = 0 \quad \therefore \quad (a - \boxed{8})(b - \boxed{8}) = \boxed{49}$
ト　　　　　　　　ナ　　　ニヌ

$a = b$ のとき, $(a-8)^2 = 49$　　$a \geq 4$ より, $a = \boxed{15}$ ネノ

$a > b$ のとき, $a - 8 = 49$, $b - 8 = 1$ より, $a = \boxed{57}$, $b = \boxed{9}$
ハヒ　　　フ

過去問

17年度 追試験

a を自然数とする。条件

$$|m| \leq 1, \quad 0 \leq n \leq 2a+1$$

を満たす整数 m, n を，それぞれ x 座標，y 座標とする座標平面上の点の集合を S とする。集合 S から 1 点を選ぶ試行を独立に 3 回繰り返し，選んだ点を順に A，B，C とする。

(1) 集合 S の要素の個数は，$\boxed{ア}a+\boxed{イ}$ である。したがって，点 A，B，C を選ぶ場合の数は，$(\boxed{ア}a+\boxed{イ})^{\boxed{ウ}}$ である。点 A，B，C がすべて異なる確率は

$$\frac{\boxed{エオ}a^2+\boxed{カキ}a+\boxed{クケ}}{18(a+1)^{\boxed{コ}}}$$

である。

(2) 点 A，B，C がすべて異なり，傾きが正の同一直線上にあるとする。このとき，その傾き b は自然数となり，その範囲は

$$\boxed{サ} \leq b \leq \boxed{シ} \quad \cdots\cdots\text{①}$$

である。

b は不等式①を満たす自然数とする。点 A，B，C がすべて異なり，かつそれらが傾き b の同一直線上にあるような点 A，B，C の選び方の総数を求めよう。たとえば，点 A を $(-1, 2(\boxed{ス}-\boxed{セ})+1)$，点 B を $(1, 2a+1)$，点 C を $(0, 2a-b+1)$ とする選び方はその例である。求める場合は，全部で

$$\boxed{ソタ}(\boxed{チ}-\boxed{ツ}+1)$$

通りである。

(3) 確率変数 Y を次のように定める。
- 選んだ A, B, C がすべて異なり，かつそれらが，傾きが正の同一直線上にあるとき，点 A, B, C の y 座標の最大値と最小値の差を Y の値とする。
- それ以外のとき，$Y=0$ とする。

b は(2)の不等式①を満たす自然数とする。点 A, B, C がすべて異なり，かつそれらが傾き b の同一直線上にあるとき，$Y = \boxed{テ} b$ である。

以下，$a=2$ とする。このとき，Y の平均(期待値)は

$$\frac{\boxed{ト}}{3^{\boxed{ナ}}}$$

であり，Y^2 の平均は

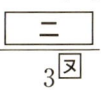

$$\frac{\boxed{ニ}}{3^{\boxed{ヌ}}}$$

である。したがって，Y の分散は

$$\frac{\boxed{ネノハヒ}}{3^{10}}$$

である。

解 説

17年度 追試験

レビュー
図形と確率の融合なので苦手とする受験生が多い。難易度は高い。

主なテクニック 35

(1) m の選び方は -1, 0, 1 の3通り，n の選び方は 0, 1, $\cdots$, $2a+1$ の $2a+2$ 通りなので，集合 S の要素の個数は $3 \times (2a+2) = 6a+6$ (個)
アイ

$6a+6$ 個の点の中から重複を許して3個の点を選ぶ選び方は $(6a+6)^3$ (通り)
ウ

異なる3個を選んで A，B，C と名付ける場合の数は ${}_{6a+6}P_3$ (通り) なので，A，B，C がすべて異なる確率は，

$$\frac{{}_{6a+6}P_3}{(6a+6)^3} = \frac{(6a+6)(6a+5)(6a+4)}{(6a+6)^3} = \frac{(6a+5)(6a+4)}{(6a+6)^2}$$

$$= \frac{(6a+5)(6a+4)}{36(a+1)^2} = \frac{(6a+5)(3a+2)}{18(a+1)^2} = \frac{18a^2+27a+10}{18(a+1)^2}$$
エオ カキ クケ コ

(2) A，B，C が異なるとき，これらの x 座標は -1, 0, 1 が1個ずつとなる。なぜなら，もしも x 座標が同じものがあると3点を通る直線は y 軸に平行な直線になってしまうからだ。

下図のように考えて，直線の傾きは最小が1，最大が a である。$1 \leq b \leq a$ となる。
サ シ

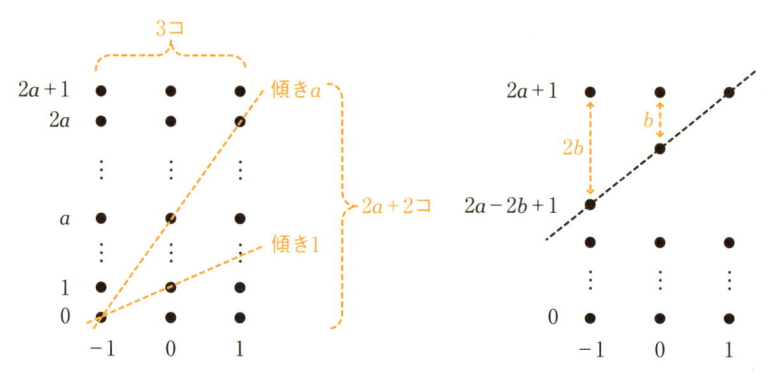

直線が傾き b のとき，x 座標が 1, 0, -1 の順に3点を選ぶことを考える。

初めの点を $(1, 2a+1)$ にとれば，$x=0$ のとき，この点から $[x$ 方向に -1，y 方向に $-b]$ 進んで $(0, 2a-b+1)$ となり，$x=-1$ のとき，さらに $[x$ 方向に -1，y 方向に $-b]$ 進んで，最後の点は $(-1, 2a-2b+1) = (-1, 2(\boxed{a}-\boxed{b})+1)$
　　　　　　　　　　　　　　　　　　　　　　　　　　　　　　　　　ス　セ
となる。初めの点を $(1, 2a+1)$ より下に動かせば，最後の点も同じだけ下に動くので，最後の点の y 座標は，0 から $2(a-b)+1$ までの $2(a-b)+1+1 = 2(a-b+1)$ (通り)ある。

傾きが b になるような 3 点の選び方は，$2(a-b+1)$ (通り)。これに対して，A，B，C の割り振り方は，$3!$ (通り)なので，全部で
$2(a-b+1) \times 3! = \boxed{12}(\boxed{a}-\boxed{b}+1)$ (通り)ある。
　　　　　　　　　　ソタ　チ　ツ

(3) 直線の傾きが b のとき，3 点の y 座標は $x=1$ のとき最大値，$x=-1$ のとき最小値を取るので，(最大値) − (最小値) $= 2b$ であり，$Y = \boxed{2}b$
　　　　　　　　　　　　　　　　　　　　　　　　　　　　　　　　　　　　　テ

$a=2$ のとき，全事象は $(6a+6)^3 = 18^3$

傾き b となる場合の数は，$12(a-b+1) = 12(3-b)$

$1 \leq b \leq 2$ なので，b は 1，2 を取りうる。よって，Y は 0，2，4 を取りうる。

	$b=1$	$b=2$
$Y(=2b)$	0	2	4
Y^2	0	4	16
場合の数	c	24	12

ここで c は余事象の考え方を用いて，$c = 18^3 - 24 - 12$。ただし，$Y=0$，$Y^2=0$ のときは，$E(Y)$，$E(Y^2)$ に影響しないので計算しなくてよい。　　35

よって，
$$E(Y) = \frac{0 \times c + 2 \times 24 + 4 \times 12}{18^3} = \frac{2 \times 4 + 4 \times 2}{3 \cdot 18^2} = \frac{16}{3 \cdot 18^2} = \frac{\boxed{4}}{3^{\boxed{5}}}$$
　　　　　　　　　　　　　　　　　　　　　　　　　　　　　　　　　　　　ト　ナ
$$E(Y^2) = \frac{0 \times c + 4 \times 24 + 16 \times 12}{18^3} = \frac{4 \times 4 + 16 \times 2}{3 \cdot 18^2} = \frac{12}{3^5} = \frac{\boxed{4}}{3^{\boxed{4}}}$$
　　　　　　　　　　　　　　　　　　　　　　　　　　　　　　　　　　　　ニ　ヌ
$$V(Y) = E(Y^2) - \{E(Y)\}^2 = \frac{4}{3^4} - \left(\frac{4}{3^5}\right)^2 = \frac{4 \cdot 3^6 - 4^2}{3^{10}} = \frac{4(729-4)}{3^{10}} = \frac{\boxed{2900}}{3^{10}}$$
　　ネノハヒ

過去問 16年度 追試験

x 座標, y 座標が共に 0 以上 3 以下の整数である座標平面上の点の集合を M とする。M の中で, 点 P を, 次の規則に従って動かす。

規則：1 枚の硬貨を投げたとき, 表が出たならば, x 軸の正の方向に 1 だけ動かす。動かせないときはその点にとどめる。
裏が出たならば, y 軸の正の方向に 1 だけ動かす。動かせないときはその点にとどめる。

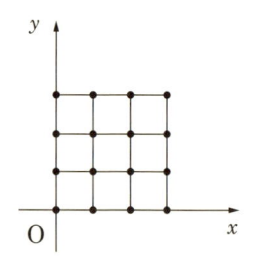

硬貨を繰り返し投げ, 点 O(0, 0) を出発点として, 点 P を順次動かす。

(1) 硬貨を 2 回投げるとき, 点 P の座標が (2, 0) になる確率は $\dfrac{\text{ア}}{\text{イ}}$, (1, 1) になる確率は $\dfrac{\text{ウ}}{\text{エ}}$ である。

(2) 硬貨を 4 回投げるとき, 点 P の座標が (3, 0) になる確率は $\dfrac{\text{オ}}{\text{カキ}}$, (3, 1) になる確率は $\dfrac{\text{ク}}{\text{ケ}}$, (2, 2) になる確率は $\dfrac{\text{コ}}{\text{サ}}$ である。

(3) 硬貨を4回投げるとき，点Pのx座標を確率変数Xで表すと，Xの平均（期待値）は $\dfrac{\text{シス}}{\text{セソ}}$，分散は $\dfrac{\text{タチツ}}{\text{テトナ}}$ である．

(4) 硬貨を6回投げるとき，点Pのx座標が3になる確率は $\dfrac{\text{ニヌ}}{\text{ネノ}}$ である．また，点Pのx座標が3であるという条件のもとで，y座標が2になる確率は $\dfrac{\text{ハ}}{\text{ヒフ}}$ である．

解説

16年度 追試験

> **レビュー**
> 変則的反復試行の問題。(3)では，条件のちょっとした言いかえが気付きにくい。確率を求めることが難しく，確率変数の公式を駆使したりで，追試の中でも難しいセット。

主なテクニック 11 , 12 , 40

(1) 硬貨を2回投げるとき，

Pが(2, 0)となるのは，2回中表が2回出るときなので，求める確率は，$\left(\dfrac{1}{2}\right)^2 = \dfrac{1}{4}$ ア イ

Pが(1, 1)となるのは，2回中表が1回，裏が1回出るときなので，求める確率は，${}_2C_1\left(\dfrac{1}{2}\right)^2 = \dfrac{1}{2}$ ウ エ

(2) 硬貨を4回投げるとき，

Pが(3, 0)になるのは，y方向に進まない，すなわち1回も裏が出ないことなので，表が4回出る確率を求めて，$\left(\dfrac{1}{2}\right)^4 = \dfrac{1}{16}$ オ カキ

Pが(3, 1)になるのは，表が3回，裏が1回出るときなので，求める確率は，${}_4C_1\left(\dfrac{1}{2}\right)^4 = \dfrac{1}{4}$ ク ケ

Pが(2, 2)になるのは，表が2回，裏が2回出るときなので，求める確率は，${}_4C_2\left(\dfrac{1}{2}\right)^4 = \dfrac{6}{16} = \dfrac{3}{8}$ コ サ 11

(3) もしもPが$x=4$まで進めるとしたら，反復試行の公式を用いて期待値，分散が簡単に求まる。これを修正して$E(X)$，$V(X)$を求めよう。

硬貨を4回投げるときに表が出る回数をYとすると，Yの期待値，分散は反復試行の公式を用いて，

$$E(Y) = 4 \times \dfrac{1}{2} = 2, \quad V(Y) = 4 \times \dfrac{1}{2} \times \dfrac{1}{2} = 1, \quad \boxed{40}$$

$$E(Y^2) = V(Y) + \{E(Y)\}^2 = 1 + 2^2 = 5$$

XとYの分布を比べると，表が4回のときだけ食い違うので，$E(Y)$から4回表が出るときの項を引いて，4を3に置き換えたものを足す．

$$E(X) = E(Y) - 4 \cdot \frac{1}{16} + 3 \cdot \frac{1}{16} = 2 - \frac{1}{16} = \frac{31}{16} \text{ シス/セソ}$$

$$E(X^2) = E(Y^2) - 4^2 \cdot \frac{1}{16} + 3^2 \cdot \frac{1}{16} = 5 - \frac{7}{16} = \frac{73}{16}$$

$$V(X) = E(X^2) - \{E(X)\}^2 = \frac{73}{16} - \left(\frac{31}{16}\right)^2 = \frac{207}{256} \text{ タチツ/テトナ}$$

(4) 余事象の考え方を用いる．硬貨を6回投げて，Pのx座標が3になる事象をAとする．事象$\overline{A}$，すなわちPのx座標が0，1，2になる確率は，

$$P(\overline{A}) = \left(\frac{1}{2}\right)^6 + {}_6C_1\left(\frac{1}{2}\right)^6 + {}_6C_2\left(\frac{1}{2}\right)^6 = \frac{1+6+15}{64} = \frac{11}{32}$$

$$P(A) = 1 - P(\overline{A}) = 1 - \frac{11}{32} = \frac{21}{32} \text{ ニヌ/ネノ}$$

x座標が3，y座標が2になるのは，表4回，裏が2回出る事象Bの確率で，

$$P(B) = {}_6C_2\left(\frac{1}{2}\right)^6 = \frac{15}{64}$$

Aの条件のもとBが起こる条件付き確率は，

$$P_A(B) = \frac{P(A \cap B)}{P(A)} = \frac{P(B)}{P(A)} = \frac{\left(\frac{15}{64}\right)}{\left(\frac{21}{32}\right)} = \frac{5}{14} \text{ ハ/ヒフ} \quad \boxed{12}$$

$B \subset A$なので，$B = A \cap B$，$P(B) = P(A \cap B)$である．

過去問 15年度 追試験

a を 2 以上の自然数とする。1 から a までの自然数のいずれか一つが書かれたカードが，各数に対して 1 枚ずつ合計 a 枚ある。これらから 2 枚を取り，書かれている数のうち小さい方を X，大きい方を Y として確率変数 X, Y を定める。

(1) $a=10$ とする。このとき

$X=2$ かつ $Y=4$ となる確率は $\dfrac{\boxed{ア}}{\boxed{イウ}}$ である。

$Y=4$ となる確率は $\dfrac{\boxed{エ}}{\boxed{オカ}}$ である。

Y の平均（期待値）は $\dfrac{\boxed{キク}}{\boxed{ケ}}$ である。

(2) 自然数 b, c が $1 \leq b < c \leq a$ を満たすとする。このとき

$X=b$ かつ $Y=c$ となる確率は $\dfrac{\boxed{コ}}{\boxed{サ}(\boxed{サ}-\boxed{シ})}$ である。

$Y=c$ となる確率は $\dfrac{\boxed{ス}(\boxed{セ}-\boxed{ソ})}{\boxed{サ}(\boxed{サ}-\boxed{シ})}$ である。

条件 $Y=c$ のもとで $X=b$ となる条件つき確率は $\dfrac{\boxed{タ}}{\boxed{チ}-\boxed{ツ}}$ である。

確率変数 $\dfrac{1}{Y-1}$ の平均は $\dfrac{\boxed{テ}}{\boxed{ト}}$ である。

解　説

15年度 追試験

> **レビュー**
> 軽めのセット。後半は見た目が真新しいが，こけおどし。ただし，計算を手早く済ますには，数列の知識が必要。

主なテクニック　**2**, **12**, **18**, **32**

(1) $a=10$ のとき全事象の場合の数は，${}_{10}C_2 = \dfrac{10\cdot 9}{2} = 45$

$X=2, Y=4$ となるのは 1 通りなので，$X=2$．$Y=4$ となる確率は，$\boxed{\dfrac{1}{45}}$ ア イ

$Y=4$ のとき，X の取り方は 1, 2, 3 の 3 通りだから，$\dfrac{3}{45} = \boxed{\dfrac{1}{15}}$ エ オカ

Y	2	3	4	5	6	7	8	9	10
Xの取り方	1	2	3	4	5	6	7	8	9

よって，
$$E(Y) = \dfrac{1}{45}(2\cdot 1 + 3\cdot 2 + 4\cdot 3 + 5\cdot 4 + 6\cdot 5 + 7\cdot 6 + 8\cdot 7 + 9\cdot 8 + 10\cdot 9)$$
$$= \dfrac{1}{45}\cdot\dfrac{9\cdot 10\cdot 11}{3} = \boxed{\dfrac{22}{3}}$$ キク ケ

$\sum_{k=1}^{n} k(k+1) = \dfrac{1}{3}n(n+1)(n+2)$ を $n=9$ にして用いた

別解　**32** の公式を用いて，$E(Y) = 2\cdot\dfrac{10-2}{3} + 2 = \dfrac{22}{3}$

(2) 全事象は ${}_aC_2 = \dfrac{a(a-1)}{2}$（通り）。このうち，$X=b, Y=c$ となる場合は 1 通りなので，$P(X=b, Y=c) = \dfrac{2}{a(a-1)}$ コ サ シ

$Y=c$ のとき X の選び方は 1 から $c-1$ までの $c-1$ 通りなので，
$$P(Y=c) = \dfrac{2(c-1)}{a(a-1)}$$ ス セ ソ

$$P_{Y=c}(X=b) = \dfrac{P(X=b, Y=c)}{P(Y=c)} = \dfrac{2}{a(a-1)} \div \dfrac{2(c-1)}{a(a-1)} = \boxed{\dfrac{1}{c-1}}$$ タ チ ツ **12**

$Y=c$ すなわち $\dfrac{1}{Y-1} = \dfrac{1}{c-1}$ のときの確率が，$\dfrac{2(c-1)}{a(a-1)}$ である。

c の取り方は 2 から a まで，$a-1$ 通りあるので，
$$E\left(\dfrac{1}{Y-1}\right) = \sum_{c=2}^{a} \dfrac{1}{c-1}\cdot\dfrac{2(c-1)}{a(a-1)} = \dfrac{2}{a(a-1)} \times (a-1) = \boxed{\dfrac{2}{a}}$$ テ ト

286

過去問　14年度 追試験

5枚の赤いカードに，2，3，4，5，6 という数がそれぞれ一つずつ書いてあり，5枚の青いカードにも，7，8，9，10，11 という数がそれぞれ一つずつ書いてある。

赤いカードのうちから1枚，青いカードのうちから1枚引いて，書かれてある数をそれぞれ X，Y として確率変数 X，Y を定め，$Z = 2X + Y$ として確率変数 Z を定める。

(1) X が素数になる確率は $\dfrac{ア}{イ}$ であり，

　　Z が素数になる確率は $\dfrac{ウ}{エ}$ である。

(2) Z が素数になるという条件のもとで，

　　X が素数になる条件つき確率は $\dfrac{オ}{カ}$ であり，

　　Y が素数になる条件つき確率は $\dfrac{キ}{クケ}$ である。

(3) X が素数になるという事象と Z が素数になるという事象は　コ　。
　　Y が素数になるという事象と Z が素数になるという事象は　サ　。
　　コ，サ　に適するものを，次の①～③のうちから一つずつ選べ。

　① 排反である　　　② 独立である　　　③ 独立でない

(4) X の平均（期待値）は　シ　であり，分散は　ス　である。

(5) Z の平均は　セソ　であり，分散は　タチ　である。

解 説

14年度 追試験

> **レビュー**
> この出題から，センター試験では，2個のさいころなら6×6を調べる覚悟が必要だということがわかる。これは肝に銘じてほしい。ただ，この問題ではうまく考えれば，15通りを調べることで済む。期待値・分散の公式を用いる後半の設問も適度。

主なテクニック 12 , 16 , 20 , 21 , 34 , 36 , 37

(1) 2, 3, 5 が素数なので，X が素数になる確率は $\dfrac{3}{5}\dfrac{\text{ア}}{\text{イ}}$

　X が5通り，Y が5通りなので全部で $5 \times 5 = 25$ 通り調べればよいが，全部を調べるのは大変なので必要なところだけを調べよう。Y が偶数のときは $2X+Y$ も偶数なので，素数にはならない。$Y=7, 9, 11$ のところだけ調べればよい。

Y＼X	2	3	4	5	6
7	⑪	⑬	15	⑰	⑲
8					
9	⑬	15	⑰	⑲	21
10					
11	15	⑰	⑲	21	㉓

　$Z=2X+Y$ が素数になるのは○を付けた10通りなので，Z が素数になる確率は，$\dfrac{10}{25}=\dfrac{2}{5}\dfrac{\text{ウ}}{\text{エ}}$

(2) 上の○がついた10通りのうち，X が素数である 2, 3, 5 になるのは 6通り。
　Z が素数になるという条件のもとで，X が素数になる条件付き確率は，$\dfrac{6}{10}=\dfrac{3}{5}\dfrac{\text{オ}}{\text{カ}}$
　上の○がついた10通りのうち，Y が素数である 7, 11 になるのは 7通り。
　Z が素数になるという条件のもとで，Y が素数になる条件付き確率は，$\dfrac{7}{10}\dfrac{\text{キ}}{\text{クケ}}$

解説

(3) $P(X=素数)=\dfrac{3}{5}$, $P_{Z=素数}(X=素数)=\dfrac{3}{5}$であり $P(X=素数)=P_{Z=素数}(X=素数)$なので，Xが素数になる事象とZが素数になる事象は独立である(②)。 コ

$P(Y=素数)=\dfrac{2}{5}$, $P_{Z=素数}(Y=素数)=\dfrac{7}{10}$であり，$P(Y=素数) \neq P_{Z=素数}(Y=素数)$なので，$Y$が素数となる事象と$Z$が素数となる事象は独立でない(③)。 16 サ

補足 　事象A，Bが独立 $\iff$ P(A∩B) = P(A)P(B)

を用いて解いてみる。

$P(X=素数)P(Z=素数)=\dfrac{3}{5}\times\dfrac{2}{5}=\dfrac{6}{25}$

$P(X=素数, Z=素数)=P(Z=素数)P_{Z=素数}(X=素数)=\dfrac{2}{5}\times\dfrac{3}{5}=\dfrac{6}{25}$

$P(X=素数)P(Z=素数)=P(X=素数, Z=素数)$なので，$X$が素数になる事象と$Z$が素数になる事象は独立である(②)。上の解答は，$P(Z=素数)$をキャンセルして考えているのである。

$P(Y=素数)P(Z=素数)=\dfrac{2}{5}\times\dfrac{2}{5}=\dfrac{4}{25}$

$P(Y=素数, Z=素数)=P(Z=素数)P_{Z=素数}(Y=素数)=\dfrac{2}{5}\times\dfrac{7}{10}=\dfrac{7}{25}$

$P(Y=素数)P(Z=素数) \neq P(Y=素数, Z=素数)$なので，$Y$が素数になる事象と$Z$が素数になる事象は独立ではない(③)。

---

(4) Xの平均は，一様分布なので真ん中の数を取り，$E(X)=$ 4 シ

Xの分散は，1, 2, 3, 4, 5の分散に等しいので，一様分布の公式より

$V(X)=\dfrac{(5-1)(5+1)}{12}=$ 2 ス　　36

Yの平均は，一様分布なので真ん中の数を取り，$E(Y)=9$

Yの分散も，1, 2, 3, 4, 5の分散に等しいので，公式より

$V(Y)=\dfrac{(5-1)(5+1)}{12}=2$　　36

(5) Zの平均，分散は，E，Vについての公式を用いて，

$E(Z)=E(2X+Y)=E(2X)+E(Y)=2E(X)+E(Y)=2\cdot4+9=$ 17 セソ

$V(Z)=V(2X+Y)=V(2X)+V(Y)=2^2V(X)+V(Y)=4\times2+2=$ 10 タチ

XとYは独立　　20 , 21 , 34 , 37

過去問

13年度 追試験

三つのさいころを同時に振り，出た目の最大値を X，最小値を Y，その差 $X-Y$ を Z とする。

ただし，さいころは互いに区別できるものとする。

(1) $Z=0$ となる確率は $\dfrac{\boxed{ア}}{\boxed{イウ}}$ である。

(2) $Z=4$ となる場合の数を計算してみよう。

このとき，X は 5 または 6 である。

$X=5$ とし，出たさいころの目を大きい方から順に並べて三つ組 $(5, i, 1)$ を作る。ただし $1 \leq i \leq 5$ である。

どのさいころの目であるかを考えに入れると，$(5, 1, 1)$，$(5, 5, 1)$ にはそれぞれ $\boxed{エ}$ 通りの場合があり，$(5, 2, 1)$，$(5, 3, 1)$，$(5, 4, 1)$ に対しては，それぞれ $\boxed{オ}$ 通りの場合がある。

したがって，$Z=4$ かつ $X=5$ となる場合は，合計 $\boxed{カキ}$ 通りである。

$X=6$ の場合も同様に考えると，$Z=4$ となるのはまとめて ボックス[クケ] 通りである。

(3) (2)と同様にして考えると
$Z=5$ となる場合は ボックス[コサ] 通り
$Z=3$ となる場合は 54 通り
$Z=2$ となる場合は 48 通り
$Z=1$ となる場合は 30 通りである。

(4) $Z=4$ という条件のもとで，$X=5$ となる条件つき確率は $\dfrac{シ}{ス}$ である。

(5) Z の平均(期待値)は $\dfrac{セソ}{タチ}$ である。

解 説

13年度 追試験

> **レビュー**
> 数え上げの基本を誘導してくれている教育的な問題。なお，復元抽出なので本書では最大・最小の期待値の公式は用意していない。

主なテクニック 1 , 12

全事象は $6^3 = 216$ (通り) 1

(1) $Z=0$ となるのは，(1, 1, 1), (2, 2, 2), (3, 3, 3), (4, 4, 4), (5, 5, 5), (6, 6, 6) の 6 通り。よって，$P(Z=0) = \dfrac{6}{6^3} = \dfrac{1}{6^2} = \dfrac{1}{36}$ ア/イウ

(2) (5, 1, 1) はどのさいころで 5 が出るかを考えて 3 通り。エ
(5, 2, 1) は，5, 2, 1 の並べ方を考えて $3! = 6$ (通り)。オ
(5, 1, 1), (5, 5, 1) についてはそれぞれ 3 通り，
(5, 2, 1), (5, 3, 1), (5, 4, 1) はそれぞれ 6 通りなので，
$Z=4$ かつ $X=5$ となる場合の数は，$2 \times 3 + 3 \times 6 = 24$ (通り) カキ
$Z=4$ かつ $X=5$ となる場合のすべての目に $+1$ をすると，$Z=4$ かつ $X=6$ となる場合になるので，$Z=4$ かつ $X=6$ となる場合の数は 24 (通り)
まとめて，$24 + 24 = 48$ (通り) クケ

(3) $Z=5$ となる場合は，(6, 1, 1), (6, 6, 1) にそれぞれ 3 通り，
(6, 2, 1), (6, 3, 1), (6, 4, 1), (6, 5, 1) にそれぞれ 6 通りあるので，
$Z=5$ となる場合は全部で，$2 \times 3 + 4 \times 6 = 30$ (通り) コサ
余事象で求めてもよい。$216 - 6 - 30 - 48 - 54 - 48 = 30$ (通り)

(4) $P_{Z=4}(X=5) = \dfrac{n(X=5, Z=4)}{n(Z=4)} = \dfrac{24}{48} = \dfrac{1}{2}$ シ/ス 12

(5) 問題文から Z の分布をまとめると，

Z	0	1	2	3	4	5	計
場合の数	6	30	48	54	48	30	216

よって，$E(Z) = \dfrac{1}{6^3}(1 \cdot 30 + 2 \cdot 48 + 3 \cdot 54 + 4 \cdot 48 + 5 \cdot 30)$
$\qquad\qquad = \dfrac{1}{6^2}(1 \cdot 5 + 2 \cdot 8 + 3 \cdot 9 + 4 \cdot 8 + 5 \cdot 5) = \dfrac{105}{36} = \dfrac{35}{12}$ セソ/タチ

過去問

12年度 追試験

1から6までの数のいずれか一つが書かれたカードが，おのおのの数に対して一枚ずつ，合計6枚ある。これらをよく切った上で，左から右に一列に6枚並べる。カードに書かれた数を左から順に，和がはじめて11以上となるまで加える。このとき，加えた数の個数と最後に加えた数を，それぞれ確率変数 X, Y とする。

(1) X のとり得る値は ア 通りである。

(2) $X=2$ となる確率は $\dfrac{\text{イ}}{\text{ウエ}}$ である。

(3) $X=x$ のとき，カードに書かれた数を，今度は右から順に和がはじめて11以上となるまで加える。このとき，加えた数の個数は $\boxed{\text{オ}}-x$ である。

(4) $X=3$ となる確率は $\dfrac{\text{カキ}}{\text{クケ}}$ である。

(5) 条件 $X=3$ の下で，$Y=1$ となる条件つき確率は $\dfrac{\text{コ}}{\text{サシ}}$ である。

解 説

12年度 追試験

レビュー

対称性に着目して解く高級な問題である。(3)のヒントで気づきたい。気づかなかった人は，この問題を心に刻み込もう。

主なテクニック 10 , 12

(1) 初めから 11 以上になっていることはないから X は 1 を取りえない。

$5+6=11$ なので，$X=2$ はありうる。

小さい方から足して，$1+2+3+4=10$, $1+2+3+4+5=15$ となるので，$X=5$ はありえて，X が 6 になることはあり得ない。X が取りうる値は，2, 3, 4, 5 の $\boxed{4}$ 通り。
　　　　　　　　　　　　　　　　　　　ア

(2) 1 から 6 の 6 個の数を並べる並べ方は，$6!=720$（通り）

これが全事象となる。

このうち，$X=2$ となるのは，56**** か 65**** となる順列である。

これらの順列の場合の数は，$2 \times 4!$（通り）

$$P(X=2) = \frac{2 \times 4!}{6!} = \frac{2}{6 \times 5} = \boxed{\frac{1}{15}} \begin{array}{l} \text{イ} \\ \text{ウエ} \end{array}$$

(3) $X=x$ のとき，x 番目の数を A とする。

（左から $x-1$ 番目までの和）$< 11 \leqq$（左から x 番目までの和）

この状況を右からの和に書き直そう。

| 番目 | 1 | …… | $x-1$ | x | …… | 6 |

左から $x-1$ 番目までの和　　　右から $6-(x-1)$ 番目までの和

　　* …… *　　A　　* …… *

左から x 番目までの和　　　右から $6-x$ 番目までの和

和を取っていないところ（　　　部分）に着目して不等式を書き直す。1 から 6 までの和は 21 なので，

$21-$（左から $x-1$ 番目までの和）$> 21-11 \geqq 21-$（左から x 番目までの和）

（右から $6-(x-1)=7-x$ 番目までの和）$> 10 \geqq$（右から $6-x$ 番目までの和）

296

右から $\boxed{7}_{オ}-x$ 番目まで足して初めて 11 以上になる。　　$\boxed{10}$

(4) $X=3$ となる順列の個数を m 個とすると，(3)のコメントより，

X	2	3	4	5
順列の数	48	m	m	48

なので，$48+m+m+48=720$ より，$m=312$

$$P(X=3)=\frac{312}{720}=\frac{\boxed{13}}{\boxed{30}}\begin{array}{l}カキ\\クケ\end{array}$$

(5) $X=3$ のもとで，$Y=1$ となるのは，左から 2 番目までの和が 10 のとき。

それは，461***，641*** の 2 パターン。

このような順列は全部で，$2\times 3!=12$ (通り)

$$P_{X=3}(Y=1)=\frac{12}{312}=\frac{\boxed{1}}{\boxed{26}}\begin{array}{l}コ\\サシ\end{array} \quad \boxed{12}$$

過去問

11年度 追試験

さいころを続けて8回振る試行について考える。

(1) 8回ともすべて奇数の目が出る確率は $\dfrac{1}{\boxed{アイウ}}$ である。

(2) 8回のうち，偶数の目が4回，奇数の目が4回出る確率は $\dfrac{\boxed{エオ}}{\boxed{カキク}}$ である。

(3) 8回のうち，偶数の目が m 回，奇数の目が n 回出るとき，確率変数 X の値を
$$X = mn$$
と定める。このとき，X は ケ 通りの値をとる。$X=7$ となる確率は $\dfrac{1}{\boxed{コサ}}$ であり，$X=15$ となる確率は $\dfrac{\boxed{シ}}{\boxed{スセ}}$ である。また，X の平均（期待値）は ソタ であり，X の分散は チ である。

解説

> **レビュー**
> 原始的な問題。(3)の別解を味わってほしい。

主なテクニック 1, 2, 11, 21, 23, 35, 38, 40

全事象は 2^8 (通り)

(1) 8回ともすべて奇数の目が出るのは1通りで，確率は $\dfrac{1}{2^8} = \dfrac{1}{256}$ アイウ 1

(2) 8回のうち，偶数の目が4回，奇数の目が4回出る確率は，反復試行の確率の公式を用いて，$_8C_4 \left(\dfrac{1}{2}\right)^8 = \dfrac{8\cdot 7\cdot 6\cdot 5}{4\cdot 3\cdot 2\cdot 1} \cdot \dfrac{1}{256} = \dfrac{70}{256} = \dfrac{35}{128}$ エオカキク 2, 11

(3) X は，0，$1\cdot 7=7$，$2\cdot 6=12$，$3\cdot 5=15$，$4\cdot 4=16$ の 5 通り。

$X=7$ となるのは，$(m, n) = (7, 1), (1, 7)$ なので，$2\cdot{}_8C_1 \left(\dfrac{1}{2}\right)^8 = \dfrac{16}{256} = \dfrac{1}{16}$ ケコサ

$X=15$ となるのは，$(m, n) = (5, 3), (3, 5)$ なので，$2\cdot{}_8C_3 \left(\dfrac{1}{2}\right)^8 = \dfrac{112}{256} = \dfrac{7}{16}$ シスセ

$X=12$ となるのは，$(m, n) = (6, 2), (2, 6)$ なので，$2\cdot{}_8C_2 \left(\dfrac{1}{2}\right)^8 = \dfrac{56}{256} = \dfrac{7}{32}$

$X=16$ となるのは，$(m, n) = (4, 4)$ なので，$_8C_4 \left(\dfrac{1}{2}\right)^8 = \dfrac{70}{256} = \dfrac{35}{128}$

$X=0$ となるのは，$2\left(\dfrac{1}{2}\right)^8 = \dfrac{1}{2^7} = \dfrac{1}{128}$

よって，

$$E(X) = 0\times\dfrac{1}{128} + 7\times\dfrac{1}{16} + 12\times\dfrac{7}{32} + 15\times\dfrac{7}{16} + 16\times\dfrac{35}{128}$$

$$= \dfrac{7}{16}\times(1+6+15+10) = \dfrac{224}{16} = 14 \quad \text{ソタ}$$

$$V(X) = E((X-14)^2)$$

$$= (0-14)^2\times\dfrac{1}{128} + (7-14)^2\times\dfrac{1}{16} + (12-14)^2\times\dfrac{7}{32}$$

$$\quad + (15-14)^2\times\dfrac{7}{16} + (16-14)^2\times\dfrac{35}{128}$$

$$= \dfrac{7}{32}\times(7+14+4+2+5) = \dfrac{224}{32} = 7 \quad \text{チ}$$

別解 偶数の目の出た回数を Y とすると, $X = Y(8-Y)$

反復試行の平均・期待値の公式より,

$$E(Y) = 8 \cdot \frac{1}{2} = 4 \quad \boxed{23}$$

$$V(Y) = 8 \cdot \frac{1}{2} \cdot \frac{1}{2} = 2 \quad \boxed{38}$$

$$E(Y^2) = V(Y) + \{E(Y)\}^2 = 2 + 4^2 = 18 \quad \boxed{35}$$

$$E(X) = E(Y(8-Y)) = 8E(Y) - E(Y^2) = 8 \times 4 - 18 = 14 \quad \boxed{21}$$

過去問

10年度 追試験

1枚の硬貨を続けて6回投げる。各回ごとに，表が出たら次の規則にしたがって点を与え，裏が出たらその回は0点として，6回の合計点をXとする。

    1回目が表の場合は   3点
    2, 3回目が表の場合は   2点
    4, 5, 6回目が表の場合は 1点

(1) $X=2$ である確率は $X=\boxed{ア}$ である確率と等しく $\dfrac{\boxed{イ}}{\boxed{ウエ}}$ であり，

$X=3$ である確率は $X=\boxed{オ}$ である確率と等しく $\dfrac{\boxed{カ}}{\boxed{キ}}$ である。

ただし，$\boxed{ア} \neq 2$，$\boxed{オ} \neq 3$ とする。

また，$X=4$ である確率は $\dfrac{\boxed{ク}}{\boxed{ケコ}}$ である。

(2) Xの期待値(平均)は　サ　であり，分散は　シ　である。

(3) 表が3回だけ出るという条件のもとに，$X=6$である確率は $\dfrac{\text{ス}}{\text{セソ}}$ である。

解 説

10年度 追試験

レビュー

対称性を用いた高級な仕掛けのある問題。統計でも対称性を考える問題が出ることが間々あるので，この問題で慣れておいてほしい。

主なテクニック 10 , 22 , 26 , 37

表を○，裏を×で表すことにする。
例えば，ア ○○××○×のときのXは，
$$X=3+2+0+0+1+0=6$$
である。これをすべて裏返しにした出方，イ ××○○×○のときのXは，
$$X=0+0+2+1+0+1=4$$
である。これを観察して分かるように，各回で与えられている点数は，アとイのどちらか一方に1回ずつ出ることになる。よって，アのときとイのときのXを足すと，各回で与えられている点数3, 2, 2, 1, 1, 1の総和10になる。

このように$X=6$となる目の出方と$X=4$となる目の出方は1対1に対応している。

よって，$X=k$となる確率と$X=10-k$となる確率は等しい。 10

(1) 全事象は$2^6=64$(通り)
 $X=2$となる確率は，$X=\boxed{8}^{ア}$となる確率に等しい。
 表が出るところだけに言及すると，
 $X=2$となるのは，
  (i) 2, 3回で1回だけ表が出る場合の2通り
  (ii) 4, 5, 6回で2回だけ表が出る場合で${}_3C_2=3$(通り)
 よって，$X=2$となる確率は，$\dfrac{2+3}{64}=\dfrac{\boxed{5}^{イ}}{\boxed{64}^{ウエ}}$
 $X=3$となる確率は，$X=\boxed{7}^{オ}$となる確率に等しい。
 $X=3$となるのは，
  (iii) 1回目に表が出る場合の1通り

(i) × □□ × × ×
    ○, ×
(ii) × × × □□□
         ○, ○, ×
(iii) ○ × × × × ×
(iv) × □□ □□□
     ○, × ○, ×, ×
(v) × × × ○ ○ ○
(vi) × × □□□
        ○, ×, ×
(vii) × ○ × × × ×
(viii) × □□ □□□
          ○, × ○, ○, ×

(iv) 2，3回目に1回表が出て，

4，5，6回目に1回表が出る場合で，$2\times3=6$（通り）

(v) 4，5，6回目が3回とも表が出る場合の1通り

よって，$X=3$ となる確率は，$\dfrac{1+6+1}{64}=\dfrac{8}{64}=\dfrac{1}{8}$ カ キ

$X=4$ となるのは，

(vi) 1回目に表が出て，4，5，6回目に1回だけ表が出る場合の3通り

(vii) 2，3回目がともに表になる場合の1通り

(viii) 2，3回目に1回表が出て，4，5，6回目に2回表が出る場合の $2\times3=6$（通り）

よって，$X=4$ となる確率は，$\dfrac{3+1+6}{64}=\dfrac{10}{64}=\dfrac{5}{32}$ ク ケコ

(2) k 回目の得点を確率変数 X_k とおくと，

$$X=X_1+X_2+X_3+X_4+X_5+X_6 \quad \boxed{26}$$

となる。X_k の平均，分散を計算すると，

$$E(X_1)=0\cdot\dfrac{1}{2}+3\cdot\dfrac{1}{2}=\dfrac{3}{2} \quad V(X_1)=\left(0-\dfrac{3}{2}\right)^2\dfrac{1}{2}+\left(3-\dfrac{3}{2}\right)^2\dfrac{1}{2}=\dfrac{9}{4}$$

$$E(X_2)=E(X_3)=0\cdot\dfrac{1}{2}+2\cdot\dfrac{1}{2}=1$$

$$V(X_2)=V(X_3)=(0-1)^2\dfrac{1}{2}+(2-1)^2\dfrac{1}{2}=1$$

$$E(X_4)=E(X_5)=E(X_6)=0\cdot\dfrac{1}{2}+1\cdot\dfrac{1}{2}=\dfrac{1}{2}$$

$$V(X_4)=V(X_5)=V(X_6)=\left(0-\dfrac{1}{2}\right)^2\dfrac{1}{2}+\left(1-\dfrac{1}{2}\right)^2\dfrac{1}{2}=\dfrac{1}{4}$$

X の平均は，

$$E(X)=E(X_1+X_2+X_3+X_4+X_5+X_6)$$
$$=E(X_1)+E(X_2)+E(X_3)+E(X_4)+E(X_5)+E(X_6) \quad \boxed{22}$$
$$=\dfrac{3}{2}+1+1+\dfrac{1}{2}+\dfrac{1}{2}+\dfrac{1}{2}=\boxed{5} \text{ サ}$$

X_k は互いに独立なので，X の分散は，

$$V(X)=V(X_1+X_2+X_3+X_4+X_5+X_6)$$
$$=V(X_1)+V(X_2)+V(X_3)+V(X_4)+V(X_5)+V(X_6) \quad \boxed{37}$$
$$=\dfrac{9}{4}+1+1+\dfrac{1}{4}+\dfrac{1}{4}+\dfrac{1}{4}=\boxed{5} \text{ シ}$$

解説

(3) 6回中,表が3回,裏が3回出る場合の数は,$_6C_3 = 20$(通り)

　このうち,$X=6$ である場合の数と $X=4$ である場合の数は等しいので,$X=4$ である場合の数を数える。(1)の(viii)より,6通り。

　よって,表が3回だけ出るという条件のもとに,$X=6$ である確率は,

$$\frac{6}{20} = \frac{\boxed{3}}{\boxed{10}}\ \begin{matrix}\text{ス}\\ \text{セソ}\end{matrix}$$

▶解答一覧

年度	問題番号（配点）	解答記号	正　解	配点
27年度 試作問題		$\dfrac{ア}{イ}$	$\dfrac{2}{5}$	
		$\dfrac{ウ}{エオ}$	$\dfrac{3}{10}$	
		カ	2	
		キ	4	
		ク	3	
		$\dfrac{ケ}{コ}$	$\dfrac{3}{2}$	
		サシ	20	
		ス	4	
		$\dfrac{セ}{ソ}$	$\dfrac{1}{5}$	
		$\dfrac{タ}{チツ}$	$\dfrac{1}{25}$	
		テ.トナ	0.04	
		ニ.ヌネ	0.16	
18年度 本試験	第8問 (20)	$\dfrac{ア}{イウエ}$	$\dfrac{1}{216}$	3
		$\dfrac{オ}{カキ}$	$\dfrac{5}{72}$	3
		ク	3	2
		$\dfrac{ケコ}{サシ}$	$\dfrac{25}{27}$	3
		$\dfrac{スセ}{ソタ}$	$\dfrac{13}{12}$	3
		$\dfrac{チ}{ツテ}$	$\dfrac{5}{48}$	3
		$\dfrac{トナ}{ニヌ}$	$\dfrac{35}{39}$	3

解説

年度	問題番号(配点)	解答記号	正解	配点
17年度 本試験	第5問 (20)	$\dfrac{アイ}{243}$	$\dfrac{80}{243}$	2
		$\dfrac{ウ}{エオ}$	$\dfrac{4}{27}$	3
		$\dfrac{カキ}{クケ}$	$\dfrac{20}{27}$	3
		$\dfrac{コ}{サシ}$	$\dfrac{8}{27}$	2
		$\dfrac{ス}{セ}$	$\dfrac{5}{9}$	4
		ソタチ	473	2
		ツテm	$32m$	2
		トナ	14	2
16年度 本試験	第5問 (20)	アイ	12	2
		ウエ	12	2
		$\dfrac{オ}{カ}$	$\dfrac{1}{3}$	2
		$\dfrac{キ}{ク}$	$\dfrac{5}{8}$	2
		ケ	7	2
		$\dfrac{コサ}{シ}$	$\dfrac{35}{6}$	2
		ス	7	2
		$\dfrac{セソ}{タ}$	$\dfrac{35}{6}$	2
		チ	7	2
		$\dfrac{ツテ}{ト}$	$\dfrac{35}{6}$	2

年度	問題番号(配点)	解答記号	正　解	配点
15年度 本試験	第5問 (20)	$\dfrac{ア}{イ}$	$\dfrac{9}{2}$	2
		$\dfrac{ウエ}{オ}$	$\dfrac{21}{4}$	2
		$\dfrac{カ}{キ}p+q-クケコ$	$\dfrac{9}{2}p+q-100$	3
		サシ	11	2
		ス	2	2
		セソ	22	2
		$\dfrac{タチ}{ツ}$	$\dfrac{21}{4}$	3
		テ	2	2
		トナ	21	2
14年度 本試験	第5問 (20)	$\dfrac{ア}{イウ}$	$\dfrac{7}{25}$	2
		$\dfrac{エ}{オカ}$	$\dfrac{7}{50}$	1
		$\dfrac{キ}{クケ}$	$\dfrac{7}{10}$	2
		$\dfrac{コ}{サシ}$	$\dfrac{8}{35}$	3
		ス	3	1
		$\dfrac{セ}{ソ}$	$\dfrac{1}{5}$	2
		$\dfrac{タチ}{ツテ}$	$\dfrac{78}{25}$	2
		ト, ナ	1, 2	2
		ニ, ヌ	2, 1	3
		$\dfrac{ネノ}{ハ}$	$\dfrac{13}{5}$	2

解説

年度	問題番号 (配点)	解答記号	正　解	配点
13年度 本試験	第5問 (20)	ア	3	1
		$\dfrac{イ}{ウ}$	$\dfrac{3}{8}$	2
		$\dfrac{エ}{オ}$	$\dfrac{4}{9}$	2
		$\dfrac{カ}{キ}$	$\dfrac{1}{6}$	2
		$\dfrac{クケ}{コサ}$	$\dfrac{25}{72}$	3
		$\dfrac{シスセ}{ソタチ}$	$\dfrac{125}{216}$	3
		$\dfrac{ツ}{テ}$	$\dfrac{1}{2}$	4
		$\dfrac{トナ}{ニヌネ}$	$\dfrac{36}{125}$	3
12年度 本試験	第5問 (20)	ア	7	3
		イ	8	2
		ウ	1	2
		$\dfrac{エ}{オカ}$	$\dfrac{1}{70}$	4
		$\dfrac{キク}{ケコ}$	$\dfrac{11}{21}$	4
		$\dfrac{サ}{シス}$	$\dfrac{6}{11}$	5
11年度 本試験	第5問 (20)	$\dfrac{アイ}{ウ}$	$\dfrac{1}{3}$	3
		$\dfrac{ウエ}{オ}$	$\dfrac{2}{9}$	3
		$\dfrac{オ}{カキ}$	$\dfrac{1}{18}$	3
		ク	5	3
		ケ	3	5
		コ	4	3

310

年度	問題番号(配点)	解答記号	正解	配点
10年度 本試験	第5問 (20)	$\dfrac{ア}{イウ}$	$\dfrac{2}{11}$	2
		$\dfrac{エ}{オカ}$	$\dfrac{2}{11}$	1
		$\dfrac{キ}{クケ}$	$\dfrac{1}{11}$	2
		$\dfrac{コサ}{シス}$	$\dfrac{25}{11}$	2
		$\dfrac{セソタ}{チツテ}$	$\dfrac{310}{121}$	3
		$a-ト$	$a-8$	2
		$b-ナ$	$b-8$	2
		ニヌ	49	1
		ネノ	15	1
		$a=ハヒ,\ b=フ$	$a=57,\ b=9$	4
17年度 追試験	第5問 (20)	ア$a+$イ	$6a+6$	1
		ウ	3	1
		エオa^2+カキ$a+$クケ	$18a^2+27a+10$	1
		$18(a+1)^コ$	$18(a+1)^2$	1
		サ	1	1
		シ	a	1
		ス$-$セ	$a-b$	1
		ソタ	12	2
		チ$-$ツ	$a-b$	1
		テ	2	2
		$\dfrac{ト}{3^ナ}$	$\dfrac{4}{3^5}$	3
		$\dfrac{ニ}{3^ヌ}$	$\dfrac{4}{3^4}$	3
		ネノハヒ	2900	2

311

解説

年度	問題番号(配点)	解答記号	正解	配点
16年度 追試験	第5問 (20)	アイ	$\dfrac{1}{4}$	2
		ウエ	$\dfrac{1}{2}$	2
		オカキ	$\dfrac{1}{16}$	2
		クケ	$\dfrac{1}{4}$	2
		コサ	$\dfrac{3}{8}$	2
		シスセソ	$\dfrac{31}{16}$	2
		タチツテトナ	$\dfrac{207}{256}$	2
		ニヌネノ	$\dfrac{21}{32}$	3
		ハヒフ	$\dfrac{5}{14}$	3
15年度 追試験	第5問 (20)	アイウ	$\dfrac{1}{45}$	3
		エオカ	$\dfrac{1}{15}$	3
		キクケ	$\dfrac{22}{3}$	3
		コ	2	2
		サ(サ−シ)	$a(a-1)$	2
		ス(セ−ソ)	$2(c-1)$	2
		タチーツ	$\dfrac{1}{c-1}$	2
		テト	$\dfrac{2}{a}$	3

年度	問題番号(配点)	解答記号	正　解	配点
14年度 追試験	第5問(20)	アイ	$\dfrac{3}{5}$	3
		ウエ	$\dfrac{2}{5}$	3
		オカ	$\dfrac{3}{5}$	2
		キクケ	$\dfrac{7}{10}$	2
		コ	②	1
		サ	③	1
		シ	4	2
		ス	2	2
		セソ	17	2
		タチ	10	2
13年度 追試験	第5問(20)	アイウ	$\dfrac{1}{36}$	3
		エ	3	2
		オ	6	2
		カキ	24	2
		クケ	48	2
		コサ	30	3
		シス	$\dfrac{1}{2}$	3
		セソタチ	$\dfrac{35}{12}$	3
12年度 追試験	第5問(20)	ア	4	4
		イウエ	$\dfrac{1}{15}$	5
		オ	7	4
		カキクケ	$\dfrac{13}{30}$	3
		コサシ	$\dfrac{1}{26}$	4

解説

年度	問題番号(配点)	解答記号	正解	配点
11年度 追試験	第5問 (20)	$\dfrac{1}{アイウ}$	$\dfrac{1}{256}$	3
		$\dfrac{エオ}{カキク}$	$\dfrac{35}{128}$	3
		ケ	5	2
		$\dfrac{1}{コサ}$	$\dfrac{1}{16}$	2
		$\dfrac{シ}{スセ}$	$\dfrac{7}{16}$	2
		ソタ	14	5
		チ	7	3
10年度 追試験	第5問 (20)	ア	8	2
		$\dfrac{イ}{ウエ}$	$\dfrac{5}{64}$	2
		オ	7	2
		$\dfrac{カ}{キ}$	$\dfrac{1}{8}$	2
		$\dfrac{ク}{ケコ}$	$\dfrac{5}{32}$	3
		サ	5	3
		シ	5	3
		$\dfrac{ス}{セソ}$	$\dfrac{3}{10}$	3

あとがき

　数Bの「確率分布と統計的な推測」分野は，高校数学では疎んじられていた分野です。ほとんどの大学が2次試験でこの分野を範囲にしないため，教科書には記述があっても，高校・塾の授業では扱われないことも多く，見捨てられていました。センター試験の数Bの選択問題の中に「確率分布と統計的な推測」分野の問題があっても，ほとんどの人はこの分野を選択しなかったのではないでしょうか。この本と出合わなければ……。

　ですから，多くの出版社がこのような入試の現状を鑑みて，このマイナーな分野を切り捨ててしまっても，それは当然の成り行きといえるのです。仮に受験数学専門の老舗出版社の企画会議で，この分野の解説をしてはならないと満場一致で決定したとしても，企業としては至極真っ当な判断だと言えましょう。

　そのような中で，技術評論社がこの分野についてのセンター試験の対策本を出すことはとても意義のあることだと思います。この本の出版を企図した技術評論社の勇気と慧眼は称賛に価します。数Bの「確率分布と統計的な推測」分野についてのセンター対策本を書くことができたのは，まったくの僥倖というほかありません。

　この分野のセンター試験の対策本は後にも先にもこの本だけでしょう。この本は，センター試験数Bの「確率分布と統計的な推測」分野の唯一にして最強の対策本であり続けるわけです。そして，この穴場の分野に目を付けた受験生にとって，力強い指針を与えることでしょう。

　ところで，いま世の中では統計ブームです。"ビッグデータ"，"データサイエンティスト"，"機械学習"などという言葉がもてはやされ，統計に関する書籍が売り上げを伸ばしています。今回の学習指導要領の改定において，数Ⅰで「データの分析」が必須となり，数Bで「確率分布と統計的な推測」が入ってきたのも，このような社会的趨勢と無関係ではありますまい。

　統計は，高校数学の中で最も直接的に社会に役立つ分野であり，理系文系を問わず将来お世話になる人が多い数学の一分野です。受験数学ではみにくいアヒルの子であった統計も，ひとたび社会に出れば引く手あまたの白鳥となるのです。

しかし，社会に出れば統計が役立つのだから，センター試験で「確率分布と統計的な推測」を選択しろ，などと誘導するつもりは毛頭ありません。受験生は，「数列」「ベクトル」「確率分布と統計的な推測」のうち，どの分野で点数が取りやすいかという基準で問題を選択すべきであると考えます。直前の試験をクリアすることが喫緊の課題であり，それを乗り越えなければ何も始まりませんから，ぜひそうすべきだと思います。ぜひそうしてください。

　この本のテクニック編を読んで，過去問を解いて（過去問ほど難しい問題は出ないと予想していますが），自分は「ベクトル」よりも「確率分布と統計的な推測」の方が得点できそうだなと判断できる場合にのみ，この分野を選択していただければ十分です。

　それにしても，社会人になって一番お世話になる確率が高い数学の分野は，「確率分布と統計的な推測」の分野を基礎とした統計学であることは，また事実なのです。ですから，私は，受験数学にとらわれず，この分野を多くの人に学んでほしいと願っております。

　センター試験で「確率分布と統計的な推測」の問題を選択する人が高得点をマークし，大学に入学して社会へ出てから，センター試験で「確率分布と統計的な推測」を選んでよかったと思えるような人生を歩んでいかれることを，衷心よりお祈り申し上げます。

平成26年8月
石井俊全拝

　技術評論社の成田恭実氏にこの本の企画をいただいたのが，執筆のきっかけでした。以後，成田氏には資料集め・連絡・レイアウト・校正に至るまで，こと細かにフォローしていただきました。氏のもとで仕事ができたことを幸せに思います。

　また，小山拓輝氏，佐々木和美氏には，原稿において表現の足りないところや，自分では見つけられなかった誤りを数多く指摘していただきました。本のクオリティを維持できるのも2氏のおかげです。

　このチームで本を作ることができてよかった。本当にありがとうございました。

索 引

● あ行

一様分布 ･･･････････････････････ 223

● か行

階級 ･･････････････････････････････ 20
階級値 ･･･････････････････････････ 20
確率密度関数 ･･･････････････････ 220
仮平均 ･･･････････････････････････ 11
共分散 ･･･････････････････････････ 54

● さ行

サイズ ･･･････････････････････････ 10
最頻値 ･･･････････････････････････ 20
散布図 ･･･････････････････････････ 35
四分位範囲 ･･････････････････････ 32
四分位偏差 ･･････････････････････ 32
正規分布 ･･･････････････････････ 224
相関係数 ･････････････････････････ 52
相関図 ･･･････････････････････････ 35
相対度数 ･････････････････････････ 20
相対度数分布表 ･･････････････････ 20

● た行

中央値 ･･･････････････････････････ 25
度数 ･･････････････････････････････ 20
度数分布表 ･･････････････････････ 20

● な行

二項分布 ････････････････････････ 219

● は行

箱ひげ図 ･････････････････････････ 34

ヒストグラム ･･････････････････ 20, 43
非復元抽出 ･･････････････････ 211, 230
標準化 ･････････････････････････ 225
標準偏差 ･････････････････････････ 41
標本 ･･････････････････････････････ 230
復元抽出 ･･･････････････････････ 230
分散 ･･････････････････････････････ 41
平方和 ･･･････････････････････････ 45
偏差 ･･････････････････････････････ 41
母集団 ･･･････････････････････････ 230
母比率 ･･･････････････････････････ 233
母平均 ･･･････････････････････････ 231

● ま行

無作為抽出 ････････････････････ 230
無作為標本 ････････････････････ 230
メジアン ･････････････････････････ 25
モード ･･･････････････････････････ 20

● ら行

離散型確率変数 ･････････････････ 221
累積度数分布表 ･･････････････････ 21
連続型確率変数 ･････････････････ 220

317

付録　正規分布表

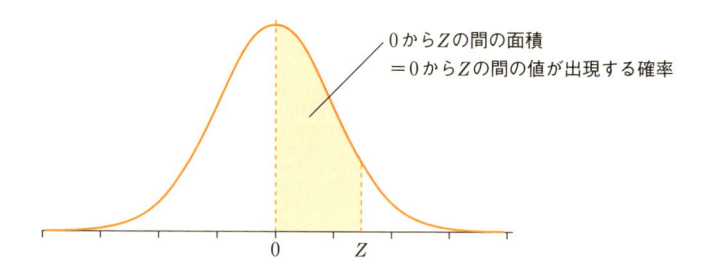

0からZの間の面積
＝0からZの間の値が出現する確率

Z	.00	.01	.02	.03	.04	.05	.06	.07	.08	.09
0.0	0.000	0.004	0.008	0.012	0.016	0.020	0.024	0.028	0.032	0.036
0.1	0.040	0.044	0.048	0.052	0.056	0.060	0.064	0.067	0.071	0.075
0.2	0.079	0.083	0.087	0.091	0.095	0.099	0.103	0.106	0.110	0.114
0.3	0.118	0.122	0.126	0.129	0.133	0.137	0.141	0.144	0.148	0.152
0.4	0.155	0.159	0.163	0.166	0.170	0.174	0.177	0.181	0.184	0.188
0.5	0.191	0.195	0.198	0.202	0.205	0.209	0.212	0.216	0.219	0.222
0.6	0.226	0.229	0.232	0.236	0.239	0.242	0.245	0.249	0.252	0.255
0.7	0.258	0.261	0.264	0.267	0.270	0.273	0.276	0.279	0.282	0.285
0.8	0.288	0.291	0.294	0.297	0.300	0.302	0.305	0.308	0.311	0.313
0.9	0.316	0.319	0.321	0.324	0.326	0.329	0.331	0.334	0.336	0.339
1.0	0.341	0.344	0.346	0.348	0.351	0.353	0.355	0.358	0.360	0.362
1.1	0.364	0.367	0.369	0.371	0.373	0.375	0.377	0.379	0.381	0.383
1.2	0.385	0.387	0.389	0.391	0.393	0.394	0.396	0.398	0.400	0.401
1.3	0.403	0.405	0.407	0.408	0.410	0.412	0.413	0.415	0.416	0.418
1.4	0.419	0.421	0.422	0.424	0.425	0.426	0.428	0.429	0.431	0.432
1.5	0.433	0.434	0.436	0.437	0.438	0.439	0.441	0.442	0.443	0.444
1.6	0.445	0.446	0.447	0.448	0.449	0.451	0.452	0.453	0.454	0.454
1.7	0.455	0.456	0.457	0.458	0.459	0.460	0.461	0.462	0.462	0.463
1.8	0.464	0.465	0.466	0.466	0.467	0.468	0.469	0.469	0.470	0.471
1.9	0.471	0.472	0.473	0.473	0.474	0.474	0.475	0.476	0.476	0.477
2.0	0.477	0.478	0.478	0.479	0.479	0.480	0.480	0.481	0.481	0.482
2.1	0.482	0.483	0.483	0.483	0.484	0.484	0.485	0.485	0.485	0.486
2.2	0.486	0.486	0.487	0.487	0.487	0.488	0.488	0.488	0.489	0.489
2.3	0.489	0.490	0.490	0.490	0.490	0.491	0.491	0.491	0.491	0.492
2.4	0.492	0.492	0.492	0.492	0.493	0.493	0.493	0.493	0.493	0.494
2.5	0.494	0.494	0.494	0.494	0.494	0.495	0.495	0.495	0.495	0.495
2.6	0.495	0.495	0.496	0.496	0.496	0.496	0.496	0.496	0.496	0.496
2.7	0.497	0.497	0.497	0.497	0.497	0.497	0.497	0.497	0.497	0.497
2.8	0.497	0.498	0.498	0.498	0.498	0.498	0.498	0.498	0.498	0.498
2.9	0.498	0.498	0.498	0.498	0.498	0.498	0.498	0.499	0.499	0.499

注：表の左と上の見出しからZの値を読み，その交差点で0からZまでの面積（確率）を得る。

■**執筆者略歴**

星龍雄（ほし　たつお）「データの分析」分野担当
岩手生まれ。大学院数学科修士卒。数理専門塾で講師を務めたあと，現在は，大学受験生向けに数学・物理の教材を作成している。

石井俊全（いしい　としあき）「確率分布と統計的な推測」分野担当
東京生まれ。予備校で数学を教えながら，受験生向けに算数・数学の雑誌を出している出版社で書籍の企画・執筆をしている。「センター試験必勝マニュアル」（東京出版）の企画に携わる。

カバー	●下野ツヨシ（ツヨシ＊グラフィックス）
本文フォーマット・制作	●株式会社 森の印刷屋

センター試験 完全攻略 数ⅠA・ⅡB
「データの分析」「確率分布と統計的な推測」分野編

2014年10月15日　初版　第1刷発行

著　者	星　龍雄・石井　俊全
発行者	片岡　巌
発行所	株式会社技術評論社
	東京都新宿区市谷左内町 21-13
	電話　03-3513-6150　販売促進部
	03-3267-2270　書籍編集部
印刷・製本	港北出版印刷株式会社

定価はカバーに表示してあります。

本書の一部、または全部を著作権法の定める範囲を超え、無断で複写、複製、転載、テープ化、ファイルに落とすことを禁じます。

©2014 Tatsuo Hoshi・Toshiaki Ishii

造本には細心の注意を払っておりますが、万が一、乱丁（ページの乱れ）や落丁（ページの抜け）がございましたら、小社販売促進部までお送りください。送料小社負担にてお取り替えいたします。

ISBN978-4-7741-6714-5 C7041
Printed in Japan